建筑设计与工程技术研究

薛敬德　邹洪伟　侯　彬　著

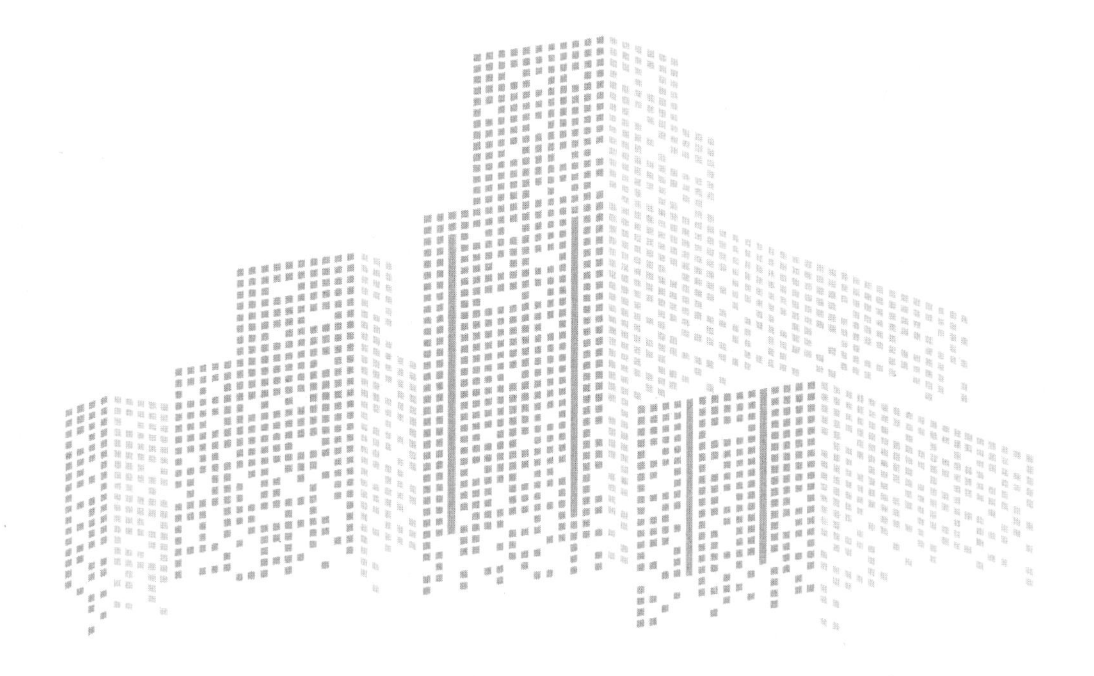

吉林科学技术出版社

图书在版编目（CIP）数据

建筑设计与工程技术研究 / 薛敬德 , 邹洪伟 , 侯彬
著 . -- 长春 : 吉林科学技术出版社 , 2023.7
ISBN 978-7-5744-0761-9

Ⅰ . ①建… Ⅱ . ①薛… ②邹… ③侯… Ⅲ . ①建筑设
计②建筑工程－工程技术 Ⅳ . ① TU

中国国家版本馆 CIP 数据核字 (2023) 第 155314 号

建筑设计与工程技术研究

著　　薛敬德　邹洪伟　侯　彬
出 版 人　宛　霞
责任编辑　王天月
封面设计　刘梦杳
制　　版　刘梦杳
幅面尺寸　185mm × 260mm
开　　本　16
字　　数　350 千字
印　　张　17
印　　数　1–1500 册
版　　次　2023年7月第1版
印　　次　2024年2月第1次印刷

出　　版　吉林科学技术出版社
发　　行　吉林科学技术出版社
地　　址　长春市福祉大路5788号
邮　　编　130118
发行部电话/传真　0431-81629529 81629530 81629531
81629532 81629533 81629534
储运部电话　0431-86059116
编辑部电话　0431-81629518
印　　刷　三河市嵩川印刷有限公司

书　　号　ISBN 978-7-5744-0761-9
定　　价　102.00元

前　言

PREFACE

随着社会的进步，城市工业和商业的迅速发展促进了建筑的快速发展。同时，建筑领域的一些新结构、新材料、新工艺的出现也为建筑的发展提供了条件。建筑不仅解决了日益增多的人口和有限用地之间的矛盾，也改变了城市的面貌，成为城市实力的象征和现代化的标志。

当前，我国正处在经济建设和城市化加速发展的重要时期，建筑行业规模逐年增加，其从业人员已成为我国最大的行业劳动群体；建筑项目复杂程度越来越高，建筑安全与质量的重要性越来越大，难度也越来越高。如何保证建筑工程安全与质量，是我国当前建筑工程设计领域亟待解决的重大课题。

建筑结构设计是根据建筑、给排水、电气和采暖通风的要求，合理地选择建筑物的结构类型和结构构件，采用合理的简化力学模型进行结构计算，然后依据计算结果和国家现行结构设计规范完成结构构件的计算，最后依据计算结果绘制施工图的过程，可以分为确定结构方案、结构计算与施工图设计等阶段。因此，建筑结构设计是一个非常系统的工作，需要我们掌握扎实的基础理论知识，并具备严肃、认真和负责的工作态度。

本书参考了大量的相关文献资料，借鉴、引用了诸多专家、学者和教师的研究成果，其主要来源已在参考文献中列出，如有个别遗漏，恳请谅解并及时联系本书。本书的出版得到很多领导与同事的支持和帮助，在此深表谢意。由于能力有限，时间仓促，虽极力丰富本书内容，力求著作的完美无瑕，并经多次修改，但仍难免有不妥与遗漏之处，恳请专家和读者指正。

目　录

CONTENTS

第一章　建筑设计概述

第一节　建筑与建筑设计

一、建筑

（一）建筑的产生和发展

在人类最早的生产活动中，建筑占很重要的一部分。不同历史时期生产力发展水平不同，建筑的技术、功能与艺术形式存在着差异。原始社会的人们为了躲避风雨寒暑，防备野兽侵袭，采用树枝、石块等容易获得的天然材料简单加工，构筑栖身之所，形成了最原始的房屋建筑。另外，原始人类为了满足精神上的需要，利用石块的奇特形状，或利用环绕叠立的石块建造了石台、石环等原始宗教性或纪念性建筑物。技术水平的发展使得物质进一步丰富，推动社会制度进入了奴隶社会。阶级的出现产生了表征阶级地位和荣耀的建筑，如宫殿、宗庙、陵寝等。

随着社会的发展和生产力水平的不断提高，特别是现代生产力的突飞猛进，建筑得到了空前的发展。建筑类型日益丰富，如住宅、办公楼、体育馆、图书馆、展览馆等；建筑规模不断扩大，向更高的空间发展、向更大的跨度延伸；建筑风格不断演变，先后出现了现代主义风格、后现代主义风格以及解构主义风格等。

（二）建筑的基本构成要素

尽管建筑经历了漫长历史的演变，风格千差万别，类型丰富多变，规模大小不一，但从根本上来说，是由三个基本要素所构成，即建筑功能、建筑技术和建筑形象。

1.建筑功能

人类建造房屋总有其具体的目的和使用要求，这就是建筑功能。建筑的功能包括使用功能和基本功能。使用功能满足特定的使用要求，不同的功能对应着不同类型的建筑物。例如，住宅建筑的使用功能是满足家庭生活的起居，厂房的使用功能在于满足生产需要，体育馆的使用功能是满足人们参与体育运动和观看体育运动的需要。但是，无论建筑物怎样千变万化，都需要满足人们最基本的要求，即基本功能的要求，如保温、隔热、采光、通风、隔声等要求。随着人类社会的发展和物质生活水平的提高，人们对建筑功能的要求标准越来越高，建筑功能越来越复杂多样。

应该说明的是，无论什么建筑，其设计必须满足该建筑的使用功能和基本功能。建筑功能是建筑设计者需要考虑的第一重要因素。

2.建筑技术

建筑功能的实现，离不开物质技术条件的支撑。建筑材料、建筑结构、施工技术与管理、建筑设备是建筑的物质要素。

材料是建筑的物质基础。建筑发展历史表明，新型建筑材料的出现，往往引起建筑形式革命性的进步。水泥的诞生，使得多层乃至高层建筑大量涌现；钢材的工业化生产，为超高层建筑和大跨度建筑提供了有力保证。

结构是建筑物的骨架。建筑自身的重力、使用期间的荷载、自然界对建筑产生的各种作用，都需要结构体系来承担。建筑形式、建筑空间的实现要以结构理论、结构计算作为依托。建筑结构计算理论、分析方法、技术手段的发展促进了建筑由原始到高级、由简单到复杂的不断演进。

施工工艺、技术，施工设备，施工组织与管理是保证建筑由图纸到实物的主要因素。建筑的安全程度不仅取决于建筑材料的工程性质和建筑结构的分析计算，还取决于施工水平的高低。

建筑设备是保证建筑物实现某些要求的技术条件，包括水、暖、电、空调、消防、通信、运输、安全等。

3.建筑形象

建筑不仅仅是一种供人们使用的物质产品，它又具有一定的艺术形象，具有一定的欣赏价值。建筑形象是建筑物的内部和外观在人脑中的反映，也就是客观的建筑物给人的主观感受。建筑形象包括建筑内部空间组合和外部体形，建筑立面构图、细部处理和光影效果，建筑材料的色彩和质感等内容。不同的地域风俗、宗教信仰存在着文化差异，从而具有不同风格的建筑形象；不同历史阶段的文化具有时代的特点，人们对建筑的审美需求也不尽相同，因而建筑形象也各具特色；不同使用功能的建筑，建筑形象往往存在很大的差异，这是内容决定形式在建筑形象方面的具体体现。

建筑功能、建筑技术和建筑形象三个要素是辩证统一的。其中，建筑功能通常起主导作用，满足建筑功能是人类进行建筑活动的主要目的。建筑技术是实现建筑功能的手段，不同的结构形式和建筑材料也会产生不同的建筑形象。建筑形象是建筑功能、建筑技术和建筑文化的综合体现。某些特殊性质的建筑，如纪念性和象征性建筑，建筑形象本身就是其建筑功能。

二、建筑设计

建筑设计是指人类为了满足一定的建造目的而进行的设计，它能够使具体的物质材料在技术、经济等可行的条件下形成具有审美对象的建筑形式。

建筑设计不是简单绘图，它具有一定的属性，这些属性主要包括以下几方面。

（一）建筑设计是一种创作

建筑设计师的创作活动就像作家、音乐家、艺术家所从事的工作一样，是一种主观世界的创作活动，只是他们创作的手段和成品不一样。同时，建筑设计师的创作活动也像其他形式艺术一样不是简单的直线形的，即不完全是理性的，它是理性思维与情感思维的结合，即逻辑思维与形象思维的结合。可以说，好的建筑设计不是脱离实际的想象或突然间的灵感迸发，而是源于建筑设计师对生活的独特而深刻的理解；源于建筑设计师对所有的解决矛盾的可能形式的深刻理解；源于建筑设计师自身文化历史的底蕴和丰富的创作经验；源于建筑设计师的好奇心，超时性、自发的追求以及敏锐的观察能力，观察事物，观察人和观察形形色色的人的行为等多方面的能力。可以说，建筑设计是一个创作的过程，创造性是建筑设计的灵魂。

（二）建筑设计是工程实践的过程

与其他文学艺术创作不同，建筑设计是一项工程设计，它的目的是付诸工程实践，是最终把房子按照设计建造起来。因此，它不是纸上谈兵，是在实施的过程中不断设计、不断创作。为了使建筑工程能够顺利地实施，设计时必须综合考虑技术、经济、材料、场地、时间等各方面的要素，以便设计得更经济、合理、安全。

（三）建筑设计是一个综合的过程

建筑具有综合性的特点，这是显而易见的，其主要表现在以下几方面。

第一，建筑物是人、社会和自然多方面的错综复杂矛盾的综合体。一个建筑设计充满着各种各样的矛盾，它既要满足使用上的要求，又要考虑结构与设备的合理，既要适用、经济，又要造型美观，设计者有时甚至还会在某些工程项目创作中追求其在功能与形式当中更深一层的意义。

第二，建筑设计是一项综合性很强的工作。建筑设计师在设计不同类型的建筑时需要了解不同类型建筑的功能及其运行管理情况。例如，建筑设计师在设计医院建筑时，需要了解一些建筑以外的与医疗相关的专业知识，如医院及各科室的运行管理模式，手术部医师与护理人员的行为模式，新医疗技术的运行模式及对建筑的要求等。另外，设计医院时还需要了解各部门的行为，不同类型的医院有不同的人为活动，各个部门会因特殊的使用者、特殊的医疗方式有特殊的要求。

第三，在设计过程中，建筑设计又是先行的工种，建筑设计师在整个工作过程中需要不断地综合，解决来自不同专业、不同工种各个方面的要求和矛盾，这就要求建筑设计师具有很强的组织能力、综合能力和协调能力。任何一位建筑设计师在实际工作中，所要面临的工作领域和必须接触沟通的人，都是十分广泛而复杂的。从接受设计任务谈项目开始直到工程竣工验收，都要消耗大量时间和精力处理各类大大小小的工程问题、管理问题、经济问题及人际关系等。因此，建筑设计师不仅是一个工程设计的主导者，还是各种观念和意见的协调者。在同一项工程设计中，不同专业的设计师的意见，经常相互冲突，如何在优化中权衡得失，协调各种矛盾，做出可以使各方都能接受的，又能满足各种要求限制的解决方案，这是对建筑设计师能力的考验。可见，一个建筑设计师除了要有较强的本专业知识外，广泛的知识面和生活经验也是至关重要的。

第二节　建筑设计的内容和过程

一、建筑设计的内容

通常我们所说的“建筑设计”，可以代表两种含义。一种含义指的是建筑学专业范围内的工作；另一种含义指的是一个建筑物（或建筑群）全部专业的设计工作，严格来讲，应该称为“建筑工程设计”。

建筑工程设计包括建筑设计、结构设计、设备设计等几个方面的内容，各专业设计既有明确分工又有密切配合。对于民用建筑工程的设计，建筑专业为龙头专业。

（一）建筑设计

建筑设计是根据建设单位（甲方）提出的设计任务书，在满足总体规划的前提下，综合考虑基地环境、建筑功能、结构形式、施工技术、建筑设备、建筑经济和建筑美观等方面内容。在此基础上提出建筑设计方案，进一步深入考虑建筑物内部各种使用功能和使用空间的合理安排，内部和外部的艺术效果，细部的构造方式，以及建筑与结构、设备等相关专业的综合协调等问题，最终完成建筑施工图的设计，使所设计的建筑物满足适用、安全、经济、美观的建筑方针要求。建筑设计在整个建筑工程设计中起着主导和先行的作用，一般由建筑师来完成。

（二）结构设计

结构设计密切配合建筑设计，选择合理的结构方案，进行结构布置，在结构计算的基础上进行构件设计和构造设计，最后绘出结构施工图，完成建筑工程的“骨架”设计。该工作一般由结构工程师来完成。

（三）设备设计

设备设计是根据建筑设计完成包括给水排水、采暖通风、电气照明、通信、燃气、动力等专业的方案布置、设备选型，以及施工图设计工作，通常由各有关专业的工程师来完成。

二、建筑设计的程序

由于影响建筑设计的因素很多，进行建筑设计时，会遇到许多矛盾和问题。只有综合协调各专业，贯彻国家和地方的有关规范规程，寻找解决各种矛盾和问题的最佳方案，才能使建筑设计顺利进行。在众多矛盾和问题中，应该按照从宏观到微观，从整体到局部，从大处到细节，从功能体形到具体构造的原则逐步深入，循序渐进。

（一）建筑设计前的准备工作

为了保证设计质量和少走弯路，设计前必须做好充分准备。准备工作包括了解并掌握与设计有关的各种文件和现场调查研究。

1.熟悉设计任务书

设计任务书由建设单位提供，是经上级部门批准，提供给设计部门进行设计的依据性文件，主要内容有：

（1）建设项目总的要求和建设目的说明。

（2）建筑物的具体使用要求，建筑面积以及各类用途房间之间的面积分配。

（3）建设项目的总投资和单方造价，以及土建费用、房屋设备费用和道路等室外设施费用的分配情况和说明。

（4）建设基地范围、大小，周围原有建筑、道路和地段环境，并附有地形测量图。

（5）供电、供水和采暖、空调等设备方面的要求，并附有水源、电源等各种工程管网接用许可文件。

（6）设计期限和项目的建设进程要求。

设计人员应对照国家或所在地区的有关定额指标等标准性文件，校核任务书中的相关内容。从合理解决使用功能、满足技术要求、节约投资等方面出发，或从建设基地的具体条件出发，对任务书中的一些内容提出补充或修改意见。

2.收集设计基础资料

（1）气象资料，包括所在地区的气温、湿度、日照、降雨量、积雪深度、风向和风速以及土层冻结深度等。

（2）地形、地质和水文资料，包括基地地形及标高、土壤种类及承载力、地震烈度以及地下水位等。

（3）设备管线资料，包括基地地下的给水、排水、供电、供热、燃气、通信等管线布置以及基地上的架空供电线路情况。

（4）国家或所在地区有关设计项目的定额指标，包括面积定额、用地和用材指标等。

3.调查研究

（1）了解使用单位对拟建建筑物的使用要求，调查同类已建建筑物的实际使用情况，通过分析和总结，全面掌握所设计建筑物的特点和使用要求。

（2）结合房屋使用要求、建筑空间特点和不同结构方案，了解所在地区建筑材料供应的种类、规格、价格以及当地的施工的技术力量、构件的预制能力和起重运输等设备条件。

（3）对城建部门划定的建设基地进行现场踏勘，深入核对资料与现场情况是否符合，了解基地和周围环境的现状和历史沿革，考虑拟建建筑物的位置及总平面布局的可能性。

（4）了解并分析当地传统建筑风格与地理环境、文化传统、生活习惯、风土人情等因素的关系。

（二）设计阶段

一般的建筑工程项目采用两阶段设计，分为初步设计和施工图设计两个阶段。对于大型的技术上复杂的工程，为了深入协调各专业之间的技术问题，可采用三阶段设计，即在初步设计和施工图设计阶段之间增加技术设计阶段。大型建筑工程设计在初步设计之前一般还进行方案设计，小型建筑工程设计可以用方案设计代替初步设计。

1.初步设计阶段

初步设计是建筑设计的最初形式，是征求建设单位意见和提供给主管部门审批的设计文件。建筑师在设计前准备工作的基础上综合分析技术上和经济上的可能性与合理性，提出两个或多个设计方案，以供建设单位比较和选择。在多次征求意见并反复修改确定最后的方案后，再对其进行充实和完善，形成较为理想的方案，报主管部门审批。

初步设计的内容包括确定建筑物的平面、空间布局和外形以及总平面布置，说明设计意图，选定主要建筑材料和结构方案，提出主要技术经济分析指标和建筑工程概算。初步设计的图纸和文件有：

（1）设计说明书，包括设计方案的主要意图，主要结构方案及构造特点，主要技术经济指标，建筑材料、装修标准以及结构、设备等系统的说明。

（2）设计图纸，包括总平面图，平、立、剖面图，透视图、鸟瞰图等效果图。

①建筑总平面图，比例1：500～1：2000，标示出建筑红线内布置的建筑物、场地、道路、绿化以及各种室外设施的位置、尺寸和标高，标出与周围原有建筑物和道路的尺寸关系，注明指北针和风向玫瑰图。

②各层平面图、主要剖面图、立面图，比例1：100～1：200，标示出建筑物的主要尺寸和各房间的面积及名称，门窗位置，室内固定设备和部分家具的布置等。这部分图纸是初步设计的主要内容。

（3）工程概算书，是拟建工程的投资估算，可用来进行技术经济分析，比较设计方案的经济合理性，并为施工准备提供参考依据。

2.技术设计阶段

技术设计阶段是大型复杂建筑设计中协调各专业技术问题的阶段。它的主要任务是在初步设计的基础上，建筑、结构、设备等各工种之间相互提出要求，提供资料，共同研究和协调，解决相互之间的技术问题。并根据技术要求，对初步设计做合理修改，为进一步编制施工图打下基础。

技术设计的内容包括确定结构和设备的布置并进行计算，修正建筑设计方案，在建筑图中标明与技术有关的详细尺寸，并编制建筑部分的技术说明书，根据技术要求修正工程概算书。

3.建筑施工图设计阶段

施工图设计阶段是建筑设计的最后阶段，它的主要任务是在初步设计或技术设计的基础上，确定各个细部的构造方式和具体做法，并且形成一套完整的，表达清晰、准确的施工图，作为施工制作的依据。

施工图设计的建筑图纸和文件有：

（1）设计说明书

包括建筑性质、设计依据、占地面积和建筑面积、标高和坐标定位、主要结构类型、主要建筑材料、建筑装修做法等。

（2）建筑总平面图

应标明城市坐标网、场地坐标网，建筑红线内拟建建筑物、道路，绿化以及各种设施的布置，拟建建筑物与周围其他建筑物、道路及设施之间的尺寸，指北针和风向玫瑰图，并附必要的说明。

（3）建筑各层平面图

在初步设计基础上，明确各部分的详细尺寸，门窗编号，剖面图的剖视位置和索引号，节点详图的位置及索引号，楼梯、台阶的行走方向，散水，坡道，屋面的坡度等。

（4）各个方向的立面图

立面图上应标注建筑物两端外墙的定位轴线，门窗洞口，外墙顶端和室外地坪的标高，外墙装修的材料、颜色及做法，立面细部详图的索引位置与编号。

（5）剖面图

剖面图的剖视位置应选择在门厅、楼梯间或平面有变化、立面有高差等有代表性的位置。剖面图上应注明墙体定位轴线，剖切到的门窗洞口，室内外地坪、各层楼板、外墙顶端的标高，屋面的保温防水材料以及做法，节点详图的索引位置与标号等。

（6）建筑构造详图

对在平、立、剖面图中无法清楚地表现出来的建筑细部需要绘制建筑构造节点详图，常用比例为1：1～1：20。通常有墙身、墙角、屋顶等部位的节点详图，楼梯、门窗、装修详图等。节点详图要求表示清楚各部分构件的构造关系、材料、尺寸及做法等。

（7）计算书

建筑设计专业的计算书主要包括建筑物理方面的内容，如采光、隔声、热工等。

第三节　建筑设计的一般要求和依据

一、建筑设计的要求

建筑设计除了应满足相关的建筑标准、规范等要求之外，原则上还应满足下列要求。

（一）满足建筑功能的要求

建筑功能是建筑的第一大要素。建筑设计的首要任务是为人们的生产和生活活动创造良好的环境。例如，学校，首先要满足教学活动的需要，教室设置应做到合理布局，教学区应有便利的交通联系和良好的采光及通风条件，同时还要合理安排学生的课外和体育活动空间以及教师的办公室、卫生设备、储藏空间等；又如，工业厂房，首先应该适应生产流程的安排，合理布置各类生产和生活、办公及仓储等用房，同时还要达到安全、节能等各项标准。

（二）符合所在地规划发展的要求

设计规划是有效控制城市发展的重要手段，规划对建筑提出形式、高度、色彩感染力等多方面的要求，所有建筑物的建造都应该纳入所在地规划控制的范围。

（三）采用合理的技术措施

采用合理的技术措施是安全、有效地建造和使用建筑物的基本保证。随着人类社会物质文明的不断发展和生产技术水平的不断提高，可以运用于建筑工程领域的新材料、新技术越来越多。根据所设计项目的特点，正确地选用相关的材料和技术，采纳合理的构造方式以及可行的施工方案，可以降低能耗、提高效率并达到可持续发展的目的。

（四）符合经济性要求

工程项目的总投资一般在项目立项的初始阶段就已经确定了。作为建设项目的设计人员，应当具有建筑经济方面的相关知识，例如，熟悉建筑材料的近期价格以及一般的工程造价。在设计过程中，应当根据实际情况选用合适的建筑材料及建造方法，合理利用资金，避免人力和物力浪费。这样，才是对建设单位负责，同时也是对国家和人民的利益负责。为了保证项目投资在给定的投资范围内，在设计阶段应当进行项目投资估算、概算和预算。

（五）满足对建筑美观的要求

建筑与人们的生活息息相关，生活起居、工作都离不开它，因此，在满足使用功能的同时还应该兼顾审美要求。

二、建筑设计的依据

（一）使用功能

1.人体尺度和人体活动所需的空间尺度

建筑物中家具、设备的尺寸，踏步、窗台、栏杆的高度，门洞、走廊、楼梯的宽度和高度，以及各类房间的高度和面积大小，都和人体尺度以及人体活动所需空间间接有关，因此，人体尺度和人体活动所需的空间尺度，是确定建筑空间的基本依据之一。我国成年男子和女子的平均高度分别为1670mm和1560mm。

近年来，在建筑设计中日益重视人体工程学的运用，人体工程学是运用人体计测、生理心理计测和生物力学等研究方法，综合地进行人体结构、功能、心理等问题的研究，用于解决人与物、人与外界环境之间的协调关系并提高效能。在建筑设计中运用人体工程学，以人的生理、心理需要为研究中心，使空间范围的确定具有定量计测的科学依据。

2.家具、设备的尺寸和使用空间

家具、设备的尺寸，以及人们在使用家具和设备时，必要的活动空间，是确定房间内部使用面积的重要依据。

（二）自然条件

1.气象条件

建设地区的温度、湿度、日照、雨雪、风向、风速等是建筑设计的重要依据，对建筑设计有较大的影响。例如，炎热地区的建筑应考虑隔热、通风、遮阳，建筑处理较为开敞；寒冷地区应考虑防寒保温，建筑处理较为封闭；雨量较大的地区要特别注意屋顶形式、屋面排水方案的选择，以及屋面防水构造的处理。在确定建筑物间距及朝向时，应考虑当地日照情况及主导风向等因素。在高层建筑、电视塔等设计中，风速是考虑结构布置和建筑体形的重要因素。

城市的风向频率玫瑰图称为风向玫瑰图。风向玫瑰图上的风向是指由外吹向地区中心，比如由北吹向中心的风称为北风。风向玫瑰图是依据该地区多年统计的各个方向吹风的平均日数的百分数按比例绘制而成，一般用16个罗盘方位表示。

2.地形、水文地质及地震烈度

基地地形、地质构造、土壤特性和地耐力的大小，对建筑物的平面组合、结构布置、建筑构造处理和建筑体形都有明显的影响。坡度陡的地形，房屋应结合地形采用错层、吊层或依山就势等较为自由的组合方式。复杂的地质条件，要求基础采用相应的结构与构造处理。

水文条件是指地下水位的高低及地下水的性质，直接影响建筑物基础及地下室。一般应根据地下水位的高低及地下水性质确定是否对建筑采用相应的防水和防腐蚀措施。

地震烈度表示当发生地震时，地面及建筑物遭受破坏的程度。烈度在6度以下时，地震对建筑物影响较小；9度以上地区，地震破坏力很大，一般应尽量避免在此类地区建造房屋。因此，按《建筑抗震设计规范》（附条文说明）2016年版（GB 50011—2010）及《中国地震烈度区规划图》的规定，地震烈度为6、7、8、9度地区均需进行抗震设计。

（三）建筑设计标准、规范、规程

建筑“标准”“规范”“规程”以及“通则”是以建筑科学技术和建筑实践经验的综合成果为基础，由国务院有关部门批准后颁发为“国家标准”，在全国执行，对于提高建筑科学管理水平，保证建筑工程质量，统一建筑技术经济要求，加快基本建设步伐等都起着重要的作用，是必须遵守的准则和依据，体现着国家的现行政策和经济技术水平。

建筑设计必须根据设计项目的性质、内容，依据有关的建筑标准、规范完成工作。常用的标准、规范有：《民用建筑设计统一标准》（GB 50352—2019）、《房屋建筑制图统一标准》（GB/T 50001—2017）、《住宅设计规范》（GB 50096—2011）、《建筑设计防火规范（2018年版）》（GB 50016—2014）。

（四）建筑模数

为了建筑设计、构件生产以及施工等方面的尺寸协调，从而提高建筑工业化的水平，降低造价并提高房屋设计和建造的质量和速度，建筑设计应遵守国家规定的建筑统一模数制。

建筑模数是选定的标准尺度单位，作为建筑物、建筑构配件、建筑制品以及有关设备尺寸相互间协调的基础。

1.基本模数

建筑模数协调统一标准采取的基本模数的数值为100mm，其符号为M，即

1M=100mm。整个建筑物或其中的一部分以及建筑组合件的模数化尺寸，应是基本模数的倍数。

2.扩大模数

是基本模数的整数倍。扩大模数的基数为3M、6M、12M、15M、30M、60M，其相应尺寸为300mm、600mm、1200mm、1500mm、3000mm、6000mm。

3.分模数

是基本模数除以整数。分模数的基数为 M/10、M/5、M/2，其相应的数值分别为 10mm、20mm、50mm。

4.模数适用范围

（1）基本模数主要用于门窗洞口，建筑物的层高、构配件断面尺寸。

（2）扩大模数主要用于建筑物的开间、进深、柱距、跨度，建筑物高度、层高、构件标志尺寸和门窗洞口尺寸。

（3）分模数主要用于缝宽、构造节点、构配件断面尺寸。

第四节　建筑物的分类与分级

根据不同的标准，存在不同的建筑分类方式。分类的标准很多，因此，建筑物分类与分级的方式也很多，本节仅介绍几种常见的方式。

一、建筑的分类

（一）按建筑的使用功能分类

建筑按使用功能通常分为民用建筑、工业建筑、农业建筑。

1.民用建筑

民用建筑指供人们居住和进行公共活动的建筑。民用建筑又分为居住建筑和公共建筑。

（1）居住建筑是供人们居住使用的建筑，包括住宅、公寓、宿舍等。

（2）公共建筑是供人们进行社会活动的建筑，包括行政办公建筑、文教建筑、科研建筑、托幼建筑、医疗福利建筑、商业建筑、旅馆建筑、体育建筑、展览建筑、文艺观演建筑、邮电通信建筑、园林建筑、纪念建筑、娱乐建筑等。

2.工业建筑

工业建筑指供人们进行工业生产的建筑，包括生产用建筑及生产辅助用建筑，如动力配备间、机修车间、锅炉房、车库、仓库等。

3.农业建筑

农业建筑指供人们进行农牧业种植、养殖、贮存等用途的建筑，以及农业机械用建筑，如种植用温室大棚、养殖用的鱼塘和畜舍、贮存用的粮仓等。

（二）按层数和高度分类

我国住宅建筑按层数和高度可分为低层建筑、多层建筑、中高层建筑和高层建筑，具体见表1–1。

表1–1　住宅建筑层数和高度分类

分类	低层	多层	中高层	高层
层数	1～2层	3～6层	7～9层	10层以上

国际建设委员会高层结构分类见表1–2。

表1–2　国际建设委员会高层结构分类

分类	低层	多层	中高层	高层
层数	9～16层	17～25层	26～40层	40层以上
高度	不超过50m	不超过75m	不超过100m	100m以上

（三）按建筑规模和数量分类

建筑按建筑规模和数量可分为大量性建筑和大型性建筑。

（1）大量性建筑：指量大面广，与人民生活、生产密切相关的建筑，如住宅、幼儿园、学校、商店、医院、中小型厂房等。这些建筑在城市和乡村都是不可缺少的，修建数量很大，故称为大量性建筑。

（2）大型性建筑：指规模宏大、耗资较多的建筑，如大型体育馆、大型影剧院、大型车站、航空港、展览馆、博物馆等。这类建筑与大量性建筑相比，虽然修建数量有限，但对城市的景观和面貌影响较大。

（四）按承重结构材料分类

建筑的承重结构是指由水平承重构件和垂直承重构件组成的承重骨架。建筑按承重结构材料可分为砖木结构建筑、砖混结构建筑、钢筋混凝土结构建筑和钢结构建筑。

（1）砖木结构建筑：指由砖墙、木屋架组成承重结构的建筑。

（2）砖混结构建筑：指由钢筋混凝土梁、楼板、屋面板作为水平承重构件，砖墙（柱）作为垂直承重构件的建筑，适用于多层以下的民用建筑。

（3）钢筋混凝土结构建筑：指水平承重构件和垂直承重构件都由钢筋混凝土组成的建筑。

（4）钢结构建筑：指水平承重构件和垂直承重构件全部采用钢材的建筑。钢结构具有自重轻、强度高的特点，但耐火能力较差。

（五）按承重结构形式分类

建筑按其承重结构形式可分为砖墙承重结构、框架结构、框架—剪力墙结构、筒体结构等。

（1）砖墙承重结构：指由砖墙承受建筑的全部荷载，并把荷载传递给基础的承重结构。这种承重结构形式适用于开间较小、建筑高度较小的低层和多层建筑。

（2）框架结构：指由钢筋混凝土或型钢组成的梁柱体系承受建筑的全部荷载，墙体围护和分隔作用的承重结构。框架结构适用于跨度大、荷载大、高度大的建筑。

（3）框架—剪力墙结构：由钢筋混凝土梁柱组成的承重体系承受建筑的荷载时，由于建筑荷载分布及地基的不均匀性，在建筑物的某些部位产生不均匀剪力，为抵抗不均匀剪力且保证建筑物的整体性，在建筑物不均匀剪力足够大的部位的柱与柱之间设钢筋混凝土剪力墙。

（4）筒体结构：由于剪力墙在建筑物的中心形成了筒体而得名。

（5）空间结构：由钢筋混凝土或型钢组成，承受建筑的全部荷载，如网架、悬索、壳体等。空间结构适用于大空间建筑，如大型体育场馆、展览馆等。

（6）混合结构：指同时具备上述两种或两种以上的承重结构的结构，如建筑内部采用框架承重结构，而四周用外墙承重结构。

二、建筑物分级

（一）按建筑主体结构耐久年限分级

建筑主体结构的耐久年限分级见表1–3。

表1-3　建筑主体结构的耐久年限分级

分级	耐久年限	适用于建筑物性质
一级	100年以上	重要建筑物和高层建筑
二级	50～100年	一般性建筑
三级	25～50年	次要建筑
四级	15年以下	临时建筑

（二）按建筑的耐火等级分级

建筑的耐火等级由其组成构件的燃烧性能和耐火极限确定。

1.建筑构件的燃烧性能

燃烧性能是指建筑构件在明火或高温辐射情况下是否能燃烧，以及燃烧的难易程度。建筑构件按燃烧性能分为非燃烧体、难燃烧体和燃烧体。

（1）非燃烧体：指用非燃烧材料做成的建筑构件，如天然石材、人工石材、金属材料等。

（2）难燃烧体：指用不易燃烧的材料做成的建筑构件，或者用燃烧材料做成，但用非燃烧材料作为保护层的构件，如沥青混凝土构件、木板条抹灰等。

（3）燃烧体：指用容易燃烧的材料做成的建筑构件，如木材、纸板、胶合板等。

2.建筑构件的耐火极限

所谓耐火极限，是指任一建筑构件在规定的耐火试验条件下，从受到火的作用时起，到失去支持能力或完整性被破坏或失去隔火作用时为止的这段时间，用小时表示。只要以下三个条件中任意一个条件出现，就可以确定其是否达到耐火极限。

（1）失去支持能力

这是指构件在火焰或高温作用下，由于材质性能的变化，构件承载能力和刚度降低，承受不了原设计的荷载而破坏。例如，受火作用后的钢筋混凝土梁失去支持能力，钢柱失稳破坏；非承重构件自身解体或垮塌等，均属失去支持能力。

（2）完整性被破坏

这是指薄壁分隔构件在火中高温作用下，发生爆裂或局部塌落，形成穿透裂缝或孔洞，火焰穿过构件，使其背面可燃物燃烧起火。例如，受火作用后的板条抹灰墙，内部可燃板条先行自燃，一定时间后，背火面的抹灰层龟裂脱落，引起燃烧起火；预应力钢筋混凝土楼板使钢筋失去预应力，发生炸裂，出现孔洞，使火苗蹿到上层房间。在实际中这类火灾相当多。

（3）失去隔火作用

这是指具有分隔作用的构件，背火面任一点的温度达到220℃时，构件失去隔火作用。例如，一些燃点较低的可燃物（纤维系列的棉花、纸张、化纤品等）烤焦后可致起火。

建筑物的耐火等级分为四级，通常具有代表性的、性质重要的或规模宏大的建筑按一、二级耐火等级进行设计；大量性或一般建筑按二、三级耐火等级进行设计；很次要的或临时建筑按四级耐火等级设计。据我国《建筑设计防火规范》2018年版（GB 50016—2014），不同耐火等级建筑物主要构件的燃烧性能和耐火极限不应低于表1–4的规定。

表1-4 建筑物构件的燃烧性能和耐火极限及耐火等级（普通建筑）

名称		耐火等级			
构件		一级	二级	三级	四级
墙	防火墙	不燃烧体3.00	不燃烧体3.00	不燃烧体3.00	不燃烧体3.00
	承重墙	不燃烧体3.00	不燃烧体2.50	不燃烧体2.00	不燃烧体0.50
	非承重外墙	不燃烧体1.00	不燃烧体1.00	不燃烧体0.50	可燃性
	楼梯间的墙 电梯井的墙 住宅单元之间的墙住宅分户墙	不燃烧体2.00	不燃烧体2.00	不燃烧体1.50	不燃烧体0.50
	疏散走道两侧的隔墙	不燃烧体1.00	不燃烧体1.00	不燃烧体0.50	不燃烧体0.25
	房间隔墙	不燃烧体0.75	不燃烧体0.50	不燃烧体0.50	不燃烧体0.25
柱		不燃烧体3.00	不燃烧体2.50	不燃烧体2.00	不燃烧体0.50
梁		不燃烧体2.00	不燃烧体1.50	不燃烧体1.00	不燃烧体0.50
楼板		不燃烧体1.50	不燃烧体1.00	不燃烧体0.50	可燃性
屋顶承重构件		不燃烧体1.50	不燃烧体1.00	可燃性	可燃性
疏散楼梯		不燃烧体1.50	不燃烧体1.00	不燃烧体0.50	可燃性
吊顶（包括吊顶搁栅）		不燃烧体0.25	不燃烧体0.25	不燃烧体0.15	可燃性

第二章 住宅建筑设计

第一节 住宅建筑分类

一、低层住宅

我国称1～3层住宅为低层住宅。低层住宅因其院子、户内房间组合与拼联方式的不同，可组合成不同的形式，如独院式、并联式和联排式。

（一）独立式住宅

独立式住宅是一种独户居住的单幢住宅，有独用的庭院和独立的出入口。居住环境安静，室外生活方便。由于建筑四面临空，平面组合灵活，内部各房间容易得到良好的采光和通风，居住舒适。独院式住宅宜在底层设置小车库。

建设标准较高，用地环境优美的独院住宅常被称为别墅。

（二）并联式住宅

并联式住宅一般由两户住宅并靠拼联而成。每户形成三面临空的独用庭院，既具有独院式住宅的优点，又比独院式住宅节省用地。

2～3层并联住宅一般每个单元楼上楼下归一户使用，但也有楼上楼下分户居住的。目前常见有4层并联住宅，每家每户占用2层，前后小院可分户专用。

（三）联排式住宅

一般由多个独户居住的单元拼联组成。

各户在房前屋后有专用的院子供户外活动及家务操作之用。这类住宅的日照及通风条件都比较好。2～3层的联排式住宅一般每个单元楼上楼下归一户使用。但也有楼上楼下分户居住的，前后小院则分户专用。联排式住宅的组合方式变化很多，有拼联成排的，也有拼联成团的。

二、多层住宅

多层住宅一般指4～6层的住宅。第六层与第七层采用内部楼梯为一户使用的7层住宅，也归入多层住宅之列。多层住宅以公共楼梯解决垂直交通，有时也需设置公共走道解决水平交通。其用地较低层住宅省，造价比高层住宅经济，适用于一般的生活水平，是城镇中大量建筑的住宅类型。多层住宅的平面类型较多，基本类型有梯间式、走廊式和独立单元式。

三、中高层住宅

7～9层的住宅称为中高层住宅。中高层住宅的层数是最佳利用的层数，也是钢筋混凝土结构充分发挥作用的最佳层数。7～9层的住宅可利用有直接采光的普通楼梯疏散，不必设封闭楼梯间和消防电梯。平面布局基本上与多层住宅相同，而造价较多层增加不多。

四、高层住宅

10层及10层以上的住宅称为高层住宅，高层住宅层数多，借助于电梯解决垂直交通是它的特征性因素。随着建筑层数的增加，容积率明显提高，同时可以获得较多空地用以布置活动场地及绿化，从而有效改善居住条件。高层住宅的内部空间组合方式主要受公共交通系统的影响，按公共交通系统分类，高层住宅有单元式和走廊式两大类，其中走廊式又分内廊、外廊等。

第二节　住宅功能分析

所有住宅空间都有其一定的功能，正是功能这个重要因素决定着不同住宅空间的位置、大小、形式以及各住宅空间的相互位置关系。

一、住宅设计强调功能分区

人是住宅的直接使用对象，住宅设计优劣亦以对人提供的使用质量为衡量标准。住宅功能分区原则如下。

（一）内外分区

把住宅分成内区和外区，主要是按照空间使用功能和私密程度的层次来区分的，即家庭内部活动（对内）与接待客人活动（对外）分区。一般把起居室（兼接待客人功能）、客厅、门厅划分为外区；卧室、卫生间、厨房等划分为内区。内外有别，严格划分，互不干扰。

套型内外空间的划分往往是通过过渡空间实现的。这个过渡空间在过去是走廊，而在现代的新型住宅中往往是门厅或玄关。住户通过门厅出入，门厅组织套内各功能空间的交通。因此，门厅与厨房、餐厅、起居室有着直接而紧密的联系，从而尽量缩短家务劳动路线，减少生活物品穿过其他房间。随着住宅套型向开放型发展，开始出现门厅、餐厅甚至厨房融为一个大空间的功能结构形式，形成受欢迎的“第二起居室”。

（二）动静分区

动静分区是指要求安静的空间和与其交往的活动的空间分区，动静分区也可以说昼夜分区，一般来说，会客、起居、用餐和厨房是住宅中的动区，卧室是静区，而工作和学习也属静区，但在职业上则可能根据职业的不同，有的在白天，有的在晚上。

起居室与卧室的联系密切，但是为了保证卧室的私密性和避免相互之间的干扰，起居室与卧室之间又应有一个用来进行分隔的过渡空间。这个过渡空间可能是一小段走廊或者是几个踏步，又或许只是一个小小的玄关，甚至是一部室内楼梯。总之，要尽量避免卧室，特别是主卧室门直接开向起居室，从而做到套内的动、静分区。

（三）洁污分区

洁污分区主要指住宅的厨房、卫生间与起居、卧室之间的分区，体现在用水与非用水之间的分区上，即干湿分区；厨房、卫生间的污水、垃圾、烹调和油烟、气味等，在设计中也应加以分隔，以保证居室清洁卫生的要求。

从技术和卫生的角度来讲，卫生间应与厨房靠近布置，这样管线集中便捷，便于上下水管道、燃气管道、热水管道、热水器等安装。但从使用上讲，卫生间应靠近卧室布置。因此，在套型组合时应优选卫生间既靠近卧室又靠近厨房的方案。住宅设计应以提高居住质量为首要目的，加之目前居住面积的不断扩大，双卫生间的套型设计也相应出现，这也是一个解决洁污分区的好方法。其中，一个卫生间可以靠近厨房和起居室，为“动区服务”；另一个卫生间可以靠近卧室，甚至为主卧所专用，为“静区服务”，这样不仅解决了使用方便的问题，而且私密性也较强。

二、住宅设计特别强调功能空间分离

功能空间的专用程度越高，功能的使用质量相对亦越高，功能空间的逐步分离过程，也就是功能质量不断提高的过程。

（一）公私分离

根据居住行为模式，把卧室、工作室、专用卫生间私密性要求高的房间划分为私区，而把起居厅（室）、餐室、厨房、公用卫生间、门厅等划分为公区。按公私分离原则进行生活行为单元组合设计。

（二）餐寝分离、居寝分离

住宅平面模式要求将用餐功能从卧室分离出来，形成餐寝分离。同时又将起居功能从卧室分离出来，形成“居寝分离”。

（三）起居、进餐、就寝分离

住宅设计不仅强调起居空间，而且也强调设置用餐空间，或设置专用的餐厅，在各方面条件许可的情况下应优先考虑设置专用的餐厅。住宅设计做法是用餐空间附带在起居空间内，或附带在厨房内形成餐室厨房，或附带在门厅内。总之，住宅设计强调专用的餐室或用餐空间的设计，在大、中套型中考虑设置第二起居空间。

第三节　住宅适应性、可变性与住宅设计

一、住宅适应家庭生活变化的必然关系

自中华人民共和国成立以来，我国城市住宅套型功能不断发展变化。由小面积住宅到小方厅住宅，由小方厅住宅到大厅小卧住宅只用了10年时间，而我国现在处于住宅模式发展最快的阶段，平均革新变化时间只有10年，住宅材料老化时间却远远大于这一时间。那么如何使住宅在其有效期内充分发挥其功能，就是我们迫切需要研究的住宅适应性、可变性问题。

二、住户生活变化基本规律

（一）使用功能的变化周期

住宅空间实体结构和材料使用周期为50～100年，而居住使用功能变化周期为10～25年，社会在发展，家庭生活方式也在发生变化，这就要求住宅适应这个家庭生活的变化。

（二）家庭生命循环变化周期

从家庭组合到解体的各个阶段，一般为30～60年。在家庭生命循环周期的各个阶段，对住宅的要求各不相同。

（三）家庭生活年循环周期

面对家庭生活随一年中各季度的变化产生对住宅的不同需求，如冬季要取暖、保温、日照和避风等；夏季则希望通风、遮阳、隔热和降温等；春、秋季介于两者之间，又包含有各自的要求。

（四）家庭生活周循环周期

一周内休假日与工作日的循环变化对住户也会有不同的需求。每个职工在工作日，除一般8小时工作和上下班往返的时间外，大部分是在住宅里度过。休假日、上街购物、观看影剧和旅游，或娱乐、访亲会友等，因此，在节假日住宅增加了团聚、会客或家宴等功能，这样对原来少数家庭人员使用的居住空间、餐位和厨房以及卫生间等又提出新的要求。

三、住宅设计应是动态空间的设计

住宅对家庭动态的适应一般分无工程措施的调整和用工程措施调整两类。前者包括调整用途、调整空间、调整支配权和调整住户四种，后者分改建、扩建和加建三种。

（一）调整用途

调整用途是指对现有住宅内部各空间在功能使用上做改变或交换，一般适用于年循环和周循环中的临时或短期的调整。如冬季住南屋，夏季住北屋；节假日在居室举行家宴等。

（二）调整空间

调整空间即所谓“可变式住宅”，指住宅内部空间由于某种需要而调整空间的大小、形式、设施、装修，或调整房间的排列组合等。这种调整常可适用几年或十几年，因此，多用于家庭生命循环周期的需求，适应使用功能变化的需求。目前，国际上比较流行的可变式住宅就是基于这种需要。SAR（STICHING ARCHITECTEN RESEARCH）体系可以在承重结构、外墙所形成的空间内（除去统一的设备空间外），根据住户的愿望进行分隔，并且随着生命循环周期改变同时改变空间分隔。

（三）调整支配权

调整支配权即“可分性住宅”——将现住宅中相邻单元的各个空间之间的使用权进行转换，以达到调整空间的目的。也就是要研究住宅套型的独立性和可分性，以适应商品住宅的要求。

（四）调整住户

调整住户也就是迁居，换一套住宅，这是家庭循环周期变化所采取的主要方式，这种方式国外也较为流行，美国每5年就有20%的住户搬家。他们迁居是因为收入变化、工作或工作地点变化和喜欢换环境，提高舒适要求等。

（五）旧房改造

一般指对厨房、卫生间等设备用房进行增设和改造，空间的重新分隔以及设备和装修的现代化等。国外对具有一定历史价值的住宅也常进行改造。立面装修后使其既保留了传统的建筑风格，又表现出一定的时代感。

（六）扩建和加建

住宅要进行扩建和加建首先须具有可以进行扩建和加建的基础条件。建筑设计预先要考虑扩建和加建的可能性，预留扩建和加建的基础条件。

四、住宅适应家庭动态变化的内容与方式

（一）增加卧室的变化

家庭构成发生变化，卧室面积和数量也随之发生变化。比如，婚后生小孩，需要扩大面积；小孩上学，从主卧室分离出来，要求生理分室，增加卧室数。

（二）房间形状的变化

家庭生活发生变化，居住者要求自我表现，提出改变房间形状位置以适应需求。

（三）扩大空间的变化

家庭构成发生变化，要求适当扩大卧室，比如结婚生小孩、婴儿、幼儿合住主卧室，要求主卧室适当扩大，尤为有利。此种扩建可以在顶层加建（整层加建或局部加层）和同层加建，从而扩大使用空间。两种方式都要求预先对结构、设备设计预留加建、扩建的可能性，并在加建时不影响日照、采光和通风。

第四节　住宅套型内各功能空间设计

空服住宅应按套型设计，即每套住宅的分户界线应明确，必须独门独户，每套住宅至少应包含卧室、起居室（厅）、厨房和卫生间等基本空间，要求将这些功能空间设计于户门之内，不得共用或合用。“套内空间”就是单元式住宅分户门内每户独家拥有的空间组成、大小及其平面布局形式。如一室一厅、两室一厅、三室两厅一卫、三室两厅两卫等。

套型设计实际上是一种人的生活方式的设计。建筑师的职责就是为住户创造适合他们生活方式所需要的各种空间形状、大小及各房间之间空间相互关系的设计。套型内的平面和空间的布局是住宅设计的灵魂。

一、起居室（厅）的设计

起居室（厅）的主要功能是供家庭团聚、接待客人、看电视之用，常兼有进餐、杂务、交通等作用。家庭公共生活是家庭生活内容的中心，因而起居室（厅）是家庭中机能最多，面积最大，活动时间最长、最频繁的空间。对于宾客的来访，它往往是主人身份、地位与个性的象征。在这里进行家庭团聚、交谈、娱乐、看电视、会客、交友、家务、餐饮、宴会等，聚合成相亲相爱的和谐整体，与社会协调共存发展，它是维系家庭、保证家庭和睦幸福的纽带。

在住宅套型设计中，一般均应单独设置一较大起居空间，这对于提高住户家庭生活环境质量是至关重要的。当住宅面积标准有限而不能独立设置餐室时，起居室则兼有就餐的功能。起居室（厅）是住宅套内空间的中心。

（一）起居室（厅）的尺度

起居室的设置在我国经历了从卧室兼起居而后分离出小方厅（过厅）再到起居室的过程。这是与套型面积标准的变化相联系的，同时说明了人们对起居空间的要求越来越高。起居室的适宜面积在12～25m²。我国规定："起居室（厅）应有直接采光、自然通风，其使用面积不应小于12m²。"最低面积尺度分析表明，起居室（厅）的使用面积应在12m²以上才能满足必要的家具布置和方便使用。

起居室的家具布置最基本的有沙发、茶几、电视柜以及音响柜、储物柜等，兼作餐室的起居室则有餐桌椅等。由于起居室空间需满足家庭团聚、待客、娱乐等要求，故需要较为宽松的家具布置，留出足够的活动空间，起居室的平面尺寸与住宅套型面积、家庭成员的多寡、看电视听音响的适宜距离以及空间给人的视觉感受有关。沙发与视听柜可沿房间对边布置，也可沿房间对角布置。音响设备布置取决于室内混响的听觉效果和视觉美观程度等；往往起居室（厅）布置是将影视和音响功能重叠在同一行为单元空间中，并一般以影视功能空间决定音响功能行为单元空间的尺度。布置电视时，其与窗户的相互关系应保证在白天也有看电视的良好条件。从这个观点考虑，应避免使电视机面对窗户（屏幕"对光"），特别应避免将电视布置得靠近外墙或窗户旁边（屏幕"背光"），因为紧挨窗户或屏幕受到光线照射都会对观看电视有不良影响。最好将电视机放在房间的侧墙附近。

起居室（厅）最小边长的尺度主要由视听功能行为单元来决定。电视机安装的位置与主要坐具之间的距离，应服从人眼视觉生理特点和防止X射线对人体的影响两个方面。观看电视的最佳距离通常为荧光屏对角线长的6倍左右。

（二）起居室（厅）的位置

起居室（厅）在住宅套内的布局应处在住宅套的前部，靠近门厅、餐厅布置，应占据较好的朝向，一般来说，应优选朝南为好，并应直接通风采光（明厅）；采光口宽度以不小于1.5m为宜。

（三）起居室（厅）的设计原则

起居室（厅），应向大起居（厅）的方向设计，即按"大厅小卧""三大一小一多"套型模式进行设计。起居室（厅）的空间设计原则应该是：开放灵活，弹性利用，增强应变，突出个性。在住宅户型面积比较小的条件下，适当减少卧室面积；扩大起居室（厅）、厨房、卫生间的面积，增加储藏空间。在套型中尽量扩大起居室（厅）空间，使起居室（厅）成为全套房中最大的空间。在套型面积很小的条件下，也要按大起居室

（厅）的原则进行设计。

起居室（厅）兼餐厅或兼门厅、睡眠、学习工作功能时，平面布置应考虑不同使用活动的室内功能分区。但套型面积较大时，可考虑将家庭活动功能空间与会客功能空间分开设置。

起居室作为户内公共空间，通常需联系卧室和其他房间，即在起居室的墙面上可能会有多个门洞，极易造成起居室墙面洞口太多，所余墙面零星分散，不利家具布置。在设计中，特别需注意减少其洞口数量，一般使用面积在13～20m^{2}的起居室（厅）门（洞）开口数量（不包括阳台门）以不超过4个为宜。并注意洞口位置安排相对集中，以便尽可能多地留出墙角和完整墙面布置家具，起居室（厅）的门（洞）开口位置应尽量集中设置在靠短边的一侧。

起居空间要有安定性，其平面设计应尽量减少交通穿越干扰。起居室（厅）空间应交通流畅合理，通过便捷。

起居室与阳台之间的门可用落地玻璃门，形成通透开阔的视野。

起居室（厅）设计应做到按公私分离、动静分离原则合理分区，尽量避免户内干扰（交通、视线、噪声、烟气等）。卧室的门不宜直接开向起居室（厅）；主卧室的门不允许直接开向起居室（厅）。如果在套型设计中不可避免，卧室的门也不应直接开向起居活动区，避免卧室被外人窥视干扰，保证卧室私密性。

卫生间的门（洞）不宜直接开向起居室（厅）；厕所、浴室的门不允许直接开向起居室（厅）。厨房的门不宜直接面向起居活动区开口，避免厨房炊事活动对起居生活的干扰。

二、卧室

（一）卧室的分类

卧室的主要功能是满足家庭成员睡眠休息的需要。一套住宅通常有一至数间卧室，根据使用功能特性分为主卧室和次卧室。其中，次卧室又包括双人卧室和单人卧室。

1.单人次卧室（小卧室）

按使用对象分供子女居住的单人卧室（子女卧室），供老人居住的单人卧室（老人卧室），供客人居住的单人卧室（客房）和供保姆居住的单人卧室（保姆室）。

2.双人次卧室（中卧室）

供兄弟、姐妹、祖孙等两人使用的双人卧室。鉴于次卧室在套型中的次要地位，在面积和家具布置方面要求低一些。床可以是双人床、单人床乃至高低床，考虑到垂直房间短边放置单人床后尚有一门位和人行活动面积，次卧室的短边最小净尺寸不宜小于

2100mm。

3.主卧室（大卧室）

家庭户主夫妻使用的双人卧室。主卧室是每套住宅必备的卧室。每套住宅只有一个主卧室。由于使用主卧室的夫妻是家庭的核心，地位重要，生活内容复杂；主卧室中家具陈设数量多、质量好，所以主卧室的空间位置优越，装修较好，面积较大。一般情况下，其基本家具除双人床外，对于年轻夫妇，尚需考虑可能放置婴儿床。此外，衣柜、床头柜是必需的。条件许可时还可设有梳妆台、电视柜等家具。主卧室可附设衣帽间、主卧卫生间。对于兼作学习用的主卧室，还需放置书架、书桌等。

（二）卧室的功能

（1）睡眠休息功能

卧室是住宅私密性、安静性要求最高的空间。寝卧（睡眠、休息）是卧室空间的主要功能。

（2）储存功能

卧室除寝卧功能外应有储存衣物的功能，各种类型的卧室应配备相当的储藏衣柜。

（3）读写功能

当住宅套内没有空间来设置独立的学习和工作室时，而学习、工作的功能又是必须具备的，因此，很自然地挤进私密性、安静性高的卧室空间。

（4）读写活动功能

子女卧室除睡眠、休息外，主要功能应考虑子女学习和活动。

（5）化妆功能

居住者的化妆活动往往在卧室空间内进行，要求在卧室空间内布置化妆台、柜及镜面供个人专用。卧室可具有化妆功能，但不是必备的功能。一般主卧室和双人卧室可具备化妆功能。

（三）住宅卧室的最低限尺度

1.睡眠区

睡眠用的主要家具是床。双人床的布置要尽可能使其三面临空，便于上、下床，穿衣和整理被褥等活动。需要说明的是，随着现在人们生活水平的提高，床的尺寸也逐渐加大，已由以往的1500mm × 2000mm增加到1800mm × 2000mm甚至2000mm × 2000mm。设计时床的边缘与墙或其他障碍物之间的距离应保持在50cm以上。

2.储存区

卧室储存主要指衣物储存。主要家具有衣橱、衣柜。储存区范围应包括橱柜尺寸、橱门及抽屉开启的最大尺寸及人体取物动作的基本尺度。

3.读写区

读写区的主要家具为书桌、书架和座椅。家庭常用的书桌的桌面深度为50cm左右，桌面的最小宽度为80cm，多为90～100cm。座椅活动区的深度采用55cm，书桌边缘与其他障碍物之间最小距离为75cm。当座椅活动区后部要保留通道时，书桌至障碍物之间的距离应为100cm。

床作为卧室的主要家具，影响着卧室的家具布置方式。由于住户的生活习惯、爱好不同，主卧室应提供住户多种床位布置选择，要满足这一点，其房间短边净尺寸不宜小于3000mm。这是因为顺房间短边放床后尚应有一门位和人行活动面积。值得一提的是，由于使用要求和传统生活习惯，住户较忌讳床对门布置，也不宜布置在靠窗处，通常在面积较窄时床靠墙布置，在面积宽松时靠墙中布置。

（四）卧室的设计要点

（1）卧室应直接采光、自然通风。但通过走廊等间接采光时应满足通风、安全和私密性的要求。住宅设计应千方百计将外墙让给卧室，保证卧室与室外自然景观环境有必要的直接联系，如采光、通风和景观等。

（2）卧室空间尺度比例要恰当。开间与进深之比不要大于1：2（一般标准的住宅卧室）；进深尺寸不要小于2.4m。

（3）卧室门的尺寸既要考虑人的通行，又要考虑家具搬运。其洞口最小宽度不应小于900mm，高度不应小于2000mm。当进卧室的门位于短边墙时，宜靠一端布置，使开门洞后剩余墙段有可能放床，并且最好能容纳床的长边。当其位于长边墙时，宜靠中段布置，或靠一端布置，留出500mm以上墙段，使房间四角都有布置家具的空间。

（4）住宅的主卧室应有良好的朝向（力争朝南布置）。主卧室应保证每天有不少于1小时的日照，以保证室内基本的卫生条件和环境质量。

（5）卧室与阳台之间的门可与窗一起形成门连窗，也可分别设置；其位置一般靠阳台一端，以利开启，如能在一端留出500mm左右墙段再设门，将有利于在墙角布置家具。

三、工作学习室设计

在过去的设计中，中低标准的住宅由于面积的限制还做不到每户一个单独书房，只是卧室兼书房或客厅兼书房，以满足学习行为的需要，但作为小康标准或知识分子住宅，甚至白领阶层、从事文化职业的居民住宅，书房就是十分必要的了。

（一）书房的功能

书房是人们满足藏书、学习科学文化知识和工作行为的地方（如美术、音乐、教师工作者一般把书房作为专业工作室），主要行为是读书、学习、思考、研究问题、创作等，对于不同职业的使用，还有弹琴、作画、写作、绘图、收藏等行为，故需要有相对独立的采光、通风良好的安静环境。使用性质是个人单独作用，所以具有私密性。书房的主要家具是书架、书柜、写字台、座椅、休闲躺椅，主要家用电器有电话机、电风扇，特殊气候地区有空调器等，其余摆设有陈列品、花盆等。

电脑和信息时代已经到来，人们文化水平不断提高，个人电脑已逐步走进知识分子家庭，成为家居生活离不开的设备，使得书房成了家庭科技学习区，这已成为知识分子家庭行为之主要组成部分，他们运用电脑在家里写作、绘图、教育子女等，随之打印机、图文传真、微机联网，甚至将来的信息高速公路、可视电话等不久将会实现。

学习的尺度要求与居室并用或在起居室里的学习空间已不能很好地满足使用要求，故一个独立的、面积较大的书房成为家庭学习工作之必需。根据住户的工作性质、职业和不同爱好，书房可作为家庭办公室、书画室、藏书陈列室。随着时代的发展，信息通信的发达，将会有越来越多的人在家里办公，办公室与住宅合一的家庭工作新潮将逐步出现，可移动式学习办公空间的出现更会让人们根据家庭成员作息时间而自由调整和放置，不至于相互干扰。

此外，有不少人还喜欢将微型音响布置在书房，也有人喜欢边看书、边听音乐，边画画、边写字，边绘图、边听音乐等，轻松的音乐可使精神愉快和消除疲劳，这些均属特殊的新型行为，设计书房时都可适当考虑。

（二）书房的设计原则

（1）工作学习室的面积可参照次卧室考虑，其短边最小净尺寸不宜小于2100mm。

（2）与书房相关的行为空间为起居厅、客厅，便于会客又不干扰其他空间，但不可采用隔而不断的处理，这样不利于书房的安静环境和私密性。

（3）人们在书房的时间长短取决于其活动性质，业余学习者主要是在晚上或周六周日，故其房间朝向可在北向，条件许可时可在南向或东向；工作型的主要使用时间是在白天，房间朝向最佳为南向，其次为东向、北向。但无论何种情况，都要尽量避免朝西，因西晒不利于藏书和工作学习。

四、餐室

（一）就餐空间的功能发展变化

1.就餐空间的发展趋势

虽然就餐场所在住宅中处于比较重要的位置，但在许多住宅中没有独立的称为餐室的房间。

（1）就餐这种生活行为在家庭团聚中，由于生活中心放在起居空间上，餐厅的空间作用有时便被忽视了。另一方面，在传统观念中，餐厅因为伴同烹饪过程而只重视与厨房的联系，而不看重其在家庭其他生活行为方面的作用。

（2）随着厨房设备的发展，备餐场所与进餐场所一体化的趋势越来越明显。存在着重新看待家庭团聚、更加重视进餐场所的倾向。把具有模糊意义的起居空间分隔出去，会使就餐活动更加悠闲、随意。

（3）虽然设计独立就餐空间的要求不是很流行，但随着大面积、高档次住宅的增多，独立的就餐空间越来越受到重视。现阶段的餐厅设计有着更加重视餐桌及餐饮设备的倾向。

今后设计师所要面临的问题是就餐空间中所有的电器装置和餐饮设备的安置问题以及就餐空间在起居空间和厨房空间中的连接关系问题。

2.就餐空间的功能变化

通过对商品住宅户型的分析，我们总结出近年来餐室空间发展的一些趋势。

（1）独立餐室出现的趋势

在餐厅与厨房的布置方式问题上，独立餐室的户型形式通常用于一些比较讲究生活情趣，而且建筑面积或空间较大的家庭。如果距离厨房较远，为方便起见，可在附近安排一个起居室，以作缓冲或就餐前后休息之用。由于其功能单一，互不干扰，便于清洁卫生和突出个性的布置，很受用户欢迎。

（2）厨房兼餐室的发展趋势

此类型通常用于一些建筑面积或空间较小的家庭。两者之间最好用隔断加以隔离，使厨房的烹饪活动不受干扰，并且不影响进餐的气氛。这种户型设计是在动线配置上最具实用性和经济性的设计，既满足了使用上的相近，又为就餐时上饭菜的简捷创造了条件。

（3）便餐室的发展趋势

据调查统计，有38%的调查者希望除了在起居厅内有一正式的餐饮空间之外，还需要在厨房内设计一个方便的用餐空间，如放一张小餐桌等。这种就餐空间形式是一种供居民简单进餐的小型附属使用空间形式，因此很受广大住户的欢迎。一般而言，在高档次、大面积的住宅户型设计中，有独立餐室或单独的就餐空间时，都会另外设有一个便餐室，它可以合并在厨房中或设置在离厨房较近的角落里。其设计可不拘于形式，以轻松的气氛和便利的功能为首要条件进行设计。当便餐室附设于其他空间时，在形式的处理上，应使空间的格调统一和谐。

（二）就餐空间与起居室空间、厨房空间的关系

通过对现有住宅平面的分析发现，要达到餐室的动线便利短捷，其位置以邻接厨房、并靠近起居室最为恰当，将用餐区域安排在厨房与起居室之间最为有利，它既可以缩短膳食端送的距离，又可满足就座进餐交通路线短捷的要求。

1.就餐空间的面积标准确立

确定餐室面积时，应考虑到进餐的人数、家具之间的距离以及进出餐室和运送膳食的通道等因素。有关调查统计，有58%的家庭一般情况下是三人用餐，有22%的家庭一般情况下是两人用餐，有11%的家庭一般情况下是四人用餐，只有5%的家庭一般情况下是五人或五人以上用餐，因此，原则上考虑到节假日和家庭聚会时请客的需要，最多可供八人进餐用的独立餐室的面积不应低于7.6m^3、起居室兼餐室面积不应低于12m^2、厨房兼餐室面积不应低于6m^2。

餐室的主要家具为餐桌椅、酒柜及冰柜等。其最小面积不宜小于5m^2、其短边最小净尺寸不宜小于2100mm，以保证就餐和通行的需要。

2.大面积、高档次住宅户型DK（Kitchen with Dining）型餐厅中餐桌的设置方式

随着人们生活水平的提高以及生活观念的改变，在大面积、高档次的住宅户型中，人们开始接受西方式的开放厨房餐厅的做法，特别是对一些社会上的中高收入者来说，这种方式体现着一种现代的生活气息。虽然这种方式现在还不是设计的主流，但它很有可能在今后的大户型中成为一种趋势。在DK型餐厅中，餐桌的设置方式有以下几种。

（1）D与K之间设置活动隔板式餐桌。在餐厅与厨房的交接处设计必要的隔断。在餐厅内设计合适的餐桌，以适应餐饮多样化的要求。

（2）半岛式餐桌。人少的家庭可设置简洁、紧凑、实用的就餐空间形式，以矮隔墙和垂墙对厨房中杂乱的景象做适当遮挡。这种形式以家庭团聚为主，创造出实用与美观兼顾的合理空间。

（3）设置大型餐桌。半圆形大桌子的一侧设有调理台，在另一侧布置桌椅。餐厅被设计为家庭的中心，这种餐厅适用于成长期的家庭，人们期望家人围绕着这张桌子就餐时，能够产生强烈的家庭温馨感。

（4）适应快餐的空间。在这种类型的餐厅中就餐时，每人可以使用最简单的餐具，在进餐空间的任何地方都可以摆放，收拾也很简单，是进行便餐、聚餐的场所。

五、厨房

厨房是住宅中重要的组成部分，其空间内设有各种管线、设备和电器，被称为“住宅的心脏”，又是产生油烟、蒸汽、一氧化碳等有害物质的场所。它的布局对整个住宅的使用性具有举足轻重的影响。其平面布置涉及操作流程、人体工程学以及通风换气等多种因素。由于设备安装后移动困难，改装更非易事，设计时必须精益求精，认真对待。

（一）住宅厨房功能的演变

1.厨房的传统基本功能

（1）烹调——烹调前的准备，烹调操作等。

（2）备餐及餐后整理——烹饪后的餐前准备，餐后整理等。

（3）清洁洗涤——餐具、炊具、瓜果蔬菜等的洗涤，厨房、餐室等空间的清洁整理等。

（4）其他厨房操作活动——在厨房内进行的与烹调、洗涤无关的其他操作活动，如烧水、沏茶、煎药等。

（5）储藏——与厨房内操作活动相关的各种用品的储藏及废弃物的存放。

2.厨房功能的演变

随着生活水平不断提高，我国城市单元住宅套型面积标准在逐渐增大。同时，随着现代生活节奏的加快，城市住宅厨房燃料的变化，厨房设备的电气化、食品半成品化以及家务劳动社会化的发展，我国家庭的烹饪操作正逐渐趋向简单化、洁净化，厨房将向多功能化、舒适化、娱乐化的方向发展。进餐、洗衣等家务劳动，家庭成员的交流、娱乐、休息、待客等内容，都将成为一般家庭厨房所应具有的功能。而且厨房的空间形式也将呈现多元化的趋势。封闭式厨房不再是唯一的选择，人们可以根据需要来选择餐室厨房（DK型）、开敞式厨房（LDK型）等不同的空间形式。另外，厨房空间环境的整洁、美化也越来越受到人们的重视。中国的住宅厨房正面临着一场革命。

（二）厨房在住宅平面中的位置

厨房在住宅中并不是孤立存在的，作为居住生活的一部分，人们在厨房内的活动是与在其他空间的活动紧密联系的。这种联系可分为三类。

1.与外部空间的联系

在单元住宅中主要指与出入口、阳台等空间的联系。在独立式住宅中，除了主要入口外，常设有服务性出入口及庭院、车库等。厨房应与这类外部与半外部空间紧密联系。

2.与内部空间的联系

厨房与就餐空间的联系最为频繁与紧密，从饭前的准备到饭后的整理均是在这两个空间出入，因此厨房与就餐空间的关系应是设计中把握的要点。厨房与住宅其他空间的联系则根据其功能的不同而有所不同，如与起居室、家务室、工人房及共用卫生间等应有较为紧密的联系。厨房与卧室、书房等空间的联系则较为松散。

3.视觉动线联系

厨房与其他空间除了有作业动线上的联系外，还应有视觉上的联系。视线所涉及的纵深范围、覆盖区域及视野的开阔程度等都对厨房空间的感觉有很大影响，如与餐室、客厅形成开放式空间，能使空间有扩大的感觉；与入口有视线的联系可了解家人的行动，及时照应；通过厨房窗户与户外产生的联系，还可照顾在户外活动的儿童，减少厨房工作的单调感。了解厨房与其他空间的动线关系，有助于正确、有机地安排住宅内各功能空间的位置。

（三）厨房与就餐空间的关系

厨房空间与就餐空间在使用功能上是联系最为密切的空间。依据两者之间的关系可以将其分为以下三种形式。

1.独立式厨房（K型厨房）

独立式厨房是指与就餐空间分开，单独布置于一封闭空间的厨房空间形式。在我国独立式厨房一直为人们普遍采用，这主要是由其空间特点决定的。

（1）由于独立式厨房采用封闭空间，使厨房的工作不受外界干扰，烹调所产生的油烟、气味及有害气体也不会污染住宅的其他空间。

（2）因设备、设施比较差而无法保持整洁的厨房，可利用独立空间避免其杂乱和噪声对其他空间的干扰。

（3）独立式厨房的场面面积大，有利于安排较多的储藏空间。

但独立式厨房也有难以克服的弱点，特别是空间相对较小的厨房，操作者长时间在其内工作会感觉单调，有压抑感，易疲劳，且无法与家人、访客进行交流。同时，其与就餐空间的联系不方便。

2.餐室厨房（DK型厨房）

餐室厨房与独立式厨房一样，均为封闭型空间，所不同的是餐室厨房的面积比独立式厨房稍大，可将就餐空间一并布置于厨房空间内。这种厨房类型将就餐空间纳入厨房之内，其面积需扩大至6m^{2}或者8m^{2}才能满足功能需要。在全国大城市居住实态调查中，当使用面积为12m^2/人左右时，就有条件产生带餐室的厨房。

餐室厨房具有独立式厨房的优点，如可以避免厨房产生的噪声、油烟及其他有害气体对住宅空间的污染等；因其空间较为宽敞，在一定程度上又具有开敞式厨房的优点，如能减少空间的压抑感和单调感，且不同功能空间可以相互借用，如餐桌在烹饪中兼作备餐台、共用通行面积等，从而达到节省空间的目的。

3.开敞式厨房

开敞式厨房空间是在第二次世界大战后国外出现的住宅内部空间设计概念，即把小空间变大，将起居、就餐、厨房三个空间之间的隔墙取消，各空间之间可以相互借用。这种空间设计较大限度地扩大了空间，使视野开阔，空间流畅，对于面积较小的住宅可以达到节省空间的目的，并且便于家庭成员交流，从而消除孤独，有利于形成和谐愉悦的家庭气氛；同时还有利于空间的灵活布局和多功能使用，特别是当厨房装修比较考究时，可以起到美化家居的作用。

4.厨房与就餐空间的灵活布局

家庭人口的变化、生活条件的改善、厨房设备的增加以及访客频率的变化等，使住户对厨房及就餐空间在不同时期有着不同的要求。例如，中年时期，家庭人口较多、来客频繁，希望有较大的厨房和正式的餐厅；年老后，一般儿女分住，大餐厅的使用频率降低，可改作他用，而就餐可在厨房解决。

如果在住宅设计中考虑厨房及就餐空间的多种组合方式，使住户根据不同阶段的使用要求，改变空间的使用性质，将使住宅达到合理的使用效果。

5.厨房与服务阳台的关系

（1）我国厨房服务阳台的使用情况

我国有相当一部分城市住宅设有服务阳台（或称杂物阳台、北阳台等）与厨房相连，作为厨房空间功能的补充。

我国普通家庭厨房空间内杂物较多，如储存的蔬菜、泡菜坛、水果箱、储备粮、包装袋，以及拖布、扫帚、簸箕等清扫用具，这些杂物在厨房内往往没有适当的存放位置，对保持厨房室内环境的整洁影响较大，一般希望有独立的隐蔽空间进行储藏。当厨房设有服务阳台时，阳台与厨房有门相隔。空间相对独立，且较为隐蔽；同时与厨房距离近，使用上又比较方便。因此，服务阳台多作为储藏空间使用，放置上述杂物及冰箱等。

由于气候条件、生活习惯等的不同，服务阳台也有各种不同的用途。北方地区一般家庭对于服务阳台多进行封闭。除了作为辅助储藏空间、杂物间外，有的还可作为洗衣空间，在服务阳台上放置洗衣机、晾晒衣物等；在北方的冬季温度较低、朝北的服务阳台可兼作冷藏间使用；服务阳台还可改造为厨房烹饪的操作间，以减少油烟对室内的污染。

（2）厨房与服务阳台的位置关系

厨房与服务阳台主要有四种位置关系。服务阳台设在厨房的短边，服务阳台设在厨房的长边，局部设置服务阳台，厨房与其他空间共用阳台。

①短边阳台。这种设置最为常见，阳台的长度等于厨房的面宽，面积2～3m²比较适当。

②长边阳台。这种设置阳台面积偏大，不够经济，一般可使其兼有洗衣、晾衣的功能。

③局部阳台。这种设置多见于高层住宅的凹缝中，阳台的面宽很小，面积一般只有1m²多。若加大阳台的进深，又很容易造成厨房的采光不足。

④共用阳台。在某些住宅中，厨房与客厅、卧室等空间相邻时，服务阳台可与相邻空间共用阳台。这种情况阳台面积宽大，可以多方面利用。但需注意厨房里面放置在阳台上面的杂物，要摆放整齐或隐蔽，以免影响相邻空间的观瞻。

（3）厨房门与服务阳台门的位置关系

它对厨房空间的布局有较大影响。门的位置不当，往往会减少有效操作面的长度，中断操作流线，使厨房的利用率大大降低。厨房门与阳台门两者之间的位置关系可以分为三种类型。

①穿越型。厨房门与服务阳台门位于相对的两侧墙面，且位置基本相对。

②相邻型。厨房门与服务阳台门位于相邻的两侧墙面，其距离较近。

③对角型。厨房门与服务阳台门位于厨房空间的对角线位置。

6.对服务阳台改为厨房操作间的分析与建议

在住宅中，服务阳台对于厨房功能的完善和补充起着重要作用，特别是小套型单元住宅。由于住宅厨房面积有限，无法完全满足功能要求，因此部分家庭在装修改造中将灶具移入阳台，将阳台改为操作间。这种改动最大的优点是扩大了厨房的有效面积，可将餐桌移入原来的厨房空间，密切了就餐空间与操作空间的联系，更好地满足了炊事行为的需要，同时可增加厨房的储藏空间。另外，还能有效地减少油烟对住宅其他空间的污染，改善住宅的室内环境。

新装修的住户中约有六成将服务阳台改造成烹饪间，多数住户希望厨房洁污区分开，把产生油烟的烹饪区隔离出去，以尽量避免油烟对橱柜及冰箱、微波炉等电器的污染，减少擦拭负担。因此，在住宅设计中，应充分考虑服务阳台改造的可能性，从设计方面创造改造的条件。

（1）烟道的布置应靠近与服务阳台相邻的外墙。并在外墙上预留孔洞，以便灶具移入阳台后仍可利用室内原有烟道。

（2）管线设计中应将上下水管延伸至阳台，在阳台上加设水池或考虑改造时将洗涤池移至阳台附近的可能。

（3）对于北方的住宅，在阳台栏板的设计中，应注意采用保温隔热性能好的材料，或预留将来加设保温隔热材料的空间。

以上方法只是针对空间较小的住宅厨房采取的补救措施。在设计中应与各相关专业人员进行协调，尽量使改造后的厨房空间都能达到较好的使用效果。

当然在设计的一开始就将烹饪区与洁净操作区分开，使厨房形成内外两个区域，将更加适合目前我国的烹饪习惯，提高厨房的环境质量。

7.厨房设备及操作流程

厨房的主要功能是完成炊事活动，其设备主要有洗涤池、案桌、炉灶、储物柜以及排气设备、冰箱、烤箱、微波炉、餐桌等。近年来，洗碗机、烘干机、消毒柜等设备也逐步走进家庭厨房，与厨房柜体组合在一起。厨房主要设备的摆放因操作流程、人体动作行为等原因，存在着一定的相互制约关系。如设置不当会使厨房操作流线中断，造成使用不便，甚至出现安全隐患。

厨房的操作流程：食品购入—储藏—清洗—配餐—烹调—备餐—进餐—清洗—储藏。应按此规律，并根据人体工效学原理，分析人体活动尺度，序列化地布置厨房设备和安排活动空间。特别是厨房中的洗涤池、案台和炉灶应按“洗—切—烧”的程序来布置，以缩短人在操作时的行走路线。在北方寒冷地区，炉灶不应靠窗口布置，否则寒风入侵影响炉灶温度。在南方炎热地区，炉灶常靠窗布置，以利通风降温。

六、卫生间

（一）卫生间的功能

从广义来看，住宅卫生间是一组处理个人卫生的专用空间。它应容纳便溺、洗浴、盥洗及洗衣四种功能，在较高级的住宅里还可包括化妆功能在内。除此之外，随着经济的发展和社会的进步，在追求健康性和舒适性的今天，人们对于卫生空间的认识也不再停留在厕、浴空间的水平。人们意识到卫生间除了解决个人卫生问题外，还应有娱乐、休息、健身、交流感情等功能，因此，住宅卫生空间的面积也在不断加大。目前，欧美发达国家住宅中的主卧室卫生间，其面积常与主卧室的面积相当。

在我国，住宅卫生间从单一的厕所发展到包括洗浴、洗衣的多功能卫生间。随着生活水平的提高，多功能的卫生间又将分离为多个卫生空间。

（二）卫生间在住宅中的空间位置要求

卫生空间是住宅中与厨房并列的另一个重要功能空间，但它的空间面积一般都比较狭小，设备相对集中。同时还要兼通风、采光等各种条件。卫生间在住宅中的位置十分重要，一方面要保证卫生空间使用方便；另一方面又要保证其在使用时具有一定的私密性。

（1）出入卫生空间应避免穿行门厅、客厅、起居室等公共空间。

（2）卫生间应有良好的通风、换气设备或条件，并且尽量争取自然采光。

（3）卫生空间的各功能空间应分开设置，既要联系方便，又要互不干扰。

（4）公共卫生间应做到与公共活动空间既联系近便又有分隔。

（5）共用卫生间应布置在卧室区，与卧室（特别是老人、儿童室）联系近便，且具有一定的私密性。

（6）在空间条件允许的情况下，应尽量在不同的居住空间分设卫生间，以方便使用。

由于别墅、独立式住宅、普通公寓等住宅的空间条件不同，同时各家庭的成员组成、生活习惯以及文化背景等均有所不同，不同地区及类型的住宅在卫生间的布局上有很大差别。例如，在发达国家中，欧美地区一般要求卫生间应紧靠卧室，因此各卧室配卫生间的比例较高；同时，各卫生间的卫生设备配套率较高，即多件卫生洁具布置于同一空间内。

（三）卫生间的数量

随着我国经济的发展，人均居住面积不断提高，住宅成套比例不断加大，住宅卫生空间也经历了从无到有、从少到多的变化过程。过去的住宅设计由于面积标准低，单元住宅普遍只有一个卫生间，且空间狭小，设备、设施简陋，给人们的生活带来了一定的不便。问题主要表现为使用和布局两个方面的矛盾。

（1）生活中，卫生间普遍存在拥挤和冲突的现象，特别是人口比较多的家庭。由于只有一套卫生设备，在卫生空间的使用高峰时间拥挤的现象比较突出，如早、晚的洗漱和排便等活动。

（2）在空间布局上，浴室、厕所等空间的私密性要求较高，应与同样有私密性要求的卧室空间有较为紧密联系。另外，考虑到来访者的使用方便，且不希望客人进入住宅的私密空间区域，卫生间又应靠近客厅等公共空间区域，这就产生了卫生间布局上的矛盾。

随着居住水平的提高和居住面积的加大，我国单元住宅开始出现设置双卫生间，甚至多卫生间的户型。最初的双卫生间设计基本只出现在外销公寓、独立式住宅等高档住宅中，近几年，普通住宅也开始采用这种设计方式。双卫生间，甚至多卫生间的设计在许多发达国家的住宅中早已普遍采用，且在规范中有明确要求。

从调查中可以看到，大套型住宅双（多）卫生间的设置可以改善生活环境，使人们养成良好的卫生习惯，比较受欢迎；小户型及人口较少的家庭对于双（多）卫生间的要求还不是十分强烈，他们更为需要的是扩大客厅或储藏空间的面积。但双（多）卫生间确实能使居住环境更为舒适、文明，在经济发展到一定水平后，它将是住宅卫生间设计的一种趋势。

住宅内卫生间的数量与套型的卧室数量有一定的关系。通常两室以下的户型设一个卫生间，三室以上的户型设两个或两个以上的卫生间。同时，根据使用性质的不同，各卫生间又有主卧卫生间、共用卫生间、老人用卫生间、客用卫生间、佣人卫生间等的区分。

另外，应注意的是，虽然增加住宅卫生间的数量能够提高住宅的舒适、文明程度，但在住宅套型面积有限的情况下，一味追求卫生间的数量会造成居室面积的减小或使各卫生间的空间受到局限。因此，应注意卫生间数量与住宅套型面积之间的平衡关系，避免因增加卫生间数量而造成其他使用上的不便。

（四）住宅中的双卫生间设计

近年来，随着住宅商品化的发展，住宅设计更加注重使用者的要求。双卫生间的出现就是其中最显著的变化之一。目前，建筑面积在100m²以上的住宅中，大部分采用了双卫生间的设计。这与过去的住宅平面有着很大的不同，在设计中应根据使用要求采取不同的处理方式。

（1）主用卫生间与客用（仆用）卫生间分设

这种设置形式是在住宅卧室集中区（私密空间）设置一个卫生间，作为家庭内部成员使用的主用卫生间；在餐厅、客厅区（公共空间）设置一个卫生间，作为来访者或佣人使用的客用卫生间。

其中，主用卫生间可设置为集中型或前室型，而客用卫生间一般设置为集中型（可不设洗浴设施）。这种设置可以很好地解决单卫生间在住宅空间布局中有时难以兼顾公共空间与私密空间的矛盾。一般适用于家庭成员较多、家中来访者频繁，或雇用了佣人（家庭服务员）的家庭。

（2）主卧卫生间与共用卫生间分设

这种设置形式即在住宅的主卧室内套设一卫生间供主人使用，在主卧室以外设一卫生间作为家庭其他成员及来访者等使用的共用卫生间。

由于主卧卫生间的使用人数相对较少，为节省空间起见，主卧卫生间宜设置为集中型卫生间；在面积条件允许的情况下也可分隔出洗漱空间或将其与衣橱合并设置。为避免使用中的冲突，共用卫生间则应设置为前室型卫生间，如将浴、厕空间与洗漱、洗衣空间分隔设置，或设置为分设型卫生间。这种设置一般适用于家庭结构简单、家庭成员相对较少且对生活环境质量要求较高的家庭。

以上两种双卫生间的布置形式中的第一种同样适用于跃层式单元住宅（一般为三室及三室以上的户型）。而第二种形式有所不同，即当主卧室以外的卧室与客厅不同层而采取主卧室套设卫生间的形式时，卧室所在楼层与客厅所在楼层应分别设置共用卫生间，即套型内卫生间的数量为三个或三个以上。因此，小面积跃层式单元住宅宜采用第一种形式。

（五）住宅卫生间常见的几种不合理布局

要想完全满足理想的布局上的各种要求，卫生间在住宅中的位置安排常会与其他空间的布置产生矛盾。需要设计者了解生活，精心设计，权衡取舍。一些设计者由于对卫生空间的重视不够，在优先满足住宅其他空间的使用要求后，无法满足卫生空间的基本要求，造成住宅卫生间的空间布局不合理现象。

（六）影响住宅卫生间平面设计的因素

住宅卫生间的平面布局与气候条件、生活习惯、经济条件、文化传统、家庭成员的构成以及卫生设备的大小、形成等因素都有很大的关系。

1.生活习惯及气候条件的影响

从发达国家卫生间的布局形式上看，不同国家的住宅卫生间具有不同的平面布局形式，如日本一般把浴室单独设置，而不与厕所合并。这主要是因为日本人习惯每天洗澡、泡澡，使用浴室时间较长，一般一个人使用时间在20～40min。此外，日本人把浴室作为解除疲劳、休息养神的场所，对浴室的气氛和清洁度要求较高。而欧美人强调浴室接近卧室，以便睡前入浴和清早淋浴。因此，在布局上卫生间多采用兼用型，几件洁具合在一个空间内，家庭结构复杂时则多设几套卫生间。这从一个侧面反映了欧美人重视个人生活的私密性和使用的方便性。

我国南北方的气候差别很大，为此使用卫生间的习惯及对卫生间的要求等都有较大的差异。例如，南方地区希望住宅卫生间设明窗，以便迅速排除潮气，保持卫生间的干燥，而北方地区的冬季比较寒冷、干燥，带明窗的暗卫生间保温效果好，洗浴后的湿气还可增加室内的湿度，因此被普遍接受。另外，由于气候条件的差异，南北地区有着不同的洗浴习惯。南方地区习惯冲凉，特别是夏季，每天要洗，甚至一天要冲几次，但多数是简单淋浴；北方地区的冬季寒冷，洗浴的次数比南方地区少，但每次的时间相对较长，使用浴盆的也较多。

2.经济条件和文化传统的影响

经济发达地区，对卫生间的要求较高。希望卫生间比较大，功能分区明确，使用更为方便，如将洗脸化妆的空间、更衣的空间等独立出来。

而经济发展水平较低的地区，住宅卫生间相对狭小，设施较为简陋，有些缺水地区还希望能将洗浴、洗衣的用水重复利用。

3.家庭成员的人数及家庭结构的影响

不同的家庭成员人数及组成，对住宅卫生空间的平面设计都会产生较大的影响。

一方面，当家庭成员的人数较多时，应根据实际情况将卫生间进行适当分隔，减少不同功能之间的使用冲突。甚至可以采用双卫生间或多卫生间的设计，以避免使用中的矛盾，保证卫生间的私密性。

另一方面，对于不同的使用者，其对卫生空间的要求又有所不同，在设计中应加以区别对待。

（1）老人、残疾人

使用卫生间时很容易出现事故，必须十分重视安全问题。应在必要的位置加设扶手，取消高差，使用轮椅或需要保护者时，卫生空间应相应加大。

（2）婴幼儿

使用厕所浴室时需有人帮助，在一段时期需要专用便盆、澡盆等器具，要考虑洗涤污物，放置洁具的场所。使用浴室时，幼儿有被烫伤、碰伤、溺死的危险，必须注意安全设计。儿童在外面玩沙土回来时常常弄得很脏，别墅或独立式住宅中最好在入口处设置清洗池，以便在进入房间前清洗干净。

（3）客人

常有亲戚朋友来做客和暂住的家庭，可考虑分出客人用的卫生间。在没有条件区分的情况下，如把洗脸间、厕所独立出来也比较利于使用。

除上述因素外，新型设备的使用以及对卫生间新的功能上的要求等因素对卫生间的平面设计均会产生不同影响，这里不再赘述。

（七）住宅卫生空间的基本布局形式

住宅卫生空间的平面布局上归结起来可分为分设型、集中型和前室型三种形式。

1.分设型

分设型卫生间即将卫生间中的厕所、浴室、洗漱化妆间和洗衣间等各自单独设置。这种平面形式的特点是各空间可同时使用，特别是在使用的高峰期可减少彼此之间的干扰，各空间功能明确，使用起来方便、舒适。但由于各空间之间无法彼此借用，故其占用的空间较多，建造成本也相对较高。因此，在目前我国城市单元住宅面积标准不高的情况下较少使用。

2.集中型

集中型卫生间是将卫生空间的各种功能集中在一起，即把洗脸盆、浴缸、便器等卫生设备布置在同一空间内。

这种平面形式节省空间，管线等布置简单，比较经济。但当一个人占用卫生间时会影响家庭的其他成员使用，因此不适合人口多的家庭；而且当卫生间面积较小时，很难设置储藏等空间。另外，浴室的湿气等会影响洗衣机的寿命，因此集中型卫生间适于在多套卫生间户型中的主卧室卫生间采用（不包含洗衣空间）。这种形式在我国住宅卫生间中使用较为普遍。

3.前室型

综合上述两种卫生间的平面布局形式，将卫生空间的基本设备根据需要，部分独立设置，部分合为一室，且空间之间进行穿套而形成前室的布局形式称为前室型。

这种布置方式可以在一定程度上重复利用不同卫生行为的人体活动空间。与分设型卫生空间相比，较为节省空间；同集中型卫生间相比，其组合又比较自由，能在一定程度上解决卫生间不同功能同时使用的矛盾。但由于部分卫生设备置于一室，仍存在一定的相互干扰现象，不能彻底解决使用中的冲突。

此外，现代卫生间中的洗脸化妆部分，由于使用功能的复杂和多样化，与厕所、浴室分开布局的情况越来越多。洗衣和做家务杂事的空间近年来被逐渐重视起来，因此出现了专门设置洗衣机、清洗池等设备的空间，与洗脸间合并一处的也很多。另外，桑拿浴、淋浴盒子间开始进入家庭，成为卫生空间中的一个组成部分。

七、阳台

阳台是室内室外之间的过渡空间，在居住生活中起着很重要的作用。每套住宅应设阳台，住宅底层和退台式住宅的上人屋面可设平台，顶层阳台应设不小于阳台宽度的雨罩。

（一）阳台的分类

1.按使用功能分类

阳台按使用功能可分为生活阳台和服务阳台。

生活阳台供生活起居用，设于起居室或卧室外部。生活阳台除了满足住户眺望、休息、纳凉等功能外，还要满足晾晒衣物、绿化美化等功能。阳台供杂务活动和晾晒用，通常设于厨房外部。生活阳台（靠近起居室或卧室的阳台）进深不应小于1.3m，同时应考虑放置花盆、晾衣架等设施。服务阳台（靠近厨房的阳台）进深不应小于1.1m。

2.按平面形式分类

（1）凸阳台

悬挑出外墙，也称挑阳台，视野开阔，日照通风良好。但私密性较差，和邻户之间有视线干扰，可在两侧加挡板解决，并应考虑防盗安全措施。凸阳台因受结构、施工与经济限制，出挑深度一般控制在1000～1800mm。出挑宽度通常为开间宽度，以利使用和结构布置。

（2）凹阳台

凹入外墙之内，结构简单，深度不受结构限制，使用安静隐蔽。在炎热地区，深度较大的凹阳台是设铺纳凉的良好空间。

（3）半凸半凹阳台

兼有凸阳台和凹阳台的优点，同时避免了凸阳台出挑深度的局限。

（4）封闭式阳台

将以上三种阳台临空面装上玻璃窗，就形成封闭式阳台，可起到日光室的作用。当其进深较大时，也可作为小明厅使用。中高层、高层及沿马路的多层住宅，其阳台宜设计为封闭阳台。北方由于气候寒冷，阳台也应考虑做封闭处理。

（二）阳台的设计原则

阳台的构造处理，应保证安全、牢固、耐久，特别是阳台栏板，需具有抗侧向力的能力。为防止阳台因栏杆上放置花盆而坠落伤人，放置花盆处必须采取防坠落措施。阳台是住户儿童活动较多的地方，栏杆（包括栏板局部栏杆）的垂直杆件间距不应小于0.11m。阳台门的大小一般仅考虑人员通行尺寸，因无大型家具搬运，其洞口最小宽度不应小于700mm。阳台、雨罩均应做有组织排水，阳台宜做防水，雨罩应做防水，地面标高应比室内楼面低30 ~ 60mm。并应有排水坡度引向地漏或泄水管。

阳台不但是住宅建筑立面的主要构成要素，也是住宅建筑必不可少的空间，阳台除供人们从事户外活动之外，兼有遮阳、防雨、防火灾蔓延的作用，对美化城市、美化生活、扩大室内空间、提高居住质量有着不可替代的作用。

八、套内交通联系空间

套内交通联系空间包括门斗或前室、过道、过厅及户内楼梯等，在面积允许的情况下入户处设置门斗或前室，可以起到户内外的缓冲与过渡作用，对于隔声、防寒有利。同时，可作为换鞋、存放雨具、挂衣等空间。前室还可作为交通流线分配空间。门斗的设置尺寸其净宽不宜小于1200mm，并应注意搬运家具的可能。

（一）门厅

厅或门厅空间是住宅套型不可缺少的功能空间：门厅作为户内外空间的过渡，具有组织交通的功能。住户要求门厅具有储藏，存放鞋、雨具、手袋和挂衣等功能。十分重要的一点在于它是一个家庭的第一印象所在，只要进行适当功能处理，即可收到极好效果。门厅是住宅设计中必须设置的空间单元。

套内入口的门厅是入户门与起居厅交接处的过渡空间，由室外到室内，通过门厅到起居厅再到卧室，是公共性→半公共性→半私密性→私密性的渐进过程，厅所构成的过渡空间，对增加住宅的私密性或适用性，都显得很有必要，因为它为人们进出家门时换鞋、挂衣、存雨具等提供了方便。门厅保证了厅内的安全感和私密感，在客人来访和家人出入时，能够很好地解决视线干扰和心理安全问题。对户外的视线产生一定的视觉屏障，使人们一进门时对客厅的情形不是一目了然，一览无余。这种室内外的过渡空间，注重了人们户内行为的私有性及隐蔽性，同时，使人的出入户过程更加有序。另外，还可减少楼梯间和公共走道的噪声对居室的干扰。在寒冷地区，可防止冷风直接吹入卧室，炎热地区可利用它组织穿堂风。

评价住宅质量的一个重要标准之一就是入户后是否有隔离或过渡，即是否设置门厅和门厅的设置是否全面完备等。门厅是居住空间给人的第一印象。其设计的好坏直接影响着人们对住宅的观感。门厅空间理想发生的行为通常为：更衣换鞋，擦鞋，戴帽子，围巾，梳头，放日常用包、钥匙，打接电话，简单会客，放置雨具等。门厅有两个很重要的功能：储藏功能和换衣功能。

1.储藏功能

（1）大衣、雨具、鞋子、提包等都应放在住宅的入口处。

（2）户外玩具和运动器械在被带到户外或是带进室内时，都应放在门厅。

（3）门厅需要有一定的储藏空间，可以是柜子、壁橱、衣帽架等。

入口门厅处需要充足的储存空间，其形式可以是柜子、壁橱、衣帽架、物品架、抽屉等。在功能上设置一些鞋柜、存放衣帽、雨具的储藏柜等。

2.换衣功能

（1）在现在的生活模式中，出入换衣都是在起居室或者卧室中进行的，从发展的眼光看，门厅也应是出入换衣的主要场所。

（2）门厅应设有穿衣镜、挂衣架以及足够的空间供人出门前整理和修饰之用。

入口空间不能太小，应便于人们穿、脱户外衣服以及迎接客人进门等。套内入口处过道净宽不应小于1.2m。还应给轮椅提供回旋余地（1500mm × 1500mm）。有特点的门厅能让人立即感受到主人的文化修养和情趣。

设计建议：在户门和起居厅之间设一个门厅，并在其中做一定的装修（如壁橱、格架、穿衣镜和擦脚垫等），合理解决门厅的各项功能。如果门厅可把人流向户内各空间疏导、分开，它的作用就更大，对它的利用也就更充分。

如入口处设简单座椅空间，更衣换鞋时会更舒适。

（二）套内楼梯

当一户的住房分层设置时，垂直交通的联系采用户内楼梯。套内楼梯的位置及大小很关键，如设计不当，不仅会浪费空间，使用不便，而且会对住宅的内部观感造成破坏。在高档住宅中，套内楼梯不仅有交通联系功能，而且是重要的装饰构件。户内楼梯可以设置在楼梯间内，也可以与起居室或餐室结合在一起，既可节省空间，又可起到美化空间的作用。户内楼梯的形式可以有单跑、双跑、三跑及曲尺形、弧形等多种，可根据套型空间的组合情况选用。

套内楼梯当一边为栏杆时，其净宽不应小于0.75m；当两侧有墙时，不应小于0.90m。套内楼梯的净宽，主要考虑上下两层垂直交通使用，搬运家具和日常手提东西上下楼梯的最小宽度。套内楼梯踏步宽度应不小于0.22m；扇形楼梯的踏步宽度自窄边起0.25m处的踏步宽度不应小于0.22m。

九、储藏空间的设计

住户物品的储藏需求因户而异，涉及人口规模、生活、习惯嗜好、经济能力等。在一套住宅中，合理利用空间布置储藏设施是必要的。如利用门斗、过道、居室等的上部空间设置吊柜，利用房间组合边角部分设置壁柜，利用墙体厚度设置壁龛等。坡顶的屋顶空间、户内楼梯的梯下空间、公共楼梯的底层下部和顶层上部也可利用作为储藏空间。需要注意的是，每套住宅应保证有一部分落地的储藏空间，以方便用户使用。落地储藏面积因地区气候、生活习惯等因素而异。根据调查资料，一般设计可按0.5m²/人左右来考虑。

储藏空间设计在户型设计中是一项重要的工作，一个家庭无论在家庭日常生活的使用功能方面，还是在美化家居环境的要求方面，都需要一定比例的储存空间。从现代住宅设计的分析及趋势来看，合理设置储藏空间是一个很重要的问题。而储藏的地点和位置直接关系到被储藏品的使用是否便利，空间使用的效率是否高。

第五节 住宅公用部分设计

一、多层住宅普通双跑疏散楼梯的最低尺寸分析

（一）开间尺寸

影响疏散楼梯开间宽度的因素主要有以下两种。

1.墙体厚度

它随建筑所在气候分区的不同而不同。热工规范对寒冷地区楼梯间的规定：寒冷地区不采暖的楼梯间墙体均按外墙设计。实行“禁实”前的多层住宅建筑结构均为砖混结构。

实行“禁实”后少数开发商将实心黏土砖砖混结构住宅改为多孔承重黏土砖砖混结构住宅，墙体厚度不变，而大部分商品住宅则改做成框架结构住宅，其墙体厚度改为300mm厚空心砖或120mm厚空心黏土砖+60mm厚苯板内保温层+120mm厚空心黏土砖的做法。剪力墙结构高层住宅楼梯间墙体多为剪力墙结构厚度（由计算确定）+保温层厚度。

2.楼梯段净宽度的要求

住宅楼梯梯段净宽不应小于1.10m。6层及6层以下住宅一边设有栏杆的梯段净宽（楼梯梯段净宽是指墙面至扶手中心之间的水平距离）不应小于1.00m。

为满足上述两条规范的规定，目前寒冷地区楼梯间常用开间为2700m，少数楼梯间开间做到2400m，为满足梯段净宽的要求，须改变墙体与轴线的关系。

（二）进深尺寸

影响楼梯间进深的主要因素有以下两种。

（1）规范规定

规定住宅楼梯踏面最小宽度为250mm，梯面最大高度为180mm，此时多层住宅楼梯间多数需将首层楼梯平台下作为建筑的出入口，首层由于使楼梯休息平台底面距地面不小于2m，在室内外高差0.60m情况下，第一跑需做9步，其休息平台高度为2.22m，不妨碍平台下交通。楼梯间进深可控制在4.50～4.80m。如按8步计，加上两边1.20m宽休息平台，净深是4.15m；按9步计，净深则为4.40m。楼梯间进深基本尺寸为4500mm和4800mm。而后将住宅楼梯踏面最小宽度改为260mm，梯面最大高度改为175mm，此时住宅层高普遍为2.80m，按踏步高度0.175m计恰好每层为16步。首层由于使楼梯休息平台底面距地面不小于2m，在室内外高差0.60m情况下，第一跑需做9步，其休息平台高度为2.175m，不妨碍平台下交通。如按8步计，加上两边1.20m宽休息平台，净深是4.22m；按9步计，净深则为4.48m。楼梯间进深仍可控制在4.50～4.80m。以上均针对住宅中以楼梯为主要垂直交通而言，对于高层住宅中仅供安全疏散用的疏散楼梯，为节省面积，楼梯踏步高宽度可不作改变，其平台深度也不必加深，不小于楼梯梯段净宽即可。

（2）管道井的设置

以前多层住宅楼梯间的管井主要为垃圾管井，此时的垃圾管井的设置多数采用内凹与楼梯间墙面或在楼梯间角部“削角处理”，垃圾管井的设置并不影响梯段及缓步平台的净宽，因此，其尺寸对楼梯间的进深并无影响。后来国家倡导住宅实现热计量，许多地区新建商品住宅中要求一律考虑对“一户一阀热计量管井”的设置。对已建住宅中也相继实行“一户一阀”的改造工程。“一户一阀热计量管井”如考虑将来的热计量须在管井内设置热计量表的要求，其每户管井最小净尺寸为600mm×900mm。由于目前管井内均未设置热计量表，一些设计者将井的净尺寸缩小到400mm×800mm。“一户一阀热计量管井”的出现使住宅楼梯间的尺寸发生改变。

二、高层电梯的设计分析

（一）电梯数量的确定

电梯的数量与高层住宅的方便性和经济性相关。在以往的文献中主要有三种确定电梯数量的方法。

（1）计算法

根据每幢高层住宅居住的居民总数、电梯的速度等一系列参数，用一套数学公式进行计算以确定配置电梯的数量。在当前的工程实践中，这种方法使用较少。

（2）归纳法

对国内外现存的一些高层住宅范例的电梯配置情况进行总结，得出一个经验数据，作为设计中的参考。依据这种方法，按每台电梯服务的户数，将电梯的服务划分为四个方便舒适等级，作为不同档次高层住宅的设计依据。

归纳法的优点是明了直观，但是人们对经济性与方便舒适性的判断标准总是随着时代的变迁而改变，技术的进步也会加快电梯的普及，使其更经济合理，这些都会使归纳出的经验数据过时。

（3）图表法

根据建筑层数、服务的人数、电梯间隔时间的级别（分60s，80s，100s三级）等参数，对应不同的电梯组编号，每个编号对应着不同的电梯配置（包括电梯的载重量、台数和电梯的速度）。

（二）电梯的相关尺度

目前，高层住宅最常用的电梯载重量有630kg、800kg、1000kg等，还有一些非标准的400kg电梯。

第三章　商业建筑设计

第一节　商业建筑的基地和总平面

大中型商业建筑基地宜选择在城市商业地区或主要道路的适宜位置，使其处于人流来往频繁的城市热闹地带。这样可以诱发、促使过往行人从事购物活动。因为商店顾客人流、商品货流均较大，在总平面布置中要进行合理设计，如建筑周围尤其主要出入口前需留有足够的集散场地、通道及能供自行车与汽车使用的停车场地等，以满足顾客使用要求，同时有利于商店自身的经营管理，并为城市景观增添良好的艺术效果。

一、基地选择

商店建筑不宜设在有甲、乙类火灾危险性厂房、仓库和易燃、可燃材料堆场附近，如因用地条件所限，其安全距离应符合防火规范的有关规定。商店建筑基地的选择，要求城市规划、管理部门和建筑师在商店的规划和设计中，认清形势的发展，在保证城市总体规划实施下，建立既具有合理的商业服务网络，又满足商店经营者的利益，具有良好市场环境的城市商业布局。为此，需注意以下几点。

（一）选择接近人群、交通方便的位置

古语谓“因人而市”。人群所在，必有潜在的或现实的需求。因为在组成市场的供给（卖方）和需求（买方）双方中，买方的需求是决定性的。任何商店的存在均只能以市场需求为基础，而卖方却必须通过自己的活动，努力适应或影响对方，才能不断开拓市场，取得经营效果。所以，在商店建筑的选址方面，应把接纳顾客的营业厅设置在靠近人流来往频繁的街道或广场。

（二）出入通道应便捷通畅

一般大中型商店的顾客、职工人流及商品货流均较大，需要各自设置独立的对外出入口，与城市道路相接。因此，选址时就应考虑基地内有可能从不同方位分别设置人、货流通道，如在城市主要道路方位设置顾客出入口，在城市次要道路方位设置货流出入口，从而使两者运行便利，互不干扰。

（三）留有空地、设置场院

为了满足货物的装卸车、开包拆箱、车辆回转、箱皮包装的整理回收以及后勤生活辅助工作的需要，商店建筑宜设有内院。它对商店正常业务的开展起到促进作用，是商店不可缺少的一个组成部分。反之，没有一定的业务正常运转回旋空间，将会使商店的内部业务造成混乱，不利于管理。另外，在顾客入口处，还应设有供顾客等候、聚集、停放车辆等场所。因此，选址时应考虑留有足够的基地面积。

（四）考虑商业聚集效应的影响

多家商店聚集组合、相辅相成、互相竞争、盛衰共荣的整体商业环境，对顾客产生了强大的吸引作用。利用商店集聚所产生的多种市场叠加，形成互相补充而全面的商业吸引力，这对新建商店的选址十分重要。

二、总平面流线组织

在商业建筑的总平面布置中，应按商店使用功能组织好顾客流线、店员流线、货运流线和城市交通之间的关系，避免相互干扰。大型百货商店顾客多、职工多、商品多、面积大，所以客流、货流和职工三条流线必须分隔，互不交叉。不应出现货物从顾客出入口附近运入，这样，既影响商店使用，也妨碍城市交通。而对于中型百货商店，因其职工人数和货运量都不及大型商店那么多，所以，在总平面流线组织时，可将职工出入口与货运出入口合并，或是将职工出入口与顾客出入口合并，以节约交通辅助面积和减少管理人员。但是，应保证顾客流线与货运流线绝对分开，消费与休闲空间不受车辆影响，尽量使顾客进出便捷，合理安排购物流线。毗邻城市公共活动空间（如广场、人行立交桥等）时，应尽量使出入口与其相连，便于吸引和疏散人流。

（一）常见的分流处理方法

1.在平面布置上的分流

平面分流是在同一交通平面上，迫使不同类型的人流、物流在不同空间中进行的一种交通组织方式。这种交通组织方式投资较低，容易实施。在基地选址时，可使基地有两个以上临街面。这样，可将客流通道和货流通道设在建筑物不同方位上。例如，面临主要街道的建筑物正面设置顾客出入口，面临次要街道设置货物运输出入口。这是商店总平面设计中最常用的一种分流方法。

2.在垂直布置上的分流

垂直分流是通过一定的空间处理方法，迫使不同类型的人流、物流在不同的平面中进行的一种交通组织方式。这种交通组织方式，人流、物流干扰最小，商业空间可以得到很好的融合。将顾客出入口设在临街路面标高同层处，而货物进出则设于地下层，利用坡道解决货运高差。这种利用不同标高设置不同进出口的方法，能较好地解决客货流线交叉问题。

采用此方法应注意通向地下层的坡道坡度不宜过大，应不大于15%，坡道最好采用防滑及排水等措施。

（二）几种常见的基地与城市道路的关系

我国规定：大中型商店建筑应有不少于两个面的出入口与城市道路相邻接；或基地应有不小于1/4的周边总长度和建筑物不少于两个出入口与一边城市道路相邻接。因此，基地与城市道路的关系可分为单面临街、两面临街、三面临街、四面临街。

1.单面临街

商店位于城市道路一侧。

因顾客出入口面临城市道路，所以须后退至距人行道一定距离， 以方便顾客等候、聚集之用，不能因城市用地紧张而将商店建筑紧压红线布置，这样在商店开始营业前夕，等候购物的人群只能侵占人行道，从而影响正常行人的通行。当基地在进深方向较浅，面宽较宽时，建筑物的后退可稍少，可将较长的临街面后退形成的空间加以处理、变化，如端部设休息空间，使行人有较为安静的休息场所，减少受频繁进出入人流的干扰。当基地在进深方向较深，面宽较窄时，一定要将建筑物较多地后退，以满足顾客集散要求。

2.双面临街

这里有两种情况：基地位于两相邻转角街口，位于平行的两街之间。

（1）位于两相邻转角街口的基地，对于吸引顾客、设置橱窗、布置通道以及设置内务院等均较有利，但应注意商店的出入口宜适当远离转角街口，以缓解人流与城市交通之间的矛盾，避免相互影响。

（2）平行两街之间的基地，可将顾客主出入口设在主道路一面，在另一临街面设顾客次入口和货运等入口。

3.三面或四面临街

此类地形有利于营业厅接近人流，但不利于布置内院，尤其是四面临街者，基地过于开放，缺少相对封闭的回转空间，对商店的内部业务管理造成不利。通常须在建筑物中央或地下二层从事货运等业务活动。

另外，大中型商店基地内，在建筑物背面或侧面，应设置净宽度不小于4m的运输道路。基地内消防车道也可与运输道路结合设置。

三、顾客停车场的设置

（一）停车量预测

当前阶段，我国城市居民所使用的交通工具主要有公共汽车、自行车、小汽车等。

商业建筑的停车量的预测有时候也是不准确的，在我国许多商业建筑中，自行车的停车量往往远大于其设计容量，造成自行车在场地内及城市人行道上混乱停放，影响了商业建筑的形象。

目前，我国对商业建筑停车场车位数量尚无统一规定， 而且，我国经济发展迅速，城市居民购物的交通方式也很难准确估计。近年来，私人小汽车拥有量迅速增加，停车场逐渐成为大中型商店不可缺少的组成部分。

每一车位的停车面积可采用25m²计算（这不包括车行道、通道与绿化面积）。

国外的商业建筑，由于私人汽车的普及，总平面布置中对建立顾客停车场十分重视，停车场安排是否得当对商店的营业额起决定性作用。西方发达国家商业建筑停车场地所占比例，有些占到基地总面积的1/4，有时营业厅面积与停车场面积之比高达1：1～1：1.5。日本商业建筑的停车场地，一般按每300m²的商业建筑面积设一个汽车车位。

商业建筑停车场的面积大小应视商店的性质和所处位置决定，但停车场不宜布置在商店主要入口前方，这会形成顾客人流与顾客车流混杂，势必造成不安全的局面，对行人也会产生不良的心理影响，城市街景也不美观。最好将停车场设在商店的侧面、背面或附近地段。停车场的布置除了要保证顾客的通行安全外，还应保证沿主干道或街道行走的汽车、行人的通行安全，停车场的布置绝不能阻碍客流交通。另外，有绿化环境时，应注意不能影响司机进出停车场的视野及方向。

（二）停车方式选择

商业建筑停车场可采取下面几种形式。

1.露天停车场

一般邻近建筑物设置，可布置在距离商店不超过10m的地方。其优点是造价较低，缺点是占地面积大。在地价较高的城市中心区，一般只部分采用这种停车方式，大面积采用是不经济的（利用后期发展用地除外）；而在地价较低的城市边缘区，大面积采用这种停车方式却是经济可行的。另外，在夏季炎热地区，利用地面停车场作为主要停车方式时，应考虑遮阴问题。

2.地下停车场

地下停车场一般设置在建筑物地下层。优点是节约用地，与购物空间联系紧密，避免恶劣气候的影响；缺点是造价较高。在地价较高的城市中心区，主要采用这种停车方式。购物空间与地下停车场的联系，可采用电梯、自动扶梯、楼梯等方式。

3.楼层车库

指设置在建筑物二层以上的停车空间。在商业建筑中，由于一至二层是最好的营业空间，停车空间不应占用。在高层建筑中，一般地下室可以设置停车空间。在低层建筑中，如果营业空间占用层数不多，设置地下停车场不经济或有其他原因，可以考虑在营业层的上部或顶层设置停车场。停车场与地面的联系一般采用专用的汽车坡道或其他垂直升降运输设备。

总之，商业建筑在总平面设计中，应选择适宜基地，合理组织流线并安排停车场地。因商店建筑大多位于城镇中的热闹繁华地带，用地面积比较受限制，尤其在旧城改建中用地更为紧张，而商业建筑又由于经营性质通常不宜层数太多，一般首层占地较大，所以设计中应充分利用地段环境，紧凑布局。

第二节　商业建筑的组成和设计

一、商业建筑功能空间构成及流线组织

（一）商业建筑主要功能空间构成

商业建筑的各组成空间，按其使用性质可分为营业销售、商品储存、行政生活三大部分。其中营业销售部分（包括营业厅、橱窗、顾客休息、公用设施）是直接进行销售活

动的场所，为商业建筑的核心。它要求接近主要人流方向，吸引顾客，并有较好的通风、采光、艺术处理和安全疏散等室内环境。商品储存部分（包括收货、检验、库房整理、分发、整理加工等）则要求交通运输畅通，保证商品收存堆放保管和安全等。行政生活部分（包括行政管理用房、职工生活用房、辅助设备用房等）要求便于管理，方便职工。在建筑的组合设计中，首先要满足各部分的功能要求，结合建筑地段具体情况合理分区，使之既联系紧密又有适当划分。

以上各功能空间在商业建筑中所占的比例不尽相同，一般情况下会随着建筑规模大小的不同和商店性质的不同而有所区别。大型商场商品种类繁多，功能较为完备，空间构成也相对复杂，辅助空间和仓储空间所占的比例也相对较大。而小型商业建筑如专卖店等则相对较为简单，有时仅设有部分散仓，而不集中设置仓储空间。

随着人们生活方式的改变和生活水平的提高，传统的空间模式早已无法适应市场经济下的竞争需要。尤其是随着国外先进的经营模式的引入，商业建筑的空间模式也在发生着巨大变化。传统的营业大厅出现了中厅和可供购物者休闲、娱乐的场所。购物不仅是生活必需品的购买行为，也是一种休闲娱乐活动。营业厅与库房的界限也越来越模糊。事实上，随着现代商业经营模式的更新和城市土地价格日趋昂贵，商业建筑中营业空间所占比例也越来越大。在那些集购物与储藏于一体的仓储式购物中心（如近年来陆续进入我国各大中城市中的国际连锁商业巨头麦德龙、沃尔玛等），营业空间所占的比例更大。

（二）商业建筑的流线组织

在流线组织上，商店建筑共有顾客、商品、职工三条流线，其具体流线组织如下。

1.顾客的观赏购物活动流程

店前集散场地⟷顾客出入口⟷通道⟷营业厅。

2.商品的进货销售流程

货物入口→货运平台→验收→拆箱→整理→加工→库房→营业厅→包装加收→运出。

二、营业厅设计

营业空间是商场建筑空间组织的核心空间，最能体现商业建筑的空间特点。营业空间设计是否合理、商业气氛的创造是否得当，在某种意义上来说决定了建筑设计的成败。一般情况下，对营业空间的设计要求如下。

根据商场规模、经营方式等，合理确定开间、进深及层高。柱网应尽可能统一，以便货架和柜台灵活布置。每层营业厅面积一般宜控制在2000m²左右，进深宜控制在40m左右。对于面积或进深很大的大型商场，宜根据货物类别及营销方式，采用分割成若干售货单元或采用室内商业街的模式，合理组织营业、交通、购物、休息等空间，并加强导向设计。合理设计交通流线和购物流线。避免流线交叉和人流阻塞，为顾客提供明确的流动方向和购物目标，使顾客能顺畅地浏览商品，避免死角。大中型商场应设电梯和自动扶梯，以方便顾客上下。

创造良好的购物环境。营业厅内应有良好的采光与通风条件，中小型商场宜采用自然采光与通风。当采用自然采光通风时，其外墙有效通风口的面积不应小于营业面积的1/20。大型商业建筑可辅以机械通风与人工照明，保证室内有足够的照度，以便顾客观察商品颜色与质感。营业厅内不应用彩色玻璃，以免造成商品颜色失真。

非营业时间内，营业厅应与其他空间隔离，以便于安全管理。

（一）营业厅的布置

1.布置原则

营业厅内售货现场的布置应满足顾客选购方便、营业员操作便利、营业面积使用率高、营业厅室内空间效果好的要求，以达到提高服务质量、利于经营管理、增加商店营业销售的最终目的。在进行现场布置时可遵循以下原则。

（1）将商品按不同性质划分为若干个商品部或柜组

大型商店可分为食品、化妆品、珠宝首饰、针织鞋帽、服装、文化用品、家用电器等商品部。中小型商店因规模相对较小，可将一些商品部进行合并。对这些商品部或柜组进行分区布置，并将使用上有联系的商品相邻布置，以便于顾客选购。

（2）按商品本身销售特点合理布置位置

如将零星的、挑选性较弱的商品（如日用百货）布置在底层营业厅，方便顾客便捷快速地购买。而把挑选性较强的、交易过程较慢的，甚至还要试听、试看、试穿的商品（如服装、唱片、乐器等）布置在底层营业厅深处或楼上便于顾客安心挑选的部位。对于体积较大而笨重的商品（如家具、家用电器等），常布置在底层并邻近营业厅侧门。这样，既便于商品的搬运和存放，同时减少了对营业厅内购物人群的干扰。

（3）按商品交易次数的多少，以及季节的变化和业务的忙闲规律，合理配置商品部位

应使顾客进入商店后能较均匀地分布于营业厅各处，从而充分发挥营业面积的使用效率。销售量较大的、交易次数较多的商品，不应集中布置，它可与一些销售比较清闲的商品间隔布置，以防止营业厅内出现此处拥挤不堪，而彼处无人问津的顾客分布不均匀现象。

（4）使顾客流线通畅，货运路线便捷，且两者互不交叉

营业厅内应能使顾客便捷地到达各商品部，同时更应保证一旦发生特殊情况，顾客能

够迅速安全疏散。因此，不应把销售量大、挑选时间长的一些商品柜布置在出入口附近，以免堵塞交通，影响疏散。

（5）按商品特征，提供安全保管条件

对需要通风保管和怕受潮的商品，如家电产品不宜设在地下层。需要冷藏保管的商品，如肉食、奶制品等，应配备冷藏设施。对于需要特别加强安全保管的贵重商品和易燃易爆等危险商品，需要单独放置。

（6）有利于增添营业厅内部空间的魅力

可将陈列效果较好的商品布置在营业厅中的重要位置，如在营业厅首层入口处一般常布置化妆品和珠宝首饰柜台。这些外观新颖、色彩艳丽的化妆品和流光溢彩、珠光宝气的首饰极易吸引人的视线，使人们一进入营业厅即产生良好的印象。

（7）设置散仓

散仓是指分散设在营业厅内或紧靠营业厅的小型仓库。如有条件，最好考虑在营业厅内设置一定画积的散仓，这样可保证充足的储藏空间，使所销售商品品种齐全，便于顾客挑选，减少营业员往返总库房的次数，以节省时间和体力。

2.布置形式

根据商店营业方式的不同，营业厅的布置形式可分为隔绝式和开敞式两种。

（1）隔绝式

隔绝式是用柜台将营业员和顾客隔开的布置方式。顾客不能进入营业员的工作现场，商品必须通过营业员转交给顾客。这是一种传统的布置方式，不利于顾客挑选商品，但便于营业员对商品的管理。现阶段已较少使用，多在珠宝首饰、化妆品等贵重商品部采用此方式。

隔绝式按工作现场柜架布置形式又可分为顺墙式、岛屿式两种基本形式。

顺墙式是将营业厅内的柜台、货架等设备顺墙排列，由于墙面大多为直线状，所以售货现场成直线型布置。此方式是一种广泛使用的方式。

岛屿式是营业员工作现场四周用柜台围成闭合式，中央设置货架形成岛状布置。它可布置成正方形、长方形、T字形、三角形、圆形等多种形式。其四周均可陈列商品，便于顾客观赏选购，同时还可将中间背靠背的高货架拉开距离，形成小散仓。

（2）开敞式

开敞式是将商品展放在售货现场的柜架上，允许顾客自由选取，它使营业员的工作现场与顾客的活动空间交织在一起。这种销售方式将柜台及货架对顾客完全开放，不再有内外之分，可以方便顾客近距离观赏商品，进行对比、自行选购商品，不受任何限制，充分享受做“上帝”的权利，因而，深受顾客欢迎。但它给商品管理带来不便，尤其不适用于销售贵重的商品。

商店建筑中多将顺墙式、岛屿式、开敞式三种方式综合运用。

（二）营业厅的柱网与层高

1.柱网

营业厅柱网的选择首先应满足销售业务的正常进行，应便于柜台、货架布置并有一定灵活性。保证足够的营业员工作现场宽度及顾客通道宽度。同时，又与商店规模、经营方式、结构形式、技术经济条件、有无散仓、有无地下车库等因素有关。对于商店营业厅来说，柱距较大的空间利于灵活布置售货现场，但是施工难度增大，工程造价增多；且营业厅内有些柱子，只要布置合理，并不像剧场观众厅那样，对使用功能产生很大损害，相反，在经济性方面明显占优势。因此，确定合理柱网对于营业厅内部设计、建筑经济性有很大的作用。

营业厅柱网尺寸主要取决于营业厅内的售货现场的设施布置和顾客通道宽度。

（1）货柜

它是隔绝式（用柜台将顾客与营业员隔开的方式）售货中供营业员作为展示、计量、剪切、包装和出售商品的设备。同时，柜台内又可陈列商品供消费者参观、挑选。柜台的高度既要便于顾客观赏、挑选商品，又要尽可能不增加营业员劳动强度。其一般高度为900～100mm。柜台宽度一般为600mm左右，长度视销售商品种类而定。

（2）货架

它是营业员工作现场中临时储存商品和陈列商品的设备。货架高度既要便于商品储存，又要方便营业员取放商品和顾客选购商品，还要考虑营业厅内部的空间效果，长度为300～2300mm。其宽度视销售商品而定，一般取450mm。

（3）营业员的走道宽度

它是柜台与货架之间的距离。此宽度应使营业员方便地取放柜台或货架上的商品，既要节省力气，又要不影响营业员的活动，一般可取900mm。走道过窄或过宽均是不适宜的，过窄会影响营业员的通行；过宽既增加了营业员前后移步的体力消耗，又降低了商店营业面积的使用效率。

营业厅内柜台宽度、货架宽度及营业员走道宽度的总和即为隔绝式售货方式营业员工作位置的总宽度。这个宽度一般可取1950mm。

（4）顾客通道宽度

营业厅内的顾客通道是供顾客流动和选购商品的场所。它要求不仅交通顺畅，便于疏散，且要有足够宽度以方便顾客进行商品选购。按照顾客站立于柜台选购时宽度取450mm，通行中的顾客每股人流宽取600mm，作为计算顾客通道宽度的基本数据，这样，只要确定通道内所需通行的顾客股数（N），就可以计算出顾客通道最小宽度。

目前，国内商店营业厅的柱网尺寸大都为6.9 ~ 7.5m，此尺寸在施工技术条件和经济性上与国情也较吻合。在进行营业厅内部设计时，应将货架、货柜布置与柱子相结合，不宜将柱子暴露在顾客通道之中，以免阻碍交通或遮挡视线。

对于较大型百货商店，由于每层营业厅面积大，商品规格品种全，销售量也大，为能及时补充货源上架，临时储存问题比较突出，散仓的设置是十分必要的，所以大型商店柱网尺寸可适当加大。

2.层高

影响营业厅层高的因素很多，如营业厅面积、平面形式、结构类型、客流量、自然采光条件、通风的组织、空调设备的设置、空间比例等因素，气候条件和生活习惯对营业厅层高的选择也有一定影响。其中，对层高影响最大的是结构高度、设备所需空间和营业厅净高。结构高度一般取决于跨度，跨度越大，梁的断面就越高。设备空间高度则主要取决于设备的复杂程度，如是否采用中央空调、是否采用智能化控制系统、是否安装自动灭火系统等。我国商店建筑因客流量较大，营业厅层高一般比国外同类型商店高出0.8 ~ 1.0m。一般大型商店其首层营业厅层高为6.0m左右，二层及二层以上为5.0m左右；中型商店首层约5.4m，二层及二层以上为4.5m左右。而国外商店建筑的层高底层大都为3.5 ~ 5.5m，二层以上为3.3 ~ 4.0m。

3.营业厅附属设施

大中型百货商店中常设有顾客问讯服务台、顾客休息处、公共卫生间、公用电话及储蓄等附属设施，以方便顾客使用。

（1）顾客问讯服务台

用于解答顾客的购物疑问，如告知顾客欲购商品的位置，并提供一些简单的服务，如失物招领、雨具外借等。其位置应靠近顾客主要出入口，并且容易发现的位置，但不应影响客流的顺畅运行。

（2）顾客休息处

大中型百货商店应按营业面积的1% ~ 1.4%设顾客休息场所。在商店中设顾客休息处是十分必要的，它可设在营业厅中，也可单独设在一个专用区域。其位置应结合顾客活动规律设置，如一般常将休息处结合楼梯设置，并在其附近设小商店等，为顾客提供饮料、食品等。

（3）顾客用卫生间

大中型商店应在二楼及二楼以上设顾客卫生间，卫生间的位置应方便顾客寻找使用，又要适当隐蔽，应设前室与营业厅适当分隔。为使商店营业厅面积不被或少被隔断，通常将卫生间、盥洗室与楼梯间结合，布置在建筑物的端部或转折部位。具体应符合下列规定。

①男厕所应按每100人设大便位1个、小便斗2个或小便槽1.20m长；

②女厕所应按每50人设大便位1个，总数内至少有坐便位1～2个；

③男女厕所应设前室，内设污水池和洗脸盆，洗脸盆按每6个大便位设1个，但至少设1个；如合用前室则各厕所间入口应加遮挡屏；

④卫生间应有良好通风排气；

⑤商店宜单独设置污洗、清洁工具间。

（4）公用电话间

为方便顾客，提高服务质量，大型百货商店应设置公用电话间，营业厅每1500m^2宜设一处市内电话位置（应有隔声屏障），每处为1m^2。其位置宜接近顾客休息处或设于休息室内，也可与问讯服务台综合考虑。

除以上附属设施外，还应适当考虑试衣室、试音室、新产品展销处、钟表、电器检修处等特殊需要的建筑设施。

（三）营业空间的划分与顾客流线的引导

在营业厅这个较大的空间中，往往经营多类商品，由于不同种类商品销售过程的差异，需要特定的销售空间以减少相互影响与干扰，应按商品的种类、选择性和销售量进行适当的分柜、分区或分层，即在大营业空间中创造小环境。而从整个购买活动考虑，为了有利于多种经营的相互促进以及顾客的选购活动，被分划的各个空间之间，必须是相互流通，彼此渗透和延伸，以保证顾客活动路线具有相对的联系性。为引导顾客沿着设计的路线流动和顺利地到达目的地，需要有醒目的导向设施。

1.营业空间的划分

为了适应现代商业经营方式的变化和满足购物者求新、求异的心理，营业空间应具有较强的空间适应性和灵活性，以满足和适应不断变化的需求。在结构形式上宜采用框架结构等便于空间灵活分隔的结构类型。为保证交易的顺利进行，营业空间需二次划分为若干子空间，可利用柜台、货架、陈列台、隔断等设施分割营业空间。这些子空间可以是独立的封闭空间，也可以是隔而不断的通透空间，或是半开敞的流通空间，甚至是视觉上不定形的虚拟空间。当使用要求改变时，可方便地进行空间的重新组织。

（1）通过内部营业设施的布置划分营业空间

利用货架、柜台、陈列柜、休息座椅等设施在水平方向对营业空间进行划分是较常用的一种方法。如用形体简单、质量轻、易于移动的现代隔断和货架等设施将整个营业厅巧妙地划分成若干个既联系方便又相对独立的经营部，以及商品储藏、职工休息等专用空间，各部分空间形状各异却杂而不乱。在进行设备布置时，可不拘泥于固有的矩形模式，而是顺从顾客的流线，以创造多种形式的空间效果，获得轻松活泼的室内气氛，满足时代性和商业性的需要。又如，某商店在营业厅各商品部之间设置了1m深的室内立体玻璃橱窗，使两个被分划了的空间在视觉上保持联系，做到了“分而不断”。纽约某珠宝店室内，不同商品部之间用一排从天花板上垂下的钢杆，把照明装置吊在半空中，它以流畅的曲线舒展地横跨在营业厅中，形成视觉中心，被划分的空间由连续的地面所贯通，增强了空间的整体感。

（2）利用顶棚、地面的处理划分营业空间

形成营业空间的各个界面有天棚、墙面、地面，所以相对独立的售货单元宜从地面、墙面、顶棚的色彩造型、材料选择、高度变化和灯具组合等方面限定而区分四周空间。营业厅的墙面除了开设门窗洞口外，大多被柜架或橱窗所占据，因此，顶棚和地面的处理如高低的错落、形式的变化、材料的对比、色彩和光影的调整等对空间的划分都能收到显著的效果。其中地面标高变化以创造特定空间的手法常常在营业空间的处理中被采用。如某鞋店的四周为鞋子陈列展览区，中央为一圆形局部下降地面，这样顾客在店内转一圈观览后，自然地进入中央的下沉的试鞋区，配合下部发出的冷光照明，可使顾客清晰地观察到试鞋效果。这种地面下沉形成座位，不仅划分了两种使用功能的空间，而且与经营特点紧密结合，处理得恰到好处。相类似的，局部的顶棚、地面的不同造型和图案处理可使局部空间从大空间中分划出来，合理地划分出不同活动区域。

（3）在垂直方向划分营业空间

商业建筑因顾客流量大，本身层高又较高，且某些重要空间多追求一种华丽高雅的气质，以吸引更多客流，所以往往在人流集散出入口附近或大面积营业厅的中心突出部位，设置较高大的空间并加以细致装饰处理，以形成高潮空间。而同层其附近部位如也采用大层高则有些浪费空间。为充分利用空间，可采取竖向插入空间的方式，对这一高大空间在垂直方向进行适当划分。这样既突出了中心部位的重点，又增加了使用面积，同时空间也增加了层次，富于变化，使空间组织有机而具有节奏感。

当采用夹层布置时，由于夹层部分的层高受一定的限制，当作为营业面积使用时，可设置小型商品部，如儿童用品部，以减弱空间的低矮感。当空间高度过低而不适宜作营业空间时，夹层也可作散仓或办公辅助用房。

2.顾客流线引导

营业空间中顾客流动空间的组织主要是通过陈列商品的柜架布置而完成的。柜架布置所形成的通道应形成合理的环路流动形式，为顾客提供明确的流动方向和购物目标。流线组织应使顾客顺畅地浏览选购商品，避免死角，并能迅速、安全地疏散。水平方向顾客流线还应区分顾客主要流线和次要流线，可通过通道宽窄的变化、与出入口的对位关系、垂直交通工具的设置、地面材料组合等方法加以区分。

（1）竖向贯通空间的引导作用

开敞式楼梯、联系上下层空间的自动扶梯或其他这些楼板上的开口部位，在营业空间中均能起到引导流线的作用。这些开口部分以竖向贯通处理手法，将原来分割的不同标高的多个空间串联起来，如当设置地下营业厅时，在地面层上开洞，可使地下层获得间接采光，一方面改善了地下空间的压抑感，另一方面使地下营业空间由封闭空间变为半开敞空间，即在地面层可看到营业空间的状况。这起到了引导顾客的积极作用，还给空间带来动感，活跃了气氛。这种手法处理简便，效果明显。它用在多层营业空间就成了贯通的中庭，可作为顾客活动的中心、流线再分配的枢纽。顾客在中庭能清楚地看到各层营业空间所出售的商品及活动状况，所以中庭的设置能很好地起到顾客流线的引导作用。

（2）重点装饰的引导作用

营业空间中某些重点装饰、照明设计、色彩处理以及标志装置等均能起到吸引视线、引导客流的作用。最常见的是营业空间中某些标志，如各类商品的标志牌以及楼层经营的商品内容指示牌等，对顾客的流线能起到较好的引导作用。营业空间各商品部的标志牌如不局限于传统文字形式，而是设计成色彩鲜明的图案悬吊于顶棚下的高处，这样会使顾客在较远的距离即能发现所要找寻的商品；也可以通过地面上形象的图案（如小脚印等）以及照明光带形成的变化的效果，引导顾客前行。还可以在营业空间交叉通道处设置有方向引导性的雕塑，可为顾客指明主要流线方向，如某商店设若干不同步姿的黑豹雕塑，前后顺方向地排列，从而引导顾客进入中心主空间。

（四）营业厅的垂直交通与安全疏散

1.垂直交通组织

多层商店中的垂直交通是商店的动脉，连接着各层营业厅。不论从购物者的行为心理来看，还是从实际销售额来看，越是靠近地面的楼层越是商业经营的黄金铺位，而现代大中型商业建筑层数越来越多，距离地面的高度也越来越高，垂直交通的便捷与否成为大中型商业建筑中决定经营状况的重要因素。

垂直交通流线的设计原则是要能够快速、安全地将顾客输送到各个楼层，因此，交通工具应分布均匀，便于寻找。楼梯、电梯、自动扶梯应靠近建筑出入口，并与各楼层水平交通流线紧密相连。垂直交通设施前应保证有足够的缓冲空间，不应布置柜台和货架。

垂直交通流线同样可分为主要垂直流线和次要垂直流线。主要垂直流线一般位于营业空间的中部，与商店主要出入口和主要水平流线有着紧密的联系，它的作用不仅在于快速地组织人流交通，同时对于建筑空间构成与商业气氛的渲染有着举足轻重的作用，并对购物者的心理产生极大的影响。次要流线应均匀分布在营业空间的四周，能够方便快捷地运送顾客。

营业厅的垂直交通组织对顾客的安全疏散起着决定性的作用，因此应合理布置其位置，正确计算其宽度，并选择恰当的类型和形式，这样才能保证行人能方便地进入营业厅，同时使厅内各部分的顾客能顺利而均匀地疏散。

垂直交通联系的方式有楼梯、电梯和自动扶梯三种。应根据商店规模大小，可分别采用一种、两种或三种并用。

（1）楼梯

在现代商业建筑中，自动扶梯和电梯已成为主要垂直交通工具，大多数情况下楼梯仅作为下行的通道，但自动扶梯和电梯绝不可能完全取代楼梯的作用，因为防火规范规定只有楼梯能作为消防疏散通道，在紧急情况下起到疏散人流的作用。

顾客用的楼梯应尽可能接近商店出入口，以保证客流迅速疏散，少穿越营业大厅，当楼梯布置在营业厅内时，应保证使楼梯口到出入口的距离不大于14m。楼梯的位置可布置在大厅两侧的前部、中部或后部。它可做成封闭式楼梯间，也可开敞设置。当楼梯设置成单跑封闭式时，不利于营业厅清场，又因上楼与下楼的楼梯口不在一处，给顾客造成导向混乱，不利于疏散。理想的布置方式应将楼梯布置在入口一侧的独立楼梯间内。

为保证顾客与职工两条流线的独立性，最好将职工楼梯入口设在建筑物的两端、侧面或背面，可使上班的工作人员，不穿越尚未开始营业的营业厅，而上到楼层办公室，以保证商店营业厅不被分割，同时也有利于从背面组织进货。对于中小型商店，如顾客与职工入口分设有困难，也可将职工入口与顾客次要入口合并。这种方式可利用职工与顾客进入商店的时间存在差异，而避免职工与顾客流线相交叉。

（2）电梯

当营业部分层数设在四层及四层以上时，宜设乘客电梯或自动扶梯。电梯位置宜与楼梯相邻，以便调剂使用。电梯的优点在于方便快捷，能直达目的地，尤其对于老人和残疾人，电梯更是他们的首选垂直交通工具。

电梯的种类较多，根据使用性质一般可分为客梯、货梯和消防电梯。根据速度可分为高速电梯和普通电梯。高速电梯一般用于高层和超高层建筑。当电梯位于中庭或紧贴建筑外墙时，可设置观景电梯，具有垂直运输与观光的双重功能。电梯的设置应注意以下几个问题。

①应位于人流集中的交通枢纽，具有较好的可识别性。

②电梯前方应留有顾客等候空间，以免等候人流影响交通。

③电梯厅的位置应避开交通流线，以免等候人流和过往人流交叉干扰。

（3）自动扶梯

自动扶梯的优点在于具有不间断地运送顾客的能力，通常可达到每小时5000人以上，使顾客免受等候之苦。同时自动扶梯所占用的面积较小，也不需机房，因而广受商家和顾客的欢迎。自动扶梯除能运载大量人流外，对于大厅还有引导顾客上楼层的作用，并有良好的装饰效果，有着显著的优越性，在大中型商店中采用极为普遍。但对部分老年人和残疾人士来说，由于每层楼都必须经过一次转换，使用上则不如电梯安全方便。

①常见的布置方式。

a.连续直线形：沿单一方向使用，一上一下，每列扶梯均沿单一方向运行。

b.往返折线形：每层仅设一部扶梯，一般仅供上行人流使用，常为中小型商场所采用。

c.单向叠加型：类似于单跑直楼梯，每到一层须向相反方向走至下一扶梯起步处。

d.交叉式：类似于剪刀楼梯，大型商场可采用双交叉往返折线型，但扶梯数量会成倍增加。

②自动扶梯常见位置。

a.商场出入口处：这种布置方式的优点在于能够快速将进入商场的人流疏导到不同的目的地，减少出入口处的交通堵塞。

b.商场中庭周边：随着扶梯的上下运行，增加了室内空间的动感，有助于室内购物环境的创造。

c.设在同一平面的一中小型商场的营业空间规模相对较小，如扶梯设在中央部位会给柜台和货架的摆放带来困难，将扶梯设在营业空间的一侧可避免挤占有限的营业空间。

d.营业厅外设专用空间：沿街用大片的玻璃幕墙或拱廊将自动扶梯限定在一个专用的空间内，使自动扶梯成为一个景观要素，能为街上的行人所观赏。

③营业部分设置的自动扶梯应符合下列规定：

a.自动扶梯倾斜部分的水平夹角应等于或小于30° 。

b.自动扶梯上下两端水平部分3m范围内不得兼作他用，以免造成交通堵塞。

c.当只设单向自动扶梯时，附近应设置相配套的楼梯。

2.安全疏散

（1）防火分区

商店建筑应按规定控制每个防火分区建筑面积和长度。一般商店均能达到一、二级耐火等级，即每层每个防火分区最大允许建筑面积为2500m²，最大允许长度为150m，当商店内设置自动灭火系统时，每层最大允许建筑面积可按上述值增加1倍，局部设置时增加面积可按该局部面积的1倍计算。商店的地下、半地下层每个防火分区建筑面积不应大于1500m²，如设自动灭火系统时，面积可增大至2000m²。大型商店面积较大时，如每层总面积超出所允许的防火分区面积时，地上各层应用防火墙或防火卷帘加水幕划分为两个以上的防火分区，地下、半地下层必须用防火墙来划分。商店建筑中常设有上下层相连通的开敞楼梯、自动扶梯、中庭等开口部位，这些开口部位是形成火势上升蔓延的通道，因此应按上下连通层作为一个防火分区，其面积之和不应超过规范规定，也可以通过在开口部位设自动关闭的乙级防火门或防火卷帘并装有水幕等方法来使之在竖向上不贯穿。

（2）顾客安全出口数量

商店营业厅的每一个防火分区的安全出口数量不应少于两个。一般中型商店营业厅的顾客出入口应不少于两个，大型百货商店应在两个或两个方向以上开设不少于三个出入口，并在出入口附近留有足够的缓冲面积。大型百货商店、商场的营业层在五层以上时，宜设置直通屋顶平台的疏散楼梯间不少于两座，屋顶平台上无障碍物的避难面积不宜小于最大营业层建筑面积的50%。

（3）安全疏散宽度

大中型商店规模幅度波动较大，即使规模相近，但由于商店所处位置不同，客流量的多少也相差悬殊。为确切地确定安全出口的总宽度，应通过疏散计算，商店建筑营业厅的出入口、安全门净宽度不应小于1.4m，并且不应设门槛。

规定商店营业部分的疏散人数的计算方法：可按每层营业厅和为顾客服务用房的面积总数乘以换算系数（人/m^2）来确定：第一、二层每层换算系数为0.85，第三层换算系数为0.77，第四层及以上各层，每层换算系数为0.60。由此可确定商店每层疏散人数。人数确定后，疏散宽度应符合规定：学校、商店、办公楼、候车（船）室、歌舞娱乐放映游艺场所等民用建筑底层疏散外门、楼梯、走道的各自总宽度，应通过计算确定，疏散宽度指标不应小于规定值。

①民用建筑的安全疏散距离，以及直接通向公共走道的房间门至最近的外部出口或封闭楼梯间的距离。

②房间的门至最近的非封闭楼梯间的距离，如房间位于两个楼梯间之间时，应减少5.00m；如房间位于袋形走道或尽端时，应减少2.00m。

③不论采用何种形式的楼梯间，房间内最远一点到房门的距离，不应超过规定的袋形走道两侧或尽端的房间从房门到外部出口或楼梯间的最大距离。

按上述规定，多层商店建筑的安全疏散距离在设有封闭楼梯间和自动灭火系统及一、二级耐火等级时为22×（1+25%）=27.5（m）。也就是说，商店营业厅内最远一点到封闭楼梯间距离不可大于27.5m。

（五）营业厅的无障碍设计

无障碍设计是商业建筑设计中的一项重要内容，一般应能够满足以下几点。

（1）出入口有高差处应设供轮椅通行的坡道和残疾人通行的指示标志。供轮椅使用坡道的坡度不应大于1：12，两侧应设高度为0.65m的扶手，当其水平投影长度超过15m

时，宜设休息平台。营业厅内尽量避免高差。

（2）多层营业厅应设可供残疾人使用的电梯。

（3）供坐轮椅购物的柜台，应设在入口易见处。

（4）盲人应通过盲道引导至普通柜台，走道四周和上空应避免可能伤害顾客的悬突物。

（5）按规范设供残疾顾客使用的卫生设施。

三、橱窗设计

橱窗是商店展示商品的特点、质感和全貌的窗口空间，是用来对外展示商品以招徕顾客的有效手段之一。商店还可以通过橱窗布置的艺术形象而产生强烈的感染力，以吸引顾客，激发顾客购买欲望，扩大商品销售。同时，橱窗客观上还起到了美化建筑立面、丰富街道景观、渲染商业气氛、引导消费潮流的作用。

（一）橱窗尺寸的确定

橱窗的尺寸应根据商店的性质规模、店前道路、商品特征、陈列方式等确定。橱窗的结构应保证观赏者获得良好的视觉效果。人的平均视高为1600mm左右，通常视点距离橱窗面约400mm，由观赏者水平视线形成30° 的视线范围为最佳陈列面。

1.橱窗的深度

橱窗深度取决于陈列品的性质、大小及陈列面后部留出的空间。一般大中型商品橱窗深度为1500～2500mm，而小型商品为1000～1200mm。

2.橱窗的高度

橱窗底平台应高于室内地面不小于200mm，高于室外地面不小于500mm，一般应视商品大小而不同，常取300～600mm。若是小件商品，如钟表、首饰等，陈列橱窗应离地面800～1000mm，以便人们能清晰地观察陈列品。而大件商品，如运动器材、家具等，可将橱窗底板下降。目前，橱窗离地高度日趋降低，使店外空间与店内空间相互交织、渗透，甚至有陈列品进入人们生活的错觉。橱窗外部玻璃面高度为2000～2200mm，内部空间净高应为2600～3200mm。顶部高处空间用来安装照明设备，以避免观众直接见到光源。

3.橱窗的宽度

为了更多地展示店内商品，表现商店的经营内容，通透明朗的大玻璃橱窗成了商店建筑的特征，所以橱窗一般通长连续地设置，以增强商业气氛。但从橱窗陈列方面考虑，在适当长度内进行分隔，便于商品分类陈列。

（二）橱窗的朝向

朝向对橱窗的自然采光和温度影响较大。在阳光照射下，橱窗内温度会迅速升高，这会造成其中陈列的商品褪色、变质，所以应尽可能避免设置东、西向橱窗，如受基地条件限制必须设置时，则应采取相应的遮阳措施。北向橱窗光线均匀，但由于商店北侧自然环境不好，冬冷夏热不利于店外过往行人观赏，所以橱窗的最好朝向是南向。

（三）橱窗的遮阳

橱窗的设计还应考虑遮阳问题。阳光直接照射不仅会损坏商品，使商品褪色、变形，还会产生眩光，妨碍了顾客的观赏，因此常通过加设水平遮阳构件等方法来遮挡阳光。其常用方法是，设置出挑檐板或将上部建筑悬挑出一定长度，前者既能保护橱窗内商品免除日晒，又为观赏者创造良好的观赏条件，可不受雨天气候影响；后者扩大了上部建筑空间，增加了营业面积。

（四）橱窗的眩光

橱窗眩光的产生是由于橱窗外的亮度高于橱窗内的亮度，橱窗附近的受光影像反射到橱窗玻璃上，妨碍了顾客观看商品。一般可用下列方法在一定程度上减轻眩光的影响。

（1）挑出雨篷或建筑空间遮挡部分光源。

（2）加橱窗内的亮度，如在雨棚上部增设采光口等。

（3）橱窗玻璃倾斜一定角度，使光线投射角减小，相应使光线反射到人的视线下方。

（4）在人行道边种植树木，使光线反射到人的高度上方。

（5）人行道选用较暗的铺面材料也有利于减少橱窗玻璃的反射。

（五）橱窗的剖面形式

商店橱窗的剖面形式有平式、凸出式、凹入式、开敞式、两层式、立体式和利用地下式等。

其中，平式、凸出式、凹入式表明橱窗与主体结构的相对位置关系。其中的凹入式为上部建筑出挑，可以对下部橱窗形成遮阳效果，以利于行人观赏橱窗内商品的陈列。凸出式则将橱窗作为重点装饰构件，突出于主体建筑，会强烈地吸引人的视线，但须在构造上进行一些处理，以免形成眩光。这三种形式有一个共同特点，就是在橱窗的背面设背板（可为透明或不透明的材料）形成一个封闭的空间，这样灰尘不易进入，易于保持陈列商品的清洁，但橱窗内通风、散热较差。封闭式橱窗应考虑自然通风，采暖地区一般不采暖，但里壁应为绝热构造，外表应为防雾构造，以避免冷凝水的产生。另外，隔绝式橱窗，应设进入橱窗的小门，一般尺寸为700mm × 1800mm，小门可设在橱窗背面或侧面，以设在侧面较好，它便于橱窗内大型商品及背衬的搬运。

开敞式橱窗是在橱窗的背面不设隔绝物，而与售货现场构成一个整体，室内外都可以看到陈列商品。这种橱窗构造简单，营业厅内自然光线充足。此外，还有些商店将门面做成大玻璃式，商店内外仅有大片玻璃相隔，把整个售货现场直接展示在店外观赏者面前，整个营业厅似乎成了橱窗内陈列的商品，街上的过往行人可通过大片玻璃直接看到营业厅内部景象。这种做法的优点是节省了橱窗的布置与清洁工作，增加了营业面积。

四、库房设计

库房是储存和保管商品的场所。它的设计合理与否，直接影响到售货现场的商品能否及时得到供给、补充，以至于影响商店的经营和销售。因此，商店应根据规模大小、经营需要而设置供商品短期周转的储存库房（总库房、分部库房、散仓）和与商品出入库、销售有关的整理、加工和管理等辅助用房。除中心仓储外，营业厅宜同层设置分库及散仓，以减轻垂直货运压力。大中型商场至少应设有两部以上的垂直货运电梯。库房应根据商品特点分类储存，同时采取防潮、防晒、防霉、防鼠、防盗、防污染、隔热和除尘等措施。

（一）库房的布置

目前，常见的库房布置方式根据库房与营业厅的联系有同层水平联系、垂直分层联系和综合式三种。

1.库房营业厅同层水平联系

此方式是按营业厅各层楼面标高分别设置库房。商品进店后，由垂直运输设备（如货梯）按各层营业厅所销售的不同种类，送达相对应的平层库房内保管，它直接对同层营业厅供货。根据商店的规模大小、营业厅的长短以及基地条件等情况，库房可集中设于营业厅的一端、两端、中部或在商店后部自成一独立库房（每层由短走廊与同层营业厅连接）。

这种方式是对库房内商品进行分散管理，即由各商品部或柜组分散管理，各组设专人保管。其优点是销售与储存关系密切，可以根据售货现场的需要随时补充货源，以保证售货现场经常保持商品陈列的充足。但由于营业厅内配合各商品部布置了大量的散设的小仓库（散仓），各库相对独立，互相之间不能调节使用，势必会增加库房占有的总面积，所需的管理人员也较多。且散仓的荷载、层高等要求与营业厅相差较多，这样交错在同层布置，设计上有困难，经济性也不够好。

库房与营业厅的层高矛盾是采用本方式所面对的一个主要问题。处理方法有以下几种。

（1）库房层高与营业厅相同。当库房层高达5m以上时，可采用双层货架存货，但需要有简易的机械设备存取商品。

（2）库房内设置夹层，即在一层营业厅高度内设置两层库房或采取两层营业厅高度中设三层库房的办法。此时应注意解决好不同标高的营业厅与库房之间的竖向联系。

2.库房与营业厅垂直分层联系

当建筑基地紧张而不可能将库房独立设置时，往往增加营业楼层数（地上或是地下），将库房设在营业用房的地下层、顶层或中间某几层。这样商品进店后，先进入总库房，提货时再由垂直运输设备分别运至各层营业厅。库房层常设于地下层或顶层。当库房设在地下层时，它的优点是有利于存放质量较大、体积较大的商品；缺点是地下层比较潮湿，需注意解决防潮问题，以免商品发生损坏。当库房设在顶层时，其优点为库房占据上部空间，把下部最有利的空间全部作为营业空间，且空间环境无潮湿问题；缺点为库房荷载大，对建筑结构不利，上下运送货物的垂直运输量也较大。此外，也有综合上述两种做法，在营业厅的地下层及顶层同时设置库房，分别存放各类商品。将体积大、质量大的商品存放在地下层，而其余部分货物用电梯升至顶层存放。

垂直分层联系的方式是对库房内商品进行集中管理。商店设储运部，以每天早晨营业前，集中送货到售货现场为主，当然在营业时间内，营业部也可个别到储运部提货。从管理的角度来看，其优点为，管理方便，库容量可调节使用，库房利用充分，商品周转快，节省管理人员，工作人员保管业务熟悉，库房制度健全，秩序好。而且库房集中在某一层，其层高、结构形式及柱网可灵活处理，受营业厅制约较小。这种方式的缺点是，提货不够方便，若营业厅与库房配合不够好，造成营业时间内需要补充货源时，会出现营业厅内货物流线与顾客人流交叉混杂的现象。

3.库房与营业厅水平、垂直综合联系

将主库房统一设在地下层或顶层，同时又根据商品销售部的销售特点，在其附近设有周转的小仓库，供分发和暂存之用。此种方式将上面两种方式相结合，取其优点，避免缺点，是一种较理想的库房布置方式。一般大型商店较多采用综合式，既便于统一管理又方便各营业部使用，同时因同层设置了一些分库，在一定程度上减轻了垂直货物运输的压力。

（二）库房的空间尺寸

不同的商品有不同的存放方式，有用纸箱成包堆放的服装、鞋帽等，有铺开摊放在地上的陶瓷；大量商品是成包存放在货架上的，因此，库房的平面、空间的设置必须满足合理安排货架的可能，提高商品的保存质量和库房的空间利用率。

1.货架

库房货架一般可分为活动货架和固定货架两种。活动货架的尺寸一般为高1500～3000mm，宽800～1200mm，深300～900mm。固定货架的尺寸一般为高2000～2500mm，宽1800～2000mm，深500～700mm。

2.通道

库房内的走道有主次之分，主走道应满足小推车来往运行的可能，其宽度为1500～1800mm，次要走道应满足工作人员携商品通过，其宽度为700～1250mm，电瓶车通道净宽不小于2500mm，货架或堆垛端头与墙面间的通风走道宽不小于300mm。

3.柱网和净高

库房的净高是指楼地面至上部结构主梁下底或桁架下弦底面间的垂直高度。库房内柱网尺寸和净高应适合货架的排列及工作人员方便地取送货物。

（三）库房的运输设施

库房的运输设施包括水平运输和垂直运输。水平运输工具有小型电瓶车、三轮车和手推车等。垂直运输工具有载货电梯或电动提升机、输送机等。大中型商店应设两部以上的货运电梯，以备发生故障时换用。设有垂直运输设备的库房，同时应设货运楼梯，以备停电或其他特殊情况时使用。一般可将货运楼梯与工作人员用梯合并。在垂直运输设备前方应留有缓冲面积，作为货物临时堆放与周转之用。通常在垂直运输设备的顶层，需设电梯机房，地下部分需设底坑。

（四）库房商品的储存要求

百货商店经营的商品品种繁多，每种商品由于原材料的组成和制造工艺不同，又有不同的化学、物理特性，这些对储存提出了不同的要求，在库房的设计中应尽可能满足，以加强商品保护，确保商品安全。

百货商店的一些商品怕受潮，如钟表、电器等。储存这些商品的库房，尽可能不设在底层及地下层，如必须设置在底层或地下层时，应注意防潮处理，以防止商品霉烂或变质。防潮处理一方面可以从建筑构造上进行，如设地面、墙面防潮层；另一方面也可以从建筑布局上加以考虑，如库房在剖面设计上合理组织室内自然通风，统一安排主导风向与货架的排列。

还有些商品怕热，需防晒。如大量棉织品、服装等堆聚在一起，如通风、遮阳不良，会造成室温上升，小则商品褪色变质，大则发生火灾事故。因此，库房朝西向时，应采取遮阳、隔热措施。

另外，皮货、食品、毛料等商品需注意防虫、防鼠；火柴、有机溶剂等，易燃易爆，须储存在危险品库内；手表、珠宝首饰等贵重物品应储存于专门库柜内。

总之，库房应根据商品特点分类储存，同时采取防潮、防晒、防盗、防污染、通风、隔热、除尘等各种措施。

（五）库房的附属设施

1.卸货平台

设置卸货平台可减轻职工的搬运强度，并避免商品因上下搬运而受损坏。平台离地高度与运送卡车的车厢高相近，一般为0.9 ~ 1.2m，平台至少应在一端设有7% ~ 10%的坡道。

2.验收、收发、值班等用房

这些附属设施应尽可能靠近库房入口，并与售货现场方便联系，但又单独设置房间。

3.车库或车棚

为停放机动车辆，商店中应设有车库或车棚。其位置以靠近库房较为理想。这样既联系方便，又可节约室外停车场地。国内商店拥有车辆的数量随着商店的规模而变化，一般大型商店中，货运机动车辆有10辆左右，中型商店随其规模大小，拥有机动车一至七八辆不等。以往许多商店由于建筑面积紧张以及对设置车库的重要性重视不足，从而造成“有车无库”的现象。这给车辆的正常维修与保护带来很大不利。所以，新建商店应根据实际情况考虑设置一定面积的车库。

五、行政、辅助用房的设计

行政、辅助用房包括：行政办公用房、生活用房及技术设备用房三部分。行政、辅助用房的位置根据其与营业厅的位置关系可分为以下三种。

（1）同侧布置

辅助用房位于营业楼的一侧，与营业厅同层联系。采用这种布局方式的前提是基地有足够的面积，一般在大型商店中采用。

（2）上下布置

有些辅助用房位于营业楼顶层或地下层，其中以设在顶层更为常见。这样布置能节约用地，增加建筑高度，从而增加了商店建筑的体量，有利于创造出更好的建筑造型。但它对行政办公部门与营业厅的直接联系有一定影响。

（3）夹层布置

结合营业厅的层高，将办公用房设在夹层的布局方式也较常见。这时，需注意楼梯的标高处理，以使各层之间方便联系。

（一）办公用房

商店的办公用房可分为两部分。大部分是为整个商店设置的，它与全商店各楼层的营业部关系是相等同的，包括经理室、财会室、党政办公室、会议室等。这部分用房应集中统一设在某一区域，常位于建筑背面，这样既便于对外联系，又便于对内管理，并与营业区在空间上有一定分隔，避免相互干扰。其内部设计无特殊要求，但对于照明、空调、电器、电信等设备的布置应给予足够的重视。另有小部分是为各层商品部的管理、负责人员设置的主任室等。它只与本商品部发生直接、密切的业务往来，应分别设在各层营业厅附近，与营业厅有一定的分隔，又有较方便的联系，便于办公人员深入售货现场及处理问题。

在以往的商店建筑中，较少考虑职工会场，通常是利用营业时间的前后在营业厅内召开全体职工大会。这样会带来不少弊病，尤其对于大型百货商店，此矛盾更为突出。大型商店职工多达2000人以上，一般希望设一个较大的会场，这个空间除作为全店职工开大会之用，还可供职工学习、文娱之用。近年来，已引起普遍重视，新建的一些大中型商店，大都设置会议室，通常有大小两个较为理想。中型商店的大会议室最好有100m²以上，大型商店大多在营业楼的顶层设置大跨度屋盖，如空间网架屋盖或钢屋架结构的大会场，结构上也合理适用。在节日或展销会前后，又可将此部分空间暂作临时库房。

（二）生活用房

商业建筑常常需要设置职工餐厅、卫生间、休息室、浴室等生活用房。

（1）职工餐厅可以在底层靠近服务内院设置，以便于主副食原料的运送及厨房油烟的排放；也可以结合商店的行政办公区域集中设置，方便职工使用。

（2）商店内部用卫生间设计应符合下列规定。

①男厕所应按每50人设大便位1个、小便斗1个或小便槽0.60m长。

②女厕所应按每30人设大便位1个，总数内至少有坐便位1～2个。

③盥洗室应设污水池1个，并按每35人设洗脸盆1个。

④大中型商店可按实际需要设置集中浴室，其面积指标按每一定员0.10m²计。

（三）技术设备用房

中小型商场设备较少，一般情况下仅有配电房等少量设备用房，其位置也较为灵活。而大型商业建筑设备则较为复杂，除需设有变配电室外，一般还需有消防控制室、计算机房、发电机房、广播室、电梯机房、冷冻机房、空调机房、电话总机房和水泵房等。这类用房可设于主体建筑内，也可单独设置，当设在主体建筑内时常常位于地下室内。

第三节　商业建筑的立面造型

对商业建筑来说，商品的种类、质量和服务态度决定了商店的信誉，但是商店的立面造型对宣传商品及吸引顾客也起着很大的辅助作用。商业建筑应富丽、醒目，具有明显的标志性、广告性，具有强烈的魅力，并通过其外部表现形式创造出浓郁的商业气氛，以吸引顾客，提高经营能力。另外，商业建筑在城市公共建筑中占有很大比例，且绝大多数分布在城市纵横交错的主要街道上，在城市中起着“橱窗”的作用，并反映出城市的生产和生活水平，因此其立面造型对于城市的景观有着重要的影响。我们在商业建筑设计中要综合考虑其功能性、技术性和艺术性，充分运用建筑艺术美的表现规律，使其具有强烈的个性，以使人们对它印象深刻，为今后的购物产生积极的影响，并对城市市容街景的塑造起到促进作用。

一、商业建筑的“体”设计

商业建筑的体型是建筑外形总的体量、比例、尺度等方面的综合反映。在进行商业建筑体型设计时，首先要分析商店周边的环境条件（如周围建筑的体量、特点、形式，道路与建筑的位置关系及是否有广场、绿地等情况），并进行流线分析、视线分析，应尽可能使更多的行人看到完整的商店体型。

商业建筑的体型可分为两大类：单一体型和复杂体型。

（一）单一体型的商业建筑设计

这类体型的商店，其平面及体型较完整、单一。平面形式大多为长方形、正方形、圆形、三角形或对这些单一形式稍做简单的切割等处理。它形成的建筑体型简捷流畅，强调的是建筑的单一性和整体性。其自身简捷独特的体型会给人留下完整统一的印象。

（二）复杂体型的商业建筑

这类商业建筑是由不同大小、数量和形状的体量所形成的较复杂的体型。采用这种方式进行体型组合设计，容易获得丰富的建筑造型，因此为不少商店建筑所采用。如何处理好这些不同体量之间的相互关系就成为这类商业建筑造型设计的重点。

在空间组合时应首先分清体量的主从关系，运用构图手法进行合理组织，从而形成有组织、有规律的完整统一体。为使建筑体型轮廓丰富，有起伏，可利用不同大小、高低的体量，采用错落、纵横、穿插等处理手法。为使建筑主体突出，以成为整个建筑的中心，可运用对比的处理手法，如大小的对比、形状的对比、方向的对比、高低的对比以及色彩、质感的对比等。在采取对比手法的同时，又要考虑各体量之间的联系，整体的协调、呼应，以达到变化中有统一的效果。

例如，日本的索尼大厦，在道路转角处布置体量较小、平面成梯形的高耸交通空间，而产品展览厅均布置在一个规整的长方形平面中，这样各自使用功能比较完整，立面造型上两个长方形体块组合成一幢具有强烈块体特征的商业建筑。

二、商店建筑的“面”设计

商业建筑的立面要反映商店的性质，表明商店的经营内容。为此，通透明朗的开放性处理就成为商店立面的基本特征之一。同时，商店立面又要具有较强的广告性和新颖感，使立面造型独特、醒目。为使商店保持新颖感，有些经营者还会在使用一段时期后，对立面尤其是临街主要立面进行翻新，以吸引顾客。

（一）立面的划分

商店建筑立面通常在垂直方向上可划分为三大部分，即基部、中部及檐部。

1.基部

商业建筑基部之所以形成相对独立的部分，是因为商店为接近人流，方便顾客进入购物及宣传商品的需要，常在首层中设置出入口和橱窗。这样，建筑的底部大多被出入口和陈列窗所占有，所剩实体外墙面很少，甚至除少量结构柱外，均为虚的玻璃面。基部的高度应注意与整个立面高度相协调，即占整个高度的比例应恰当，不能过高或过低。如当商店建筑仅两层高时，基部的高度应适当压低，以避免产生上下各半的不良比例关系。具体做法：下降雨篷或下设悬挂板，用来增加建筑上部的高度。当商店作为裙房与高层合建时，其基部又需适当增高才能使整体比例和谐，这时可在建筑下部设两层商店或更多层的其他功能裙房，来作为整个大楼的基部，以形成良好的比例关系。

2.中部

商业建筑立面造型的中部，大多为若干层营业厅的重叠，在整个造型中占的比例较大。中部因其功能一致，立面处理常采取有规律的线条分划或有规律的窗的排列，而形成韵律感。立面上窗子的排列形式对商店造型艺术有着很大影响。为使商店造型生动活泼，窗子的开设不应局限于原有的那种同一窗台高度、同一大小、同一形式的呆板处理。由于商店营业厅内部布置的灵活性较大，对开窗位置高低及大小形式的限制较小，为商店立面形式的多样化处理提供了有利条件。可在立面中正常的窗墙排列中求取变化，如采取大小不同的窗子形式，也可上下错位布置，从而打破商店的传统立面造型。

3.檐部

建筑檐部主要作为整体造型的结束部分。常采取与中部作对比的处理手法，以丰富商店建筑立面，还可做一些重点装饰而形成出挑或凹进的效果，以增加光影变化，使立面生动活泼。

上述三段式处理手法较自然地反映出商业建筑内部使用空间的性质，是传统商业建筑常采用的设计手法。但是，现代营业厅内部大多采取了全空调和人工照明，以创造不受外界气候影响的理想室内商业环境。因此，原三段式中的中部采光、通风窗的开设，就失去了功能要求，仅剩下立面造型要求。现代设计中常常将三段式中的中部和檐部合二为一，统一进行整片式立面处理，如采用大片实墙面及大片玻璃幕墙面或通过精心巧妙的构图设计，运用虚实对比等手法，创造出独特的立面。

采用玻璃幕墙可获得夜晚和白天明暗截然不同的两种效果。尤其在夜间，玻璃幕墙上点缀着闪烁的灯饰，具有商业气息，在夜幕的衬托下极为醒目。营业厅内灯火辉煌，熙攘的人群加上五彩缤纷的陈列商品展现在店外行人眼前时，能产生吸引人流入店的效果，以激起人们潜在的购买欲。

（二）立面的色彩

商业建筑与其他建筑一样，其形体与色彩往往给人留下最深刻的印象，色彩处理在建筑立面中起着非常重要的作用。商业建筑外观应给人以明快、活跃、兴奋的感觉。通常采用暖色，易达到此效果。具体设计中可以视野内面积大、视线停留时间长的部位（如外墙面）作为基调色。由于外墙面在建筑立面中占比例较大，一般选用明度高、彩度低的色彩，面积较大的色彩面若彩度过大，则刺激性过强；面积较小的部位，彩度可较高，以强调重点。此外，在进行色彩处理时，应尽量减少建筑物色彩的色相数，以避免造成色彩紊乱的感觉，而达到统一协调的效果。

三、建筑造型的“点”设计

商业建筑立面中，一些重点部位需要重点处理，如商店的入口、橱窗、广告等。

（一）入口设计

尽管商店建筑的良好艺术造型以及橱窗的展示，能在一定程度上激起人们的购买欲，但最终吸引顾客进入营业厅的是商店的入口，因此，入口的设计至关重要，应得到足够的强调。一般处理方式如下。

（1）雨篷重点处理。通过将入口上部的雨篷设计成一个新颖独特的造型，以强调入口，吸引或引导顾客进入。

（2）入口处设置特殊构件。如南京市某商场将正立面中的五根柱子贯通两层高，以此强调主入口。

（3）入口上部的变化处理。如在入口上部设大片玻璃幕墙，而其他陈列橱窗上部开设条形窗或设实体墙面，形成鲜明对比。

（4）平面变形。如使入口处建筑后退而形成半圆形人流缓冲地带，再配合铺地及树木的种植，使商店入口从街道空间分划出来，形成别具一格的入口空间。

（二）商店的广告设计

广告的功能是通过符号形象传递商品质量、特征、商店经营及销售服务方式等商业信息来招徕顾客。广告的主要目的是起宣传作用，商业经营者借助广告宣传自己的商品或服务类别，而顾客则通过广告了解商店所经营的商品。由于买卖双方的共同需要，广告业发展迅速，内容丰富、形式多样而生动。

商店的广告形式有声像广告和物象广告两大类。从鸣锣击鼓或叫卖宣传到当今的广播电视宣传，这些均为声像广告，而与商店建筑相关的广告形式为物象广告中的文字、图形等。良好的广告应具有良好的视觉领域，用简短的文字、独特的造型或明快的色彩突出商品的特色，使人一目了然。

第四章　工业厂房设计

第一节　工业厂房建筑类型

本节以钢铁冶金联合企业为例，介绍工业项目中的建筑类型。

一、按工艺系统分类

（一）采矿和选矿

地下矿井、井下带式运输系统、焙烧厂房（排雾天窗）及辅助建构筑物。

（二）综合原料场

带式输送机通廊、转运站、贮煤槽及料场等建构筑物。

（三）焦化

焦炉炉体、煤气净化系统（防爆防毒—泄爆及通风）、干熄焦系统等建构筑物。

（四）烧结和球团

烧结冷却机、球团焙烧和风流系统、喷煤系统等建构筑物（防爆）。

（五）炼铁

高炉系统（散热）。

（六）炼钢

转炉、电炉系统（结构层以及辅助房间隔热）。

（七）热轧及热加工

热轧生产线（隔热防护措施、通风天窗）。

（八）冷轧及冷加工

冷轧生产线（通风采光天窗）。

（九）金属加工与检化验

可燃气体检化验室应做防爆设计。

（十）液压润滑系统

地下建筑居多，地上建筑生产类别较高，注意通风。

（十一）助燃气体和燃气、燃油系统

典型建筑—煤气加压站（泄压设计）。

（十二）其他辅助设施

各类泵站等。

二、按车间工艺流程分类

本节以机械加工厂为例介绍工艺流程。

（一）铸造车间

生产工艺方法主要是利用液体金属注入铸型中而获得铸件，为机械加工部门提供毛坯。铸造车间在生产过程中产生高温、高粉尘、高噪声和有害气体；各生产工段间的生产连贯性强；车间物料周转量大、运输频繁、内部机械化运输复杂；特殊构筑物多，有各种平台、支架、地沟、地坑及管道等。

（二）锻造车间

一般是将金属材料加热，然后放在锻造设备上施加外力（打击或加压），使它塑性变

形而得到所要求的形状和尺寸的工件。

（三）金工装配车间

通过各种机床设备对金属材料、铸件、锻件等进行机械加工与装配，制成生产纲领中所规定的各种产品。

（四）电镀车间

一般包括两种生产工艺，一种是采用电化学方法，在金属零件的表面沉积一层薄薄的防护性或装饰防护两用的，以及耐磨等特殊用途的金属镀层—电镀；另一种是采用化学处理的方法，将金属零件浸在化学溶液中，形成一种化学膜来保护金属和增加表面美观，如金属的氧化、发蓝、钝化和磷化等。

第二节　工业项目的建设流程

工业建设项目是一个比较特殊的建设项目，它的建设要求是从后往前的前瞻性建设。工业建设项目是为生产服务的，需要跟生产工艺进行对接，因此，项目建设流程要依据工业生产特性和工艺流程来制订。

一、一般工业项目建设的流程

（一）明确设计内容

当我们跟客户确定设计合作后，我们的市场人员及设计人员跟客户沟通，了解设计的内容及工业设计所应实现的目标。

（二）设计调研

设计调研是设计师设计展开中的必备步骤，此过程使工业设计师必须了解最新的工艺生产线流程及相关技术、设备、材料、产品的市场状况。这些都是设计定位和设计创造的依据。

（三）工业项目建设审批

设计部门协助甲方办理工业项目建设审批流程的关键在于工业项目的申报阶段。

（四）主要工作流程

1.立项

立项是一个项目开始的基础，需要撰写项目可行性报告。

2.规划选址

向规划部门申请规划建设用地，撰写选址规划建议书，内容包括可行性报告，规划设计总平面图，选址规划图等。

3.环境影响评估报告

环境影响评价报告分为环境影响评价报告表和环境影响评价报告书两种，根据规模不同区分。

4.土地招拍挂流程

土地招拍挂流程是土地招标、拍卖、挂牌的简称。经过这一过程，建设方会拿到土地使用权，并委托地质勘探院进行地质勘探，编制地质报告，出总平面图。

5.土地红线勘查定界（三维地理信息）

确定用地范围。

6.能评、水评、震评、安评、雷评

各专项评价报告根据当地要求以及项目所属行业要求进行。

7.工业项目的筹建阶段

筹建阶段的重点工作主要包括方案设计、施工图设计和图纸审核、施工建设。

工业厂房是一类有着严格的功能和空间特征的建筑类型。工业厂房在建设设计之初就应该充分了解生产工艺的特点，生产设备对空间环境的要求，因此，方案设计的重点便是紧密结合生产工艺以及其他部分的要求。

二、设计工作流程

（一）规划阶段

研究熟悉红线图，了解周边建筑情况和环境。

（二）方案阶段

方案草图、结构选型、设备系统、估算造价、组织方案审定或评选、写出定案结论，绘制报建方案。

（三）初步设计

初步完成专业间配合、细化方案设计；编制初步设计文件、配合建设单位办理相关的报批手续。初步设计的内容：设计说明书、设计图纸、主要设备材料表和工程概算。

（四）施工图设计

建筑、结构、给排水、通风、采暖、电气等专业的设计图纸，建筑节能、结构及设备计算书。

（五）竣工生产阶段

项目综合验收，投入生产。

第三节　工业项目的设计流程

一、设计阶段的划分

通常认为，建筑是建筑物和构筑物的总称。其中，供人们生产、生活或进行其他活动的房屋或场所都叫作“建筑物”，人们习惯上也称之为建筑，如住宅、学校、办公楼等；而人们不在其中生产、生活的建筑，称为“构筑物”，如水坝、烟囱等。

建筑工程设计是指建筑物在建造之前，设计者按照建设任务，把施工过程和使用过程中所存在的或可能发生的问题，事先做好通盘的设想，拟定好解决这些问题的办法、方案，用图纸和文件表达出来，作为备料、施工组织工作和各工种在制作、建造工作中互相配合协作的共同依据，便于整个工程得以在预定的投资限额范围内，按照周密考虑的预订方案，统一步调，顺利进行，并使建成的建筑物充分满足使用者和社会所期望的各种要求。为了使建筑设计顺利进行，少走弯路，少出差错，取得良好的成果，通过长期的实践，建筑设计者创造、积累了一整套科学的方法和手段。基本的设计程序一般分为以下几个工作阶段。

（一）方案设计

建筑方案设计是建筑设计中最为关键的一个环节。它是每一项建筑设计从无到有、去粗取精、去伪存真、由表及里的具体化、形象化的表现过程，是一个集工程性、艺术性和经济性于一体的创造性过程。

（二）初步设计

各专业对方案或重大技术问题的解决方案进行综合技术经济分析，论证技术上的适用性、可靠性和经济上的合理性。

（三）技术设计

指重大项目和特殊项目为进一步解决某些具体的技术问题，或确定某些技术方案而进行的设计一般工程通常将技术设计的一部分工作纳入初步设计阶段，称为扩大初步设计，简称“扩初”；另一部分工作则留待施工图设计阶段进行。

（四）施工图设计

施工图设计是建筑设计的最后阶段。它的主要任务是满足施工要求，即在初步设计或技术设计的基础上，综合建筑、结构、设备各专业，相互交底，核实校对，深入了解材料供应、施工技术、设备等条件，把对工程施工的各项具体要求反映在图纸上，做到整套图纸齐全、准确。施工图设计的主要内容包括：确定全部工程尺寸和用料，绘制建筑、结构、设备等全部施工图纸，编制工程说明书、结构计算书和预算书等。

二、各设计阶段的工作内容

建筑工程一般分为方案设计、扩大初步设计、施工图设计和施工配合四个阶段。设计工序：编制各阶段设计文件、配合施工和参加验收、工程总结。对于技术要求简单的建筑工程，经有关主管部门同意，并且合同中有不做初步设计的约定，可在方案设计审批后直接进入施工图设计。

各阶段设计工作的依据、应解决的问题及工作的主要内容见表4–1。

表4-1　建筑工程设计不同阶段工作

设计阶段	设计依据	应解决的问题	主要内容
方案设计	1.项目可行性研究报告。 2.政府有关主管部门对立项报告的批文。 3.设计任务书。 4.相关法律法规。	满足环境的设计条件，把功能的合理布局与设计，符合技术的基本要求，创造愉悦的空间形式，符合相应的法规规范。	1.透视图。 2.设计说明书（各专业）。 3.总图、建筑设计图纸。 4.模型（根据需要）。 5.概念方案均应编制工程造价匡算，建筑方案应编制工程造价估算。
初步设计	1.经审定的方案设计。 2.设计任务书。 3.相关法律法规。	各专业对方案或重大技术问题的解决方案进行综合技术经济分析。	1.设计说明书（各专业）。 2.设计图纸（各专业）。 3.主要设备、材料表。 4.工程概算。
施工图设计	1.经审定的初步设计。 2.设计任务书。 3.相关法律法规。	着重解决施工中的技术措施、工艺做法、用料等，为施工安装、工程预算、设备和配件的安放、制作等提供完整的图纸依据。	1.合同要求所涉及的所有专业的设计图纸（含图纸目录、说明和必要的设备、材料表。 2.合同要求的工程预算书（工程预算书不是施工图设计文件必须包括的内容）。
施工图配合	1.施工图设计文件；2.交底记录单。 3.建设方、施工单位、监理以及设计单位在施工过程中发现和提出的需作设计变更的问题。	从设计交底起至竣工验收的全过程，包括施工配合、技术处理等。常见问题包括： 1.建设方的功能调整、使用标准变化、用料及设备选型更改等要求。 2.施工单位和监理提出的由于施工质量、施工困难等需要处理的问题。 3.发现原设计错误等问题。	1.图纸会审、技术交底。 2.设计变更和设计洽商。 3.设计技术咨询。 4.材料样板确认。 5.参加隐蔽工程和阶段性验收。 6.工程竣工验收。

三、名词解释

（一）设计周期

根据有关设计深度和设计质量标准所规定的各项基本要求完成设计文件所需要的时间，称为设计周期。设计周期是工程项目建设总周期的一部分。根据有关建筑工程设计法规、基本建设程序及有关规定和建筑工程设计文件深度的规定制定设计周期定额。设计周期定额考虑了各项设计任务一般需要投入的力量。对于技术上复杂而又缺乏设计经验的重要工程，经主管部门批准，在初步设计审批后，可以增加技术设计阶段。技术设计阶段的设计周期根据工程特点具体议定。设计周期定额一般划分方案设计、初步设计、施工图设计三个阶段，每个阶段的周期可在总设计周期的控制范围内进行调整。

由于设计市场竞争激烈，有的单位为了承接设计任务，不得不压缩设计周期。设计周期过短，容易造成图纸质量低、设计深度不够，对各方都不利。应根据建设工程总进度目标对设计周期的要求、《民用建筑设计劳动定额》、类似工程项目的设计进度、工程项目的技术先进程度等，确定科学合理的设计周期，才能确保设计的质量和水平。

（二）项目建议书

项目建议书是对拟建项目的一个总体轮廓设想，是根据国家国民经济和社会发展长期规划、行业规划和地区规划，以及国家产业政策，经过调查研究、市场预测及技术分析，着重从客观上对项目建设的必要性做出分析，并初步分析项目建设的可能性。其作用如下。

（1）项目建议书是国家挑选项目的依据。

国家对项目尤其是大中型项目的比选和初步确定是通过审批项目建议书来进行的。项目建议书的审批过程实际就是国家对新提议的众多项目进行比较筛选、综合平衡的过程。项目建议书经批准后，项目才能列入国家长远计划。

（2）经批准的项目建议书，是编制可行性研究报告和作为拟建项目立项的依据。

（3）涉及利用外资的项目，在项目建议书批准后，方可对外开展工作。

（三）可行性研究

可行性研究是指在投资决策前，对与项目有关的资源、技术、市场、经济、社会等各方面进行全面的分析、论证和评价，判断项目在技术上是否可行、经济上是否合理、财务上是否盈利，并对多个可能的备选方案进行择优的科学方法。其目的是使开发项目的决策科学化、程序化，从而提高决策的可靠性，并为开发项目的实施和控制提供参考。

我国从20世纪70年代开始引进可行性研究方法，并在政府的主导下加以推广。1981年，原国家计委明确把可行性研究作为建设前期工作中一个重要的技术经济论证阶段，纳入了基本建设程序。1983年2月，原国家计委正式颁布了（关于建设项目进行可行性研究的试行管理办法）对可行性研究的原则、编制程序、编制内容、审查办法等做了详细的规定，以指导我国的可行性研究工作。其作用如下。

（1）作为建设项目论证、审查、决策的依据。

（2）作为编制设计任务书和初步设计的依据。

（3）作为筹集资金，向银行申请贷款的重要依据。

（4）作为与项目有关的部门签订合作，协作合同或协议的依据。

（5）作为引进技术，进口设备和对外谈判的依据

（6）作为环境部门审查项目对环境影响的依据。

（四）项目立项（立项批准）

这是建设项目在决策阶段中最后一个环节，是项目决策的标志。经过对项目建设上的必要性、协调性，技术上的可行性、先进性，经济上的合理性、效益性进行详尽地科学论证，投资决策者认为可行，决定项目上马，而拟报请国家计划部门列入基本建设计划的建设项目。

（五）设计任务书

设计任务书是业主对工程项目设计提出的要求，是工程设计的主要依据。进行可行性研究的工程项目，可以用批准的可行性研究报告代替设计任务书。设计任务书一般应包括以下几方面内容。

（1）设计项目名称、建设地点。

（2）批准设计项目的文号、协议书文号及其有关内容。

（3）设计项目的用地情况，包括建设用地范围、地形，场地内原有建筑物、构筑物，要求保留的树木及文物古迹的拆除和保留情况等，还应说明场地周围道路及建筑等环境情况。

（4）工程所在地区的气象、地理条件、建设场地的工程地质条件。

（5）水、电、气、燃料等能源供应情况，公共设施和交通运输条件。

（6）用地、环保、卫生、消防、人防、抗震等要求和依据资料。

（7）材料供应及施工条件情况。

（8）工程设计的规模和项目组成。

（9）项目的使用要求或生产工艺要求。

（10）项目的设计标准及总投资。

（11）建筑造型及建筑室内外装修方面要求。

（六）工程概预算

工程概预算是设计上对工程项目所需全部建设费用计算成果的统称。在设计的不同阶段，其名称、内容各有不同：总体设计时称估算；初步设计时称总概算；技术设计时称修正概算；施工图设计时称预算。

工程概预算的内容：工程概预算的内容包括四方面——建筑安装工程费、设备工具、器具购置费、工程建设其他费用和预备费。

第四节 各设计阶段的专业间配合

建筑工程设计具有交叉作业、综合协调的特点，任何一个工程，都是各个专业协作的结果。特别是现代建筑，规模大、功能全、技术含量高，设计周期一般都比较紧张。设计中出的问题，不少是由于专业之间交流不够、了解不足而导致的。建筑设计完成的质量，除了要求设计人员对本专业的各类技术熟练掌握和运用外，很大程度上依赖各专业的配合，配合到位，就会使建成的建筑物从空间到使用上更加舒适、合理、简洁、经济；稍有疏忽遗漏，就可能造成设计缺陷和经济损失。因此，各专业在确定方案时，都应时时考虑工程的整合。一个工程，各专业的协同度越高，它的整体效果就越好。建筑整体设计不仅仅局限于建筑与结构、设备专业的配合，而是同时涵盖了与建筑相关的各个因素，如外部环境、建筑构造、技术、材施工等，因此，合作与协同的能力对建筑师来说至关重要。建筑师应发挥其在工程设计中的主导作用，主持好各项建筑工程设计。

要想达到这样的境界，建筑师在设计实践中需要树立工程整合的观念，从被动地接收资料变成主动去和各专业沟通、配合；要养成多角度思考和解决问题的习惯，在实践和积累中提高变通能力和综合能力。建筑师需要掌握各专业的相关知识，熟悉各专业的职责分工、协作与配合，了解哪些修改会对别的专业产生较大的影响，从而避免产生设备管线与结构梁打架、吊顶达不到设计高度或设备无法有效安装等问题。这样在主持工程的时候不仅得心应手，还能拓宽设计思路，最终使设计作品取得更好的效果。

一、各设计阶段的专业要求

（一）方案设计阶段

方案设计阶段的互提资料，主要是为了保证方案的可行性。方案设计过程中，设计主持人应召集各专业负责人介绍并讨论方案设想。建筑专业负责人介绍主要经济技术指标，以及主要建筑的层数、层高和总高度等项指标，功能布局的设计意图，提交平、立、剖面图，必要时辅以透视图和模型。最后，建筑专业把各专业所提供的资料融入最终的方案成果中，各专业编写方案设计说明，经济专业应估算工程造价。

（二）初步设计阶段

初步设计阶段的互提资料主要是为了解决工程设计中的技术问题。方案设计经审批定案后，即可安排地质勘探。结构专业应布置勘探点并提出地质勘探要求，各专业均须对确定的方案进一步收集和补充有关资料，如市政资料、设计标准等。建筑专业设计主持人应组织各专业负责人研究审查意见，应提出方案中有必要进行调整的内容。由建筑专业修改后，提出第一版作业图，应包括总图、平、立、剖面图，其中建筑平面图是各专业作业的基础和最根本的依据。另外，应给结构专业提供主要材料的制作方法，给设备专业提供防火分区图，然后各专业平行开展工作。各专业应配合进度互提资料，建筑专业根据各专业提出的设计要求，修改后提出第二版作业图，各专业分别在此基础上绘制初步设计图纸。建筑专业设计主持人还要组织管线综合、专业会签和初步设计说明书的编写。初步设计说明书中，除总说明和各专业设计说明以外，消防设计专篇、节能设计专篇、环保设计专篇、人防设计专篇等，由各专业联合编写。

（三）施工图设计阶段

施工图设计阶段，建筑专业首先组织各专业在初步设计（或方案设计）的基础上，通过各专业间的配合，及时提出调整意见，确定各专业需要补充及优化设计的内容。然后建筑专业依据各专业反馈的设计资料，完善作业图（平、立、剖面图等）图纸设计，并提供给各专业。各专业接到资料后，复核设计条件是否满足设计要求。各专业同时也进行施工图设计工作，并将反馈资料分批（次）互提。各专业在配合过程中需要放大、细化详图，给设备管线留洞，以及各专业需要互提部分资料，可在不影响其他专业方案和进度的前提下，根据排定的配合进度表稍晚提出。建筑专业设计主持人还要组织管线综合和专业会签工作。

二、建筑专业与结构专业的配合

（一）方案设计阶段

方案设计阶段，建筑师构思出的建筑平面和立面雏形，首先必须控制好整体建筑的长宽比和高宽比；特别是高层建筑，要满足抗震设计的基本要求，有时单靠结构设计是很难做到的。所以，建筑专业要尽量选择规则对称的平面，最好使地震力作用中心与刚度中心重合，同时注意竖向刚度均匀而连续，避免刚度突变或结构不连续，为结构设计提供便利条件。结构工程师在理解建筑师的设计意图基础上提供专业意见，尽可能满足建筑师的构思，在结构造型、结构布置及抗震方面提供专业意见，为方案的可行性、合理性和可实施性提供保证。结构工程师需要解决的问题：根据建筑使用功能、平面尺寸、总高度以及抗风抗震要求，确定合适的结构体系和结构类型、合理的柱网尺寸、抗侧力构件的合适位置和大约数量、恰当的层高以及建筑平面是否要设缝分成独立的结构单元，初估基础埋深、可能的基础形式。

（二）扩初和施工图设计阶段

（1）扩初和施工图设计阶段，建筑专业与结构专业的配合归纳如下。

相对海拔高程、室内外高差、室外是否要填土（涉及基坑开挖深度，地下室露天顶板的标高及荷重计算，结合助测报告，确定抗浮水位）。

同时，当地下室的范围超出一层的轮廓线时，应考虑上面的覆土层厚度满足景观绿化和室外管线的需要，并提请结构工程师考虑相应荷载。当消防车道下面为地下室时，结构应考虑消防车的荷载。

（2）楼层结构标高与建筑标高的相互关系（建筑面层荷重）。

（3）楼层使用功能详细分布、楼层孔洞位置及尺寸（决定楼层结构布置）。

（4）地下室防水做法（防水层材料类别），地下室底板集水坑位置及尺寸。

（5）楼梯编号及其定位尺寸（梯板长度、宽度，以确定楼梯的结构形式）。

（6）电梯底坑深度、消防梯集水坑位置及深度（涉及基础或承台形式）。

（7）自动扶梯平面位置、长度、宽度，起始梯坑平面尺寸及深度（决定其支承条件和衡量楼层净高尺寸）。

（8）地下室斜车道坡长，车道出入口高度（决定坡道的支承条件，出入口处是否需要做反梁）。

（9）电梯门旁或门顶指示灯设置位置及尺寸（决定剪力墙预留孔洞）。

（10）大厨房地面做法（决定结构层降低或采用建筑找平垫高）。

（11）屋面坡度做法（采用结构找坡或是建筑找坡）。

（12）屋面水池平面位置、尺寸及是否设置屋顶绿化（确定合理的支承条件）。

（13）顶棚吊顶做法（全部吊顶或局部吊顶或不吊顶需做平板结构）。

（14）外墙门窗口尺寸及立面做法（确定外围梁高及窗框做法）。

（15）外墙饰面材料（确定围护结构材料品种）。

（16）室内间隔墙布置情况（固定的或是灵活隔断以决定楼面等效荷载）。

（17）如果设擦窗机，擦窗机的型号及对结构的要求。

结构设计应尽可能利用不影响建筑空间灵活性的部位，如将电梯井道、楼梯间、部分管道井布置为剪力墙，或利用某些特殊造型做成筒或角筒，满足结构抗震要求。

三、建筑专业与设备专业的配合

建筑专业除提供总平面图、平面图、立面图、剖面图等作业图外，特别要给设备专业提供防火分区图、吊顶平面图以及建筑的使用人数等。建筑中不吊顶的部位，设备专业要根据结构梁板布置图设计烟感和喷洒头。

给水排水、暖通、电气专业应给建筑专业提出设备系统的设想方案，估算设备机房所需面积及高度要求，安排在合理的位置。设备用房一般有给水排水专业的消防水池、水泵房和水处理机房、水箱等；暖通专业的锅炉房、冷冻机房和热交换间；电气专业的高低压配电室、柴油发电机房以及弱电机房及管理中心等，要尽量靠近负荷中心布置。不同工程设备的要求不同，机房和管井的位置和大小由设备专业的工程师提出，经建筑师整合后再与设备工程师协商确定。有些大型设备需设置吊装孔，由于吊装孔会多次开启使用，故不宜放在房间内，以免影响房间的使用对于建筑内的锅炉房或直燃机房等，暖通专业应提出泄爆井（或泄爆面）的位置和面积要求。

设备用房约占总建筑面积的12%，其中暖通空调专业机房约占总建筑面积的8%，给水排水专业机房约占总建筑面积的2%，电气专业机房约占总建筑面积的2.5%。

设计时需要特别注意：消防水泵房必须设置直通室外的安全出口；柴油发电机房的排烟井必须引至屋顶排出；地下室应有进、排气口或通风窗；变配电室的顶部不允许有厨房、浴室、洗衣房、水池等存在漏水隐患的房间；变配电房、水泵房、柴油发电机房不宜放在较低位置，以免万一发生事故会被水淹；地下设备用房门的防火等级应为甲级并向外开启。

设备专业应给总图专业提供给水排水、热力、电气与市政接口位置、高程，包括主要管道布置、管径以及构筑物（化粪池、隔油池、水表井、水泵接合器、阀门井、管线检修井、室外箱式变压器、储油罐等）的位置，以及上述管道、构筑物的定位尺寸。

四、结构专业与设备专业的配合

设备专业与结构专业的配合归纳如下。

第一，设备用房位置、设备外形尺寸及重量（确定楼面荷载及设备吊装井尺寸）。

第二，楼层厕所形式（决定下凹深度或是否要设双层楼板）。

第三，大厨房地面做法（决定结构层降低或采用建筑找平垫高）。

第四，设备管道穿行形式（是否需要横穿楼层梁或剪力墙）。

给水排水、暖通、电气专业应给结构专业提出设备机房位置和高度要求，要在楼板、剪力墙上开的大洞，以及要在屋顶板或楼板上放置的较重设备等。

设备专业设计是建立在建筑方案和结构方案之上的，水暖、通风、空调、电气照明的管线都要敷设于或穿过建筑墙体和结构构件。对结构构件而言，不是任何位置都可以留洞的，所以结构设计应为设备专业预留一些合理的位置，并对留洞削弱进行结构补强。框架柱是主要承重构件，断面禁忌削弱，不宜横向穿洞；框架梁不宜在剪力较大的梁端留洞，最好在跨中且在梁高高处留洞，还应进行强度核算。

给水排水专业还应与结构专业配合地下车库及设备用房内的集水坑布置，尽量不影响承台地梁等，如不可避免，需调整承台或地梁顶标高或高度。

建筑物大多需要配避雷系统，如由电气专业另行设置，一方面浪费财力物力，另一方面也影响建筑物美观，所以一般用结构梁柱主筋来做避雷系统。具体做法：由电气专业根据需要指定用围梁主筋焊接成封闭环并与柱主筋焊接，这样就形成了横竖两个方向的避雷网。

五、给水排水、暖通、电气专业之间的配合

地下室的设备用房、标准层内的设备间和管井是设备和管线集中的地方，往往是各专业“互争”的地盘。综合解决得好，各专业都顺畅；若解决不好，不但管线互相干扰，而且会造成系统不合理的布置，能量无谓的消耗，造成无法弥补的后患。在设计时，各专业应反复配合，合理地划分好空间。

设备专业在确定各自的设计方案后，应向有关专业提出相应的技术要求。

给水排水专业和暖通专业应给电气专业提供详细设备的用电量、需要防雷接地和防静电的设备名称（如油气锅炉房、燃气放散管、可燃气体管道等）；给电气专业提供各系统的控制要求。

给水排水专业应给暖通专业提供给水排水专业设备用房对通风、温度有特殊要求的房间位置、参数；由动力专业提供热源时，所需的耗热量；如果热煤为蒸汽，还需要提出凝结水的回水方式；采用气体消防的防护区灭火后的通风换气要求。

暖通专业应给给水排水专业提供暖通机房各用水点、排水点的位置、水量及用途；冷却循环水量、水温、冷冻机台数及控制要求；宽度超过1.2m的风管位置、高度（给排水专业需考虑增加消防喷淋系统）；不采暖房间的部位、名称（给排水专业需考虑保温防冻措施）等。

电气专业应给排水专业提供电气用房的给水排水及消防要求、柴油发电机房用水要求、柴油发电机房外形尺寸、油箱间的布置等。

电气专业应给暖通专业提供柴油发电机房的发热量及排气降温要求；电气发热量较大的房间的设备发热量（如变配电室、大型计算机主机房等）；有空调的房间照明瓦数（W/m^2）。

六、专业配合进度计划表

不同工程的专业配合工作内容和进度要求不尽相同，专业配合进度计划应由设计主持人组织各专业负责人编排。一般工程的专业配合进度可参考表4-2，并结合工程情况进行调整（见表4-2、表4-3）。

表4-2　初步设计专业配合进度计划表

项目名称：　　设计号：　　设计阶段：初步设计

序号	专业配合工作内容	提出专业	接收专业	提交日期	备注
1	专业会	专业负责人	专业负责人	月　日	
2	各专业针对方案返回意见	建筑	各专业	月　日	
3	建筑提供第一版作业图（平、立、剖）、材料做法	建筑	各专业	月　日	1/6时段①
4	设备提供机房、管井的位置、尺寸	给排水、暖通、电气	建筑	月　日	
5	暖通提供冷却塔补水量	暖通	给排水	月　日	
6	结构提供资料	结构	各专业	月　日	结构计算简图
7	建筑提供第二版（正式）作业图（平、立、剖）、防火分区图	建筑	各专业	月　日	1/2时段
8	给水排水、暖通给电气提供资料	给排水、暖通	电气	月　日	
9	各专业互提资料	各专业	各专业	月　日	
10	管线综合	各专业	各专业	月　日	
11	总图②给各专业提供总平面图	总图	各专业	月　日	
12	各专业提交初步设计说明文件及图纸目录	各专业	设计总专业	月　日	
13	给总图设计返提管线平面图	各专业	总图	月　日	
14	个人脱手、校对	各专业	各专业	月　日	
15	专业会审	各专业	各专业	月　日	

续表

序号	专业配合工作内容	提出专业	接收专业	提交日期	备注
16	审核、审定	各专业	各专业	月　日	
17	会签、晒图交付图纸	各专业	设计总工程师	月　日	
18	给经济专业提供初步设计图纸一套及初步设计说明一份	项目经理	建设方经济专业	月　日	
19	给甲方提供概算书	经济专业项目经理	建设方	月　日	

设计文件深度按照中华人民共和国住房和城乡建设部《建筑工程设计文件编制深度规定》（2016年版）执行。

①时段：从设计开始到个人脱手之前的设计时间。

②“总图”即指总图设计专业。

表4-3　施工图专业配合进度计划表附表

项目名称：　　　　　　　　　　设计号：　　　　　　　　　　设计阶段：施工图

序号	专业配合工作内容	提出专业	接收专业	提交日期	备注
1	工种会	专业负责人	专业负责人	月　日	
2	各专业针对方案返回意见	建筑	各专业	月　日	1/6时段
3	建筑提供第一版作业图（平、立、剖）、材料做法	水、暖、电	建筑	月　日	
4	设备提供机房、管井的位置，尺寸	结构	各专业	月　日	结构计算简图
5	暖通提供冷却塔补水量	各专业	各专业	月　日	
6	结构提供资料	建筑	各专业	月　日	1/2时段①
7	建筑提供第二版（正式）作业图（平、立、剖）、防火分区图	水、暖	电	月　日	
8	给水排水、暖通给电气提供资料	水、暖、电	结构	月　日	
9	各专业互提资料	建筑	各专业	月　日	

续表

序号	专业配合工作内容	提出专业	接收专业	提交日期	备注
10	管线综合	暖通	电气	月　日	
11	总图给各专业提供总平面图	结构	各专业	月　日	
12	各专业提交初步设计说明文件及图纸目录	建筑	各专业	月　日	
13	给总图设计返提管线平面图	各专业	各专业	月　日	
14	个人脱手、校对	水、暖、电	结构	月　日	
15	专业会审	建筑	各专业	月　日	3/4时段
16	审核、审定	各专业	各专业	月　日	
17	会签、晒图交付图纸	各专业	各专业	月　日	
18	给经济专业提供初步设计图纸一套及初步设计说明一份	各专业	各专业	月　日	
19	给甲方提供概算书	各专业项目经理	设总建设方	月　日	

设计文件深度按照中华人民共和国住房和城乡建设部《建筑工程设计文件编制深度规定》（2016年版）执行。

①时段：从设计开始到个人脱手之前的设计时间。

第五节　工业厂房建筑设计

一、工业厂房建筑设计的要求

（一）满足生产工艺的要求

生产工艺是工业建筑设计的主要依据，生产工艺对建筑提出的要求就是建筑使用功能上的要求，因此，建筑设计在建筑平面形状、建筑面积、柱距、跨度、剖面形式、厂房高度及结构方式和构造等方面，必须满足生产工艺的要求。同时，建筑设计还要满足厂房所需的机器设备安装、操作、运行、检修等方面的要求。

（二）满足建筑技术的要求

1.工业建筑的坚固性及耐久性应符合建筑的使用年限。

2.建筑设计应使厂房具有较大的通用性和改建扩建的可能性。

3.应严格遵守《厂房建筑模数协调标准》及《建筑模数协调统一标准》的规定。

（三）满足建筑经济的要求

1.在不影响卫生、防火及室内环境要求的条件下，将若干个车间合并成联合厂房，对现代化连续生产极为有利。

2.建筑的层数是影响建筑经济性的重要因素。

3.在满足生产要求的前提下，设法缩小建筑体积，充分利用建筑空间。

4.在不影响厂房的坚固、耐久、生产操作、使用要求和施工速度的前提下，应尽量降低材料的消耗，从而减轻构件的自重，降低建筑造价。

5.设计方案应便于采用先的、配套的结构体系及工业化施工方法。

（四）满足卫生及安全需要

1.应有与厂房所需采光等级相适应的采光条件，应有与室内生产状况及气候条件相适应的通风措施。

2.排除生产余热、废气，提供正常的卫生、工作环境。

3.对散发出的有害气体、有害辐射、严重噪声等应采取净化、隔离、消声、隔声等。

4.美化室内外环境，注意厂房内部的绿化、垂直绿化及色彩处理。

二、工业厂房建筑设计内容

工业厂房建筑设计的内容包括：平面设计、剖面设计、立面造型设计和建筑节点设计等。

第五章　高层建筑的基础认知

第一节　高层建筑的含义

高层建筑是近代经济发展和科学技术进步的产物。高层建筑虽然在19世纪末就已出现，但是真正在世界上得到普遍发展是在20世纪中叶以后，尤其是近40年来，它犹如雨后春笋，已逐渐遍及世界各国。

高层建筑是相对多层建筑而言的，通常是以建筑高度和层数作为两个主要指标来划分的。20世纪70年代召开的国际建筑会议，将9层及9层以上的建筑定义为高层建筑，并按建筑的高度和层数划分为四类：第一类为9～16层，高度不超过50m；第二类为17～25层，高度不超过75m；第三类为26～40层，高度不超过100m；第四类为40层以上，高度为100m以上，又称为超高层建筑。

不同的国家或地区根据其具体情况，综合考虑经济条件、建筑技术、电梯设备、消防装置、建筑类别等因素，又有各自的规定。如美国规定高度为22～25m以上或7层以上的建筑为高层建筑，英国规定高度为24.3m以上的建筑为高层建筑，日本规定11层以上或高度超过31m的建筑为高层建筑。

《高层建筑混凝土结构技术规程》（以下简称《高规》）规定，10层及10层以上或房屋高度大于28m的住宅建筑和房屋高度大于24m的其他民用建筑为高层建筑。

高层建筑房屋高度是指自建筑物室外地面至房屋主要屋面的高度，不包括突出屋面的电梯机房、水箱、构架等的高度。《建筑设计防火规范》规定，建筑高度大于27m的住宅建筑和建筑高度大于24m的非单层厂房、仓库和其他民用建筑为高层建筑。世界上许多国家将高度超过100m或层数在30层以上的高层建筑称为超高层建筑。

在世界上几千年的建筑史中，构成建筑物的物质手段与技术措施大多局限在土木砖石等比较原始的材料与简单的砌筑方式上，建筑都属于低层建筑，它们蔓延在地平线上，形成紧凑的组群与拘谨的空间。世界各地兴建的各种高层建筑数量之多、规模之大、设计技术之先进和艺术之动人，是过去所不可比拟的。高层建筑显示出人类塑造空间环境、形成现代城市风貌的优越技术与才能。

高层建筑之所以具有这么大的生命力，能在较短的时期内蓬勃发展，其原因如下：①由于城市人口高度集中，市区用地紧张，地价昂贵，迫使建筑不得不向高空发展；②高层建筑占地面积小，在既定的地段内能最大限度地增加建筑面积，扩大市区空地，有利城市绿化，改善环境卫生；③由于城市用地紧凑，可使道路、管线设施相对集中，节省市政投资；④在设备完善的情况下，垂直交通比水平交通方便，可使许多相互有关的机构放在一座建筑物内，便于联系；⑤在建筑群布局上，高低相间、点面结合可以改善城市面貌，丰富城市艺术；⑥企业为了显示自己的实力与取得广告效果，彼此竞相建造高楼。⑦社会生产力的发展和广泛地进行科学试验，特别是电子计算机与现代先进技术的应用，为高层建筑的发展提供了科学基础。

高层建筑的发展是和垂直交通问题的解决分不开的。回顾19世纪中叶以前，欧美城市建筑的层数一般在6层以内，这就明显地反映了垂直交通的局限性。自从1853年奥蒂斯在美国发明了安全载客升降机以后，把楼层高度从人体能攀登的高度限制中解放出来，高层建筑的实现才有了可能性。

从1885年美国兴建第一幢高层建筑芝加哥人寿保险公司大楼算起，高层建筑发展至今已有100多年的历史。

由于出现了轻质高强度材料、新的结构体系和高速电梯，180～200层的建筑在技术上已成为可能。因此，近年来高层建筑又向新的方向发展。美国正在规划建造摩天大楼，如电视城大厦（150层，509m）。为了解决人口向东京等大城市集中造成的地价上涨、公害、交通、停车场等问题，日本建筑公司纷纷计划建造超高层建筑，幻想进入超高层建筑时代。由日本大成建设公司宣布要建设的X-CEED4000有4000m高，是迄今宣布建设的建筑中最高的。它的外形像富士山，工程期为30年，预算造价为2500亿美元。它的地面直径为6km，内部面积为5000～7000km^2，可居住50万～70万人，解决就业人口为30万～50万人。

我国自20世纪50年代初开始设计、建造高层建筑，虽然只有70余年的历史，但发展是很快的，特别是在钢筋混凝土高层建筑方面有明显的进展，近20年内高层钢结构建筑也有所发展。20世纪60年代，建成广州宾馆（27层，88m）；20世纪70年代，建成北京饭店新楼（19层，87m），在地震区首次突破80m；1976年建成白云宾馆（33层，112m），我国高层建筑首次超过100m。20世纪80年代，我国高层建筑发展进入全盛时期，全国30多个大中城市都兴建了一批高层建筑。进入20世纪90年代以来，我国高层建筑迅猛发展。1996年建成深圳地王大厦（81层，325m），1998年建成上海金茂大厦（88层，420m），2008

年建成的上海环球金融中心（101层，492m）是目前世界第三高的建筑物。

迪拜最著名的迪拜大厦的设计高度超过1000m，业主曾经为了确保它成为世界第一高楼，一直对其设计的具体高度进行保密。这座建筑的高度如此震撼，以至于顶楼气温比一楼低约10℃，因此，大厦需要从底部到顶部建造5个微气候系统来满足人的生存要求。

以前，摩天大楼是北美的天下。落成于1931年的纽约帝国大厦曾傲视全球40年，直到20世纪70年代，才被更高的纽约世界贸易中心大厦和芝加哥的西尔斯大厦所取代。北美摩天大楼声名显赫，但其霸主地位正在被动摇。因为各国正在竞相建造超高层摩天大楼，如马来西亚、日本、迪拜都已卷入这股攀比高度的热潮中。争建高层和超高层大楼已成为实现现代化和显示经济实力的一个新标志。摩天大楼还能反映出经济发展的趋势，即随着经济的繁荣和衰退，建造摩天大楼的进程也时快时慢。20世纪80年代的经济繁荣成为世界许多城市建造高层建筑的催化剂，而20世纪90年代初及当前的经济衰退又使许多雄心勃勃的工程停顿下来。然而，在日益繁荣的亚洲及中东地区，建造标志性的高层建筑的愿望依然强烈。

在20世纪，拥有最高建筑的荣耀在芝加哥和纽约之间来回更迭。直到1998年，马来西亚国营石油公司塔楼使这项荣誉转移到太平洋彼岸。这似乎预示着建筑活动的焦点出现了重大的地理转移，从而展示出太平洋周边地区国家的经济繁荣。

第二节　高层建筑结构设计的特点

一、减轻自重

高层建筑减轻自重比多层建筑更有意义。从地基承载力角度考虑，如果在同样地基情况下，减轻房屋自重意味着不增加基础造价和处理措施就可以多建层数，这对于在软弱土层上建房有突出的经济效益。地震效应与建筑的质量成正比，减轻房屋自重是提高结构抗震能力的有效办法。高层建筑的质量大，不仅作用于结构上的地震剪力大，而且由于重心高，地震作用倾覆力矩大，对竖向构件产生很大的附加轴力，从而造成附加弯矩更大。

因此，在高层建筑房屋中，结构构件宜采用高强度材料，非结构构件和围护墙体应采用轻质材料。减轻房屋自重既减小了竖向荷载作用下构件的内力，使构件截面变小，又可减小结构刚度和地震效应；既能节省材料、降低造价，又能增加使用空间。

二、承受的荷载

高层建筑和低层建筑一样，承受自重、活荷载、雪荷载等垂直荷载和风、地震等水平作用。

在低层结构中，水平荷载产生的内力和位移很小，通常可以忽略；在多层结构中，水平荷载或作用的效应（内力和位移）逐渐增大；在高层建筑中，水平荷载和地震作用成为主要的控制因素。

三、载荷对结构内力的影响

从对结构内力的影响看，垂直荷载主要产生轴力，其与房屋高度大体上呈线性关系；水平荷载或作用则产生弯矩，其与房屋高度呈二次方变化。

四、抗震设计要求

高层建筑结构设计除要考虑正常使用时的竖向荷载、风荷载以外，还必须使结构具有良好的抗震性能，做到震时不坏，大震时不倒塌。

建筑结构是否具有抗震能力主要取决于结构所能吸收的地震能量，它等于结构承载力与变形能力的乘积。而结构抗震能力是由承载力和变形能力两者共同决定的。当结构承载力较小，但具有很大延性时，所能吸收的能量多，虽然较早出现损坏，但能经受住较大的变形，避免倒塌。但是，仅有较大承载力而无塑性变形能力的脆性结构吸收的能量少，一旦遭遇超过设计烈度的地震作用时，很容易因脆性破坏造成房屋倒塌。

一个构件或结构的延性用延性系数μ表达，一般为最大允许变形Δ_p与屈服变形Δ_y的比值，变形可以是线位移、转角或层间侧移，其相应的延性称为线位移延性、角位移延性和相对位移延性。结构延性的表达式为：

$$\mu = \Delta_p / \Delta_y$$

式中：Δ_y——结构屈服时荷载F_y对应的变形；

Δ_p——结构极限荷载F_m或降低10%时所对应的最大允许变形。

结构的延性与许多因素有关，如结构材料、结构体系、总体布置、节点连接、构造措施等。计算结构的延性是很困难的，一般通过试验测定。

结构或构件的延性是通过一系列的构造措施实现的。因此，在高层建筑的设计中，为使结构具有良好的延性，构件要有足够的截面尺寸，柱的轴压比、梁和剪力墙的剪压比、构件的配筋率要适宜。高层建筑钢筋混凝土结构的延性一般要求为μ=4～8。

五、重视轴向变形影响

采用框架体系和框—墙体系的高层建筑中，框架中柱的轴压应力往往大于边柱的轴压应力，中柱的轴向压缩变形大于边柱的轴向压缩变形。当房屋很高时，这种轴向变形的差异会达到较大的数值，其后果相当于连续梁的中间支座产生沉陷，从而使连续梁中间支座的负弯矩值减小，跨中正弯矩值和端支座负弯矩值增大。在低层建筑中，因为柱的总高度较小，该效应不显著，所以可以不考虑。

在高层建筑中，尤其是超高层建筑中，并且柱的负载很重，柱的总高度又很大，整根柱在重力荷载下的轴向变形有时达到数百毫米，对建筑物的楼面标高产生不可忽略的影响。同时，轴向变形对结构、构件剪力和侧移的影响也不能忽略。

六、侧移是主要控制因素

从侧移观点看，侧移主要由水平荷载或作用产生，且与高度呈四次方变化。

高层建筑设计不仅需要较大的承载能力，而且需要较大的刚度，使侧移不至于过大，这是因为侧移过大时会有以下影响：①会使填充墙和装修损坏，也会使电梯轨道变形；②会使主体结构出现裂缝，甚至损坏；③会使结构产生附加内力，甚至引起倒塌。

七、概念设计与结构计算同等重要

结构抗震设计中存在许多不确定或未知的因素。例如，地震地面运动的特征（强度、频谱、持时）是不确定的，结构的地震响应也就很难确定，同时又很难对结构进行精确计算。高层建筑结构的抗震设计计算是在一定假定条件下进行的。尽管分析手段不断提高，分析原理不断完善，但是由于地震作用的复杂性和不确定性、地基土影响的复杂性和结构体系本身的复杂性可能导致理论分析计算结果和实际情况相差数倍之多。尤其是当结构进入弹塑性阶段之后，构件会出现局部开裂，甚至破坏，这时结构已很难用常规的计算原理进行内力分析。

实践表明，在设计中把握好高层建筑的概念设计，从整体上提高建筑的抗震能力，消除结构中的抗震薄弱环节，再辅以必要的计算和结构措施，才能设计出具有良好抗震性能和足够抗震可靠度的高层建筑。

概念设计是指在设计中，要求工程师运用概念进行分析（不是只依赖计算），做出判断，并采取相应措施。判断能力主要来自工程师本人所具有的设计经验，包括力学知识、专业知识、对结构地震破坏机理的认识、对地震震害经验教训和试验破坏现象认识的积累等。

概念设计是抗震设计中很重要的一部分，涉及的内容十分丰富，主要有以下几点。

第一，选择对建筑抗震有利的场地和地基。场地条件通常是指局部地形、断层、地基土层、沙土液化等。表土覆盖层土质硬、厚度小，则承载力高、稳定性好，在地震作用下不易产生地基失效；土质越软、厚度越大，对地震的放大效应越大；局部突出的土质山梁、孤立的山包，对地震效应有放大作用；在发震断层，地震中常出现地层错位、滑坡、地基失效或土体变形。抗震设计时，应选择坚硬土或中硬土场地，当无法避开不利的或危险的场地时，应采取相应抗震措施。

第二，选择延性好的结构体系与材料。

第三，抗震结构平面及立面布置应简单、规则。抗震结构的刚度、承载力和延性在楼层平面内应均匀，沿结构竖向应连续，刚度和质量分布均匀。

第四，对于抗震结构，应设计成延性结构。

第五，减轻结构自重有利于抗震。

第六，抗震结构刚度不宜过大，结构也不宜太柔，要满足位移限制。所设计结构的周期要尽量与场地土的卓越周期错开，大于卓越周期较好。

第七，防止结构出现软弱层而造成严重破坏或倒塌，防止传力途径中断。特别是不规则结构或体型复杂的结构，一定要设置从上到下贯通连续的、有较大的刚度和承载力的抗侧力结构。

第八，抗震结构应尽量减少扭转，扭转对结构的危害很大，同时要尽量增大结构的抗扭刚度。

第九，抗震结构必须具有承载力和延性的协调关系。延性不好的构件或进入塑性变形阶段产生较大变形的、对结构抗倒塌不利的部位可设计较高的承载力，使它们不屈服或晚屈服。

第十，尽可能设置抵抗地震的多道防线。超静定结构允许部分构件屈服甚至损坏，是抗震结构的优选结构。合理预见并控制超静定结构的塑性铰出现部位就可能形成抗震的多道防线。

第十一，控制结构的非弹性部位（塑性铰区），实现合理的屈服耗能机制。塑性铰部位会影响结构的耗能，合理的耗能机制应当是梁铰机制。因此，在延性框架中，盲目加大梁内的配筋是有害而无益的。

第十二，提高结构整体性。各构件之间的连接必须可靠。

第十三，地基基础的承载力和刚度要与上部结构的承载力和刚度相适应。

结构概念设计是高层建筑结构设计的重要内容，工程师对概念设计的掌握是一个不断学习和积累的过程，是通过力学知识与规律建立结构受力与变形规律的各种概念，对历次地震震害的理解与对国内外震害教训经验的积累以及对各类结构试验研究结果的了解和应用。通过大量工程经验的日积月累，理论联系实际，就会在概念设计的知识和能力上逐步前进。

总之，概念设计中最重要的是分析、预见、控制结构的耗能和薄弱部位。概念设计必须综合考虑，有矛盾时要衡量利弊，因势利导，转化或消除其弱点。概念正确才有助于分析，概念清楚才有助于宏观控制。

第三节　高层建筑结构类型与结构体系

一、高层建筑的结构类型

钢和钢筋混凝土两种材料都是建造高层建筑的重要材料，但各自有不同的特点。

（一）钢结构的优缺点

钢结构的优点是：①钢材强度高、韧性大、易于加工，钢构件可在工厂加工，有利于缩短施工工期，且施工方便；②高层钢结构断面小，自重轻，抗震性能好。

钢结构的缺点是：①高层钢结构用钢量大，造价高；②钢材耐火性能差，需要用到大量防火涂料，增加了工期和造价。

在发达国家，大多数高层建筑采用钢结构，我国仅部分高层建筑采用了钢结构。在一些地基软弱或抗震要求高而高度又大的高层建筑采用钢结构是合理的。

（二）钢筋混凝土结构的优缺点

钢筋混凝土结构的优点是：①造价低，且材料来源丰富，并可浇注成各种复杂断面形状，组成各种复杂结构体系；②节省钢材，经过合理设计可获得较好的抗震性能。

钢筋混凝土结构的缺点是：①构件强度低；②截面大；③自重大。在发展中国家，大都采用钢筋混凝土结构建造高层建筑，我国的高层建筑也以钢筋混凝土结构为主。

（三）钢结构的发展趋势

在当前的发展趋势中，更为合理的是同时采用钢和钢筋混凝土材料的组合结构。将钢筋混凝土与钢结构结合起来，目的是利用钢筋混凝土的刚度以抵抗水平荷载，利用钢材的轻质和跨越性能好等优点构造楼面。这种结构可以使两种材料互相取长补短，取得经济合理、技术性能优良的效果。

根据国际上的经验，组合结构高层建筑（35～40层）的造价约为钢筋混凝土结构造价的63.3%，为纯钢结构造价的54%。钢—钢筋混凝土组合结构体系具有经济、方便的优点，被认为是最有发展前途的。

二、高层建筑的结构体系

结构体系是指结构抵抗外部作用的骨架，主要是由水平构件和竖向构件组成的，有时还有斜向构件（支撑）。目前常用的高层建筑结构体系主要有框架结构、剪力墙结构、框架—剪力墙结构、板柱—剪力墙结构、悬挂式结构、筒体结构、巨型结构等。不同结构体系的受力特点、抵抗水平荷载的能力、侧向刚度和抗震性能等各不相同，因而不同的结构体系适用于不同的建筑功能及不同的高度。合理的结构体系必须满足高层建筑结构的承载力、刚度、稳定性和延性要求，且能有效降低高层建筑结构的造价。

由于作用或荷载的方向不同，高层建筑结构体系分为承重体系和抗侧力体系。前者是由承受竖向荷载的结构构件组成的体系，后者是由承受水平荷载的结构构件组成的体系。一般来说，竖向荷载通过水平构件（楼盖）传递给竖向构件（柱、墙等），再传递给基础；水平荷载通过水平构件（楼盖）的协调作用，分配给楼层的竖向构件（柱、墙等），再传递给基础。所以，高层建筑结构是通过水平构件和竖向构件协同工作来抵抗荷载或作用的。一般情况下，竖向承重体系也是抗侧力体系。

（一）框架结构体系

由梁和柱两类构件通过刚节点连接而成的结构称为框架，当整个结构单元所有的竖向和水平作用完全由框架承担时，该结构体系称为框架结构体系，分为钢筋混凝土框架、钢框架和混合结构框架三类。在竖向荷载和水平荷载作用下，框架结构各构件会产生内力和变形。框架结构的侧移一般主要由两部分组成，即由水平力引起的楼层剪力使梁、柱构件产生弯曲变形，形成框架结构的整体剪切变形；由水平力引起的倾覆力矩使框架柱产生轴向变形（一侧柱拉伸，另一侧柱压缩），形成框架结构的整体弯曲变形。当框架结构房屋的层数不多时，其侧移主要表现为整体剪切变形，整体弯曲变形的影响很小。

框架结构体系的优点是建筑平面布置灵活，能够提供较大的使用空间，适用于商场、会议室、餐厅、车站、教学楼等公共建筑；建筑立面容易处理；结构自重较轻；计算理论比较成熟，在一定高度范围内造价较低。

框架结构体系侧向刚度较小，在水平荷载作用下侧移较大，有时会影响正常使用。如果框架结构房屋的高宽比较大，则引起的倾覆作用也较大。因此，设计时应控制房屋的高度和高宽比。

框架节点是内力集中、关系结构整体安全的关键部位，震害表明节点常常是导致结构破坏的薄弱环节。另外，震害中非结构性破坏，如填充墙、建筑装修和设备管道等破坏较为严重。因此，框架结构主要适用于抗震性能要求不高和层数较少的建筑。

（二）剪力墙结构体系

建筑物高度较大时，如仍用框架结构，则会造成柱截面尺寸过大，且影响房屋的使用功能。用钢筋混凝土墙代替框架，能有效地控制房屋侧移。钢筋混凝土墙主要用于承受水平荷载，使墙体受剪和受弯，故称为剪力墙（也称抗震墙）。如果整幢房屋的承重结构全部由剪力墙组成，则称为剪力墙结构体系。

在竖向荷载作用下，剪力墙是受压的薄壁柱；在水平荷载作用下，当剪力墙的高宽比较大时，可视为下端固定上端悬臂、以受弯为主的悬臂构件；在两种荷载共同作用下，剪力墙各截面会产生轴力、弯矩和剪力，并引起变形。对于高宽比较大的剪力墙，其侧向变形呈弯曲型。

剪力墙结构房屋的楼板直接支承在墙上，房间墙面及顶棚平整，层高较小，特别适用于住宅、旅馆等建筑；剪力墙结构整体性好，水平承载力和侧向刚度均很大，侧向变形较小，能够满足抗震设计变形要求，适用于建造较高的房屋。从国内外众多震害情况得出，剪力墙结构的震害一般较轻，因此，剪力墙结构在高设防烈度区的高层建筑中得到广泛应用。

但剪力墙结构中墙体较多，且间距不宜过大，使建筑平面布置不灵活，不能满足大空间公共建筑的要求。此外，由于墙体均由钢筋混凝土浇筑而成，剪力墙自身重力大，使得剪力墙结构自振周期短，地震作用较大。针对剪力墙结构的不足，衍变出以下结构形式。

1.部分框支剪力墙结构

这种结构又称底部大空间剪力墙结构，是将剪力墙结构的底层或底部几层中的部分墙体取消，用框架取代，即一部分剪力墙不落地，底部采用框架支承上部剪力墙传来的荷载。框支层可以提供较大的使用空间，适用于商场、超市、酒店等公共建筑；而上部结构仍为剪力墙，可作为办公室、住宅、旅馆等，满足了建筑物多样性的使用要求。由于框支层与上部剪力墙层的结构形式及结构构件布置不同，因而在两者连接处需设置转换层，故这种结构又称带转换层高层建筑结构。转换层的水平转换构件可采用转换梁、转换桁架、空腹桁架、箱形结构、斜撑、厚板等。

需要注意的是，由剪力墙转换为框架，结构的侧向刚度变小；带转换层高层建筑结构在其转换层上、下层间侧向刚度发生突变，形成柔性底层或底部。在地震作用下，转换层以下结构的层间变形大，框架柱易遭受破坏甚至倒塌。因此，地震区不允许采用底层或底部若干层全部为框架的框支剪力墙结构，结构设计时要采取措施加强底部结构刚度，避免薄弱层。如底层或底部几层需采用部分框支剪力墙、部分落地剪力墙，形成底部大空间剪力墙结构，应把落地剪力墙布置在两端或中部，并将纵、横向墙围成筒体；还可采取增大墙体厚度、提高混凝土强度等措施加大落地墙体的侧向刚度，使整个结构的上、下部侧向刚度差别减小。对于上部结构则应采取小开间的剪力墙布置方案。落地剪力墙底部承担的地震倾覆力矩不应小于结构底部地震总倾覆力矩的50%。

2.短肢剪力墙结构

通常剪力墙结构的墙肢截面高度与厚度的比值大于8，当截面高度与厚度比值为4～8时，墙肢比普通剪力墙短，称为短肢剪力墙。短肢剪力墙有利于住宅建筑平面布置和减轻结构自重，但抗震性能和承载力比普通剪力墙结构要低。因此，高层建筑不允许全部采用短肢剪力墙结构形式，应设置一定数量的普通墙或筒体，形成短肢墙与普通墙（或筒体）共同抵抗水平作用的结构形式。一般是在电梯、楼梯部位布置剪力墙形成筒体，其他部位则根据需要，在纵横墙交接处设置T形、十字形、L形截面短肢剪力墙，墙肢之间在楼面处用梁连接，形成使用功能及受力均比较合理的短肢剪力墙结构体系。

短肢剪力墙承担的底部地震倾覆力矩不宜大于结构底部地震总倾覆力矩的50%，房屋最大适用高度比一般剪力墙结构要小。

（三）框架—剪力墙结构体系

为了充分发挥框架结构平面布置灵活和剪力墙结构侧向刚度大的特点，当建筑物需要有较大空间，且高度超过了框架结构的合理高度时，可把框架和剪力墙两种结构组合在一起，组成共同工作的结构体系，即框架—剪力墙结构体系。框架—剪力墙结构体系通过水平刚度很大的楼盖将框架和剪力墙联系在一起共同抵抗水平荷载，是一种双重抗侧力结构。剪力墙承担大部分水平力，是抗侧力的主体；框架则主要承担竖向荷载，同时也承担少部分水平力。在罕遇地震作用下剪力墙的连梁往往先屈服，使剪力墙刚度降低，由剪力墙抵抗的一部分剪力转移到框架，如果框架具有足够的承载力，则双重抗侧力结构体系得到充分发挥，可避免结构严重破坏甚至倒塌。因此，框架—剪力墙结构在多遇地震作用下各层框架设计采用的地震层剪力不应过小。

框架—剪力墙结构既具有框架结构布置灵活、使用方便的特点，又有较大的刚度和较强的抗震能力，因而广泛应用于高层办公建筑和旅馆建筑。框架在水平荷载作用下的侧移曲线为剪切型，而剪力墙的侧移曲线为弯曲型。在框架—剪力墙结构中，二者通过楼板协同工作，其变形也需协调，最终的侧移曲线为弯剪型。上下各层层间变形趋于均匀，并减小了顶点侧移。

（四）板柱—剪力墙结构体系

当楼盖为无梁楼盖时，由无梁楼板与柱组成的框架称为板柱框架，由板柱框架与剪力墙共同承受竖向和水平作用的结构称为板柱—剪力墙结构。板柱结构具有施工方便、楼板高度小、可减小层高、提供较大的使用空间、灵活布置隔断等特点。

板柱结构节点的抗震性能较差，在地震作用下柱端不平衡弯矩由板柱连接点传递，在柱周边产生较大的附加剪力，加上竖向荷载的剪力，有可能使楼板发生剪切破坏。板柱结构在地震中破坏严重，不能作为抗震设计的高层建筑结构体系。

在板柱结构中设置剪力墙，或将楼、电梯间做成钢筋混凝土井筒，即板柱—剪力墙结构。板柱—剪力墙结构可用于抗震设防烈度不超过8且高度宜低于框架—剪力墙结构。板柱—剪力墙结构的周边应布置有梁框架，楼梯、电梯洞口周边设梁，其剪力墙布置要求与框架—剪力墙结构中剪力墙的要求相同。

（五）悬挂式结构

悬挂式结构是以核心筒、桁架、拱等作为竖向承力结构，全部楼面均通过钢丝束、吊索悬挂在上述承重结构的上面而形成的一种结构体系。该类结构具有两大特点：一是占地少，底部可形成较大的开放空间；二是构件分工明确，可发挥各自的长处。若以核心筒、桁架或拱作为主要受力构件，其他构件则只承受局部范围内的作用。

（六）筒体结构体系

随着建筑层数和高度的增加（如层数超过30层，高度超过100m），由平面工作状态的框架或剪力墙构件组成的高层建筑结构体系往往不合理、不经济，甚至不能满足刚度或强度的要求。这时可将剪力墙围成筒状，形成一个竖向布置的、空间刚度很大的薄壁筒体，即筒体结构。

筒体有实腹筒、框筒和桁架筒三种基本形式。由钢筋混凝土剪力墙围成的筒体称为实腹筒；在实腹筒的墙体上开出许多规则排列的窗洞而形成的开孔筒称为框筒，框筒实际上是由密排柱和刚度很大的窗裙梁构成的密柱深梁框架围成的；若筒体的四壁是由竖杆和斜杆形成的桁架组成的，则称为桁架筒。

筒体结构体系是指由一个或几个筒体单元组合而成的结构体系。筒体结构的最大优势在于其空间受力特点，即在水平荷载作用下，筒体可视为底端固定、顶端自由、竖向放置的悬臂构件。实腹筒实际上就是箱形截面悬臂柱，其截面抗弯刚度比矩形截面大很多，故实腹筒具有很大的侧向刚度及水平承载力，并具有很好的抗扭刚度，适用于修建更高的高层建筑。

筒体的组合可形成不同的筒体结构，如框筒结构、筒中筒结构、束筒结构、框架—核心筒结构等。

1.框筒结构

框筒可以作为抗侧力结构体系单独使用，整体上具有箱形截面的悬臂结构，平面上具有中和轴，分为受拉柱和受压柱，形成受拉翼缘框架和受压翼缘框架。翼缘框架各柱所受轴向力并不均匀，角柱轴力大于平均值，远离角柱的各柱轴力小于平均值；在腹板框架中，各柱轴力分布也不是直线规律。这种规律称为剪力滞后现象。剪力滞后现象越严重，参与受力的翼缘框架柱越少，空间受力特性越弱。

如果楼板跨度较大，可以在筒体内部设置若干柱子，以减少梁板的跨度，这些柱子只承受竖向荷载，不参与抗侧力。

2.筒中筒结构

筒中筒结构是以框筒或桁架筒为外筒，以实腹筒为内筒的结构。内筒通常可集中在电梯、楼梯、管道井等位置。框筒的侧向变形以剪切型为主，内部实腹筒变形则以弯曲型为主，通过楼盖的连接，二者协调变形，形成较中和均匀的弯剪变形。在结构下部，内筒承担大部分水平力，而在结构上部，外框筒则分担了大部分水平力。筒中筒结构抗侧刚度较大、侧移较小。因此，适用于建造50层以上的高层建筑。采用框筒或筒中筒结构的有广州国际大厦（63层）、深圳地王大厦（69层）、上海金茂大厦（88层）、上海环球金融中心（101层）等。筒中筒结构并不一定限于双重，由多个不同大小的筒体同心排列形成的空间结构称为多重筒。多重筒具有较大的抗侧刚度，如日本东京新宿住友大厦为三重筒体结构。

3.束筒结构

两个以上框筒排列成束状的结构称为束筒结构。该结构体系空间刚度极大，能适应很高的高层建筑的受力要求。世界上典型的束筒结构为美国西尔斯大厦，该楼的底层平面尺寸为68.6m×68.6m，沿结构高度分段收进，沿高度方向逐渐减少筒体数量，使刚度逐渐变化，避免结构薄弱层的出现。

4.框架—核心筒结构

框架—核心筒结构是由核心筒与外围框架组成的结构体系，周边的框架梁柱截面较小，不能形成框筒，其中筒体主要承担水平荷载，框架主要承担竖向荷载。这种结构既有框架结构与筒体结构两者的优点，建筑平面布置灵活，便于设置大房间，又具有较大的侧向刚度和水平承载力，因此得到广泛应用。框架—核心筒结构的受力和变形特点及协同工作原理与框架—剪力墙结构类似。

（七）巨型结构体系

巨型结构体系或超级结构体系产生于20世纪60年代，是指一栋建筑由数个大型结构单元所组成的主结构与常规结构构件组成的子结构共同组成的结构体系。常见的有巨型框架结构和巨型桁架结构。

巨型框架结构也称主次框架结构，主框架为巨型框架，次框架为普通框架。巨型框架结构可分为两种形式，即由主次框架组成的巨型框架结构和由周边主次框架和核心筒组成的巨型框架—核心筒结构。

巨型框架柱的截面尺寸大，多数采用由墙围成的井筒，也可采用矩形或I形的实腹截面柱。巨型柱之间用跨度和截面尺寸都很大的梁或桁架做成的巨型梁（1～2层楼高）连接。

巨型梁之间一般设置4～10层次框架，次框架仅承受竖向荷载，梁柱截面较小，次框架支承在巨型梁上，竖向荷载由巨型梁传至基础，水平荷载由巨型框架承担或由巨型框架和核心筒共同承担。该结构体系在使用上的优点是在上下两层横梁之间有较大的灵活空间，可以布置小框架形成多层空间，也可形成具有很大空间的中庭，以满足建筑需要。

巨型桁架结构是由大截面尺寸的巨柱、巨梁和巨型支撑等杆件组成的空间桁架，相邻立面的支撑交会在角柱，形成巨型空间桁架结构，可以抵抗水平荷载和竖向荷载。

水平作用产生的层剪力成为支撑斜杆的轴向力，可最大限度地利用材料。楼层竖向荷载通过楼盖、次构件传递到桁架的主要杆件上，再通过柱和斜撑传递到基础。空间桁架结构是既高效又经济的抗侧力结构。

第四节　高层建筑结构的布置原则

一、结构总体布置

高层建筑结构体系确定后，要特别重视建筑体型和结构的总体布置，使建筑物具有良好的造型和合理的传力路线。因此，结构体系受力性能与技术经济指标能否做到先进合理，与结构布置密切相关。

目前，高层建筑物的结构设计严格地说只是一种校核。设计人员往往先假定结构构件的截面尺寸，然后进行复核计算。如果被假定的构件截面过大或过小，则需要重新调整后再进行复算，直至取得比较合理的截面尺寸为止。有经验的工程师善于利用以往工程设计的经验判断构件截面的大小，这样可以避免多次调整带来的反复计算，从而加速工程设计的进度。

一般在进行结构布置时，应遵循以下原则：①满足建筑功能要求，便于施工；②在地震区应满足抗震要求；③提高抗侧刚度，减少侧移；④妥善布置变形缝。

结构选型和结构布置是结构设计的关键，远比内力分析重要得多。假如我们从一个不良的体型着手，则以后所能做的工作就是提供“绷带”，即尽可能地改善一个从根本上就拙劣的建筑方案。反之，如果我们从一个良好的体型与合理的结构设计入手，即使一个拙劣的工程师也不会过分损害它的极限功能。

做好这一工作的基础是设计者要学会概念设计。理论与实践均表明，一个先进而合理的设计不能仅依靠力学分析来解决。因为对于较复杂的高层建筑，某些部位无法用解析方法精确计算。特别是在地震区，地震作用的影响因素很多，要求精确计算是不可能的。概念设计是指对结构工作状态和一些基本概念的深刻理解，运用正确的思维概念指导设计。概念设计需要的知识是多方面的，包括理论分析、施工技术、设计经验、事故及震害的分析和处理等。工程师应不断总结，勤于思考，加深对若干概念的理解。

概念设计的要点有以下方面。①结构布置的关键是受力明确，传力途径简捷。②结构布置的两大忌是上刚下柔和平面刚度不均匀，尽量避免不规则平面及立面建筑形态。③要考虑建筑物受到基本烈度地震时房屋不做修理或稍做修理仍可使用，即小震不坏，中震可修，大震不倒。但不坏并不是无破损，其重点是保物。大震不倒是指地震超过基本烈度时，楼板、屋顶不掉下来，只要有竖向构件支撑，使人及设备可以转移即可，其重点是保人。人比物重要，故大震不倒是设计的重点。④设计成抗风时建筑物刚，抗震时建筑物柔。⑤结构的承载力、变形能力和刚度要均匀连续分布，适应结构的地震反应要求。某一部位过强、过刚会使其他楼层形成相对薄弱环节而导致破坏。⑥高层建筑中突出屋面的塔楼必须具有足够的承载力和延性，以承受高震型产生的鞭梢效应影响。⑦关于结构延性，应当从设计上规划，使结构塑性铰发生在所期望的部位，形成最佳耗能机构，采取积极的耗能措施如人工塑性铰，对结构进行控制。构件设计应采取有效措施，防止脆性破坏，保证构件有足够的延性。脆性破坏指剪切、锚固和压碎等突然而无事先警告的破坏形式。设计时应保证抗剪承载力大于抗弯承载力，按“强剪弱弯”的方针进行配筋。⑧在设计上和构造上实现多道设防，通过空间整体性形成高次超静定等。⑨选择有利的场地，避开不利的场地，采取措施保证地基的稳定性。基岩有活动性断层和破碎带、不稳定的滑坡地带属于危险场地，不宜兴建高层建筑；冲积层过厚、沙土有液化的危险、湿陷性黄土等属于不利场地，要采取相应的措施减轻震害的影响。基础及地基设计的关键是控制绝对沉降量及相对沉降差，使荷载不大于地耐力，保证地基基础的承载力、刚度和有足够的抗滑移、抗转动能力。⑩减轻结构自重，最大限度地降低地震的作用。

只有对上述概念有深刻的理解，才能做出较好的结构布置。

（一）做好结构总体布置

高层建筑结构应根据房屋高度和高宽比、抗震设防类别、抗震设防烈度、场地类别、结构材料、施工技术条件等因素考虑其适宜的结构体系。高层建筑不应采用严重不规则的结构体系，并应具有必要的承载能力、刚度和变形能力，应避免因部分结构构件的破坏而导致整个结构丧失承载能力，对可能出现的薄弱部位，应采取有效措施予以加强。

高层建筑结构的竖向布置和水平布置宜采用合理的刚度和承载能力分布，避免因局部突变和扭转效应而形成薄弱部位。抗震建筑宜具有多道防线。

所谓规则结构，是指平面和立面体型规则，结构平面布置均匀对称并具有较好的抗扭刚度；结构竖向布置均匀，结构的刚度、承载能力和质量分布均匀，无突变。严重不规则结构的方案不应采用，必须对结构方案进行调整。

（二）房屋的适用高度

对高层建筑的高度限制，主要出于对房屋抗震性能与抗风能力等的要求，因为超过规定高度限值，按常规设计方法，很难达到相关规程所规定的各项要求。即使勉强达到结构规范的要求，从技术、经济及建筑功能的角度分析也是不合理的。

高层建筑按适用高度分为A级与B级两类。A级高度的钢筋混凝土高层建筑是指目前数量最多、应用最广泛的建筑。凡是超过A级建筑高度限值的钢筋混凝土高层建筑属于B级。

（三）控制主体结构高宽比

在地震作用下，建筑物就如一个悬臂杆件，其整体刚度是很关键的抗震性能，过大的变形不仅会导致主体结构遭到严重震害，而且非结构构件的门窗、隔墙、填充墙、电气设备和装饰也会遭到严重破坏。

高层建筑最大高宽比的限制是对结构刚度、整体稳定、承载能力和经济合理性的宏观控制。《高规》通过考虑抗震与非抗震以及抗震设防烈度和结构体系的类型等因素，对A级高度和B级高度的钢筋混凝土高层建筑分别给出了钢筋混凝土高层建筑和民用钢结构高层建筑最大高宽比的限值。

在复杂体型的高层建筑中，一般可按所考虑方向的最小投影宽度计算高宽比，但对突出建筑物平面很小的局部结构（如楼梯间、电梯间等），一般不应包含在计算宽度内；对带有裙房的高层建筑，当裙房的面积和刚度相对于其上部塔楼的面积和刚度较大时，计算高宽比时房屋高度和宽度可按裙房以上部分考虑。

二、结构平面布置

结构平面布置必须考虑有利于抵抗水平和竖向荷载，受力明确，传力直接，力争均匀对称，减少扭转的影响。平面形状的选择极大地影响结构的内力与变形，因此《高规》对结构的平面形状有一系列限制。地震区的建筑不宜采用角部重叠的平面形状或细腰形平面形状，因为这两种平面形状建筑的中央部位都形成了狭窄、突变部分，成为地震中最为薄弱的环节，容易发生震害。尤其在凹角部位产生应力集中，极易开裂、破坏。这些部位应采用加大楼板厚度、增加板内配筋、设置集中配筋的边梁、配置45° 斜向钢筋等方法予以加强。

结构平面布置应注意以下几点。①高层建筑设计中的一个特点是风荷载往往成为主要荷载，尤其沿海地区风力成为控制荷载。所以高层建筑宜选用风作用效应较小的平面形状，有利于抗风设计。对抗风有利的平面形状是简单规则的凸平面，如圆形、方形、正多边形、椭圆形等。对抗风不利的平面形状是有较多凹凸的复杂形状平面，如 V 形、Y 形、H 形、弧形等，应尽量避免采用这些平面形状。②对于抗震建筑，《高规》规定了一系列限制性尺寸，如矩形平面的长宽比以及其他非矩形建筑的凸出部位、凸出长度和长宽比。平面过于狭长的建筑物在地震时由于两端地震波的输入有相位差而容易产生不规则振动，造成较大的震害。③抗震设计中对建筑物的扭转影响特别敏感。国内外历次大地震震害表明，平面不规则、质量与刚度偏心和抗扭刚度太弱的结构在地震中易受到严重破坏。因此，结构平面布置应注意平面刚度，质量分布均匀、对称等，尽量减小偏心，减少扭转效应。④楼面的削弱过大对于高层建筑结构非常不利。当楼板平面比较狭长、有较大的凹入和开洞而使楼板有较大削弱时，应在设计中考虑楼板削弱产生的不利影响。楼面凹入或开洞尺寸不宜大于楼面宽度的一半；楼板开洞总面积不宜超过楼面面积的 30%；在扣除凹入或开洞后，楼板在任意方向的最小净宽度不宜少小于 5m，且开洞后每一边楼板的净宽度不应小于 2m。

当楼板有较大的削弱时，应该采取一系列的措施予以加强。这些措施包括以下几个方面：①加厚洞附近楼板，提高楼板的配筋率，采用双层双向配筋或加配斜向钢筋；②边缘设置边梁、暗梁；③在楼板洞口角部集中配置斜向钢筋；④在外伸段凹槽处设置连接梁或连接板。

三、结构竖向布置

（一）一般原则

结构竖向布置最基本的原则是沿竖向结构的强度与刚度宜均匀、连续，避免有过大的外挑和内收；不应突然变化，不应采用竖向布置严重不规则的结构；尽量使重心降低，顶部突出部分不能太高，否则会产生端部效应，高振型的影响明显加大；各层刚度中心宜在一条竖直线上，尤其是在地震区，竖向刚度变化容易产生严重的震害。

结构宜设计成刚度下大上小，自下而上逐渐减小。下层刚度小使变形集中在下部，形成薄弱层，严重时会引起建筑全面倒塌。如果体型尺寸有变化，也应下大上小逐渐变化，不应发生过大的突变。

在实际工程设计中，往往沿竖向分段改变构件的截面尺寸和混凝土的强度等级，这种改变使刚度发生变化，形成自下而上递减。从施工方面来说，改变次数不宜太多；但从结构受力角度来看，改变次数太少，每次变化太大则容易产生刚度突变。所以，一般沿竖向变化不超过4次。每次改变时，梁、柱尺寸宜减小100～150mm，墙厚宜减小50mm，混凝土强度宜减小5MPa。

尺寸减小与强度降低最好错开楼层，避免同层同时改变。竖向刚度突变还由于下述原因产生。①底层或底部若干层由于取消一部分剪力墙或柱子而产生刚度突变。这常出现在底部大空间剪力墙结构或框筒的下部大柱距楼层。这时，应尽量加大落地剪力墙和下层柱的截面尺寸，并提高这些楼层的混凝土强度等级，尽量减少刚度削弱的程度。②中部楼层部分剪力墙中断。如果建筑功能要求必须取消中间楼层的部分墙体，则取消的墙不宜多于1/3，不得超过半数，其余墙体应加强配筋。③顶层设置空旷的大房间而取消部分剪力墙或内柱。由于顶层刚度削弱，高振型影响会使地震作用加大。顶层取消的剪力墙也不宜多于1/3，不得超过一半。框架取消内柱后，全部剪力应由其他柱或剪力墙承受，并应在柱子顶层全长加密配箍。

（二）高层建筑结构应设置地下室

高层建筑设置地下室有如下的结构功能：①利用土体的侧压力防止水平力作用下结构的滑移、倾覆；②减小土的质量，降低地基的附加压力；③提高地基土的承载能力；④减轻地震作用对上部结构的影响。

（三）明确限制竖向布置不规则等情况

《高规》对于竖向布置不规则、不均匀的情况做了明确的限制。

《高规》规定高层框架结构抗震设计时，楼层的侧向刚度（框架结构的楼层侧向刚度定义为单位弹性层间位移所需的层剪力）不宜小于相邻上部楼层侧向刚度的70%或其上相邻三层侧向刚度平均值的80%。框架—剪力墙、板柱—剪力墙等其他结构的楼层侧向刚度可定义为单位弹性层间位移角所需的层剪力（这里考虑了层高的影响）。其侧向刚度不规则是指本层的侧向刚度小于相邻上一层的90%；本层层高大于相邻上部楼层层高1.5倍时，本层的侧向刚度小于相邻上一层的110%；底部嵌固楼层小于上一层的150%。

A级高度高层建筑的楼层层间受剪承载力不宜小于其上一层受剪承载力的80%，不应小于其上一层受剪承载力的65%；B级高度高层建筑则要求更为严格，要求楼层受剪承载力不应小于其上一层受剪承载力的75%。所谓楼层受剪承载力，是指该层全部抗侧力构件（柱和剪力墙）在考虑的水平地震作用方向所受剪承载力之和。竖向抗侧力结构屈服抗剪强度有薄弱层。

四、楼板的布置

楼板除传递垂直荷载外，还是传递水平力、保证结构协同工作的关键构件。在目前的结构计算中一般都假定楼板在平面内的刚度为无限大，这将大大简化计算分析。所以在构造设计上，要使楼盖具有较大的平面内刚度。而在实际高层建筑中，也要求楼盖具有足够的平面内刚度，以保证建筑物的空间整体稳定性和有效传递水平力。

值得注意的是，保证协同工作是靠楼板而不是靠梁，因而必须保证楼板在平面内刚度为无穷大，保证其在墙、柱和梁上的支撑可靠。否则，理论分析前提就会失去保证。在楼板布置时，应尽量采用整体现浇。对于装配式楼板，应设置现浇层，并在支承长度，板与梁、墙的连接上采取可靠的构造措施。

《高规》规定，房屋高度超过50m的框架—剪力墙结构、筒体结构和复杂高层结构只采用现浇楼盖结构。这些结构由于各片抗侧力结构刚度相差很大，因而楼板变形更为显著。由于主要抗侧力结构的间距较大，水平荷载要通过楼面传递，因此，结构中的楼板有更良好的整体性。剪力墙结构和框架结构也宜采用现浇楼盖结构。

房屋高度不超过50m的8、9度抗震设计的框架—剪力墙结构也宜采用现浇楼盖结构。6、7度抗震设计的框架—剪力墙结构可以采用装配整体式楼盖。高度不超过50m的框架结构或剪力墙结构允许采用加现浇钢筋混凝土面层的装配整体式楼板，现浇层厚度不应小于50mm；混凝土强度等级不应低于C20，并应双向配置直径6～8mm、间距150～200mm的钢筋网，钢筋应锚固在剪力墙内，以保证其整体工作。

预应力平板厚度可按跨度的1/50～1/40采用，板厚不宜小于150mm，预应力平板预应力钢筋保护层厚度不宜小于30mm。预应力平板设计中应采取措施防止或减少竖向和横向主体结构对楼板施加预应力的阻碍作用。

房屋顶层、结构转换层、平面复杂或开洞过大的楼盖及地下室楼盖中，抗侧力构件的剪力要通过楼板进行重新分配，传递到竖向支承结构上去，使楼板受到很大的内力，因此，要用现浇楼板并采取加强措施。顶层楼板厚度不宜小于130mm，转换层楼板厚度不宜小于180mm，地下室顶板厚度不宜小于180mm，一般楼层现浇楼板厚度不应小于80mm。

五、变形缝的设置

（一）变形缝设置的指导思想

三种缝的设置、有关规范都有原则性规定。但在高层建筑中，常常由于立面要求、建筑效果或防水处理困难等希望避免设缝，因而从总体布置、结构构造和施工方法上采取相应的措施，以减少温度、沉降和体型复杂引起的问题。

缝的设置原则是力争不设，尽量少设，必要时一定要设，宜做到一缝多用，即尽量将各缝合一。

（二）变形缝的种类

1.温度伸缩缝

在多层与高层建筑中，为防止结构因温度变化和混凝土收缩而产生裂缝，常隔一定距离用温度收缩缝分开，温度收缩缝也简称温度缝或伸缩缝。伸缩缝是为避免因温度变化和混凝土收缩应力而使房屋产生裂缝而设置的。

造成结构温度应力的因素如下：①混凝土浇筑凝固过程中的收缩；②凝固后环境温度变化所引起的收缩和膨胀，如季节温差、室内外温差和日照温差等。当结构的膨胀和收缩受到限制时，则产生温度应力。当温度应力超过一定限值时，会使房屋结构产生开裂。房屋长度越长，温度应力越大。高层建筑的温度应力对底部及顶部危害较为明显。

近年来已趋向于不设缝而从施工或构造角度处理温度应力问题：①《高规》规定房屋沿其长度（宽度）一定歪离时设置伸缩缝，使结构在不过长的温度缝区段内能比较自由地伸缩，以释放由于约束引起的温度应力，不致使房屋开裂。伸缩缝的间距与建筑物的结构类型和施工方法有关。②在温度影响较大的部位提高配筋率，这些部位是顶层、底层、山墙、内纵墙端开间。对于剪力墙结构，这些部位的最小构造配筋率为0.25%，实际工程的配筋率一般都在0.3%以上。③直接受阳光照射的屋面应加厚屋面隔热保温层，或设置架空通风双层屋面，避免屋面结构温度变化过于强烈。④顶层可以局部改变为刚度较小的形式，如剪力墙结构顶层局部改为框架或顶层分为长度较小的几段。⑤设后浇缝。一般每40m设一道，后浇带宽700～1000mm，混凝土后浇的钢筋搭接长度为35m。留出后浇带后，施工过程中混凝土可以自由收缩，从而大大减小收缩应力。混凝土的抗拉强度可以大部分用来抵抗温度应力，以提高结构抵抗温度变化的能力。有条件时，后浇带可采用在水泥中掺入微量铝粉使其有一定的膨胀性，防止新老混凝土之间出现裂缝。一般情况下也可以用高强混凝土灌筑。后浇带的混凝土可在主体混凝土施工后60天浇筑，有困难时也不应少于30天。后浇混凝土施工时的温度尽量与主体混凝土施工时的温度相近。后浇带应通过建筑物的整个横截面，分开全部墙、梁和楼板，使得两边都可自由收缩。后浇带可以选择对结构受力影响较小的部位曲折通过，一般情况下后浇带可设在框架梁和楼板的1/3处。⑥设施工缝。将楼层分成若干段，分区间隔施工。待先期浇注的混凝土收缩后再浇注其余区段。⑦设控制缝。在可能出缝的部位人为地进行控制，使缝规律地发生在影响较小的地方。其做法是削弱出缝部位的配筋及混凝土截面。⑧局部设温度缝。在对其他部件约束较大的部位，局部设温度缝，以减少约束。

2.沉降缝

在多层和高层建筑中设置沉降缝的目的是避免地基不均匀沉降而引起上部结构开裂和破坏。一般在下列情况下，可考虑设置沉降缝：①在建筑高度差异或荷载差异较大处；②地基土的压缩性有显著差异处；③上部结构类型和结构体系不同，其相邻交接处；④基底标高相差过大，基础类型或基础处理不一致处。

但高层建筑常常设有地下室，沉降缝会使地下室构造复杂，缝部位防水困难。因此，目前也有不设沉降缝而采取如下措施减少沉降差：①当压缩性很小的土质不太深时，可以利用天然地基，把高层和裙房部分放在一个刚度很大的整体基础上，使它们之间不产生沉降差；②可采用“调”的办法，即在设计与施工中采取措施，调整各部分沉降，减小其差异，降低由沉降差产生的内力。

3.防震缝

建筑物各部分层数、质量、刚度差异过大，或有错层时，可用防震缝分开。当房屋外形复杂或者房屋各部分刚度和质量相差悬殊时，在地震作用下，由于各部分的自振频率不同，在各部分连接处，必然会引起相互推拉挤压，产生附加拉力、剪力和弯矩，引起震害。防震缝就是为了避免由这种附加应力和变形产生的震害而设置的。

一般抗震设计的高层建筑出现下列情况时，宜设置防震缝：①平面长度和外伸长度尺寸超出了规程限值而又没有采取加强措施时；②各部分结构刚度相差很大，采取不同材料和不同结构体系时；③各部分质量相差很大时；④房屋有错层，且楼面高差较大时。

设置防震缝时，防震缝的最小宽度应符合下列要求。①框架结构房屋的高度不超过 15m 的部分可取 70mm；超过 15m 的部分，6 度、7 度、8 度和 9 度相应增加高度为 5m、4m、3m 和 2m，宜加宽 20mm。②框架—剪力墙结构房屋可按第一项规定数值的 70% 采用，剪力墙结构房屋可按第一项规定数值的 50% 采用，但两者均不宜小于 70mm。③防震缝两侧的结构体系不同时，防震缝宽度应按不利的结构类型确定；防震缝两侧的房屋高度不同时，防震缝宽度应按较低的房屋高度确定。④当相邻结构的基础存在较大沉降差时，宜增大防震缝的宽度。

避免设防震缝的方法如下。①优先采用平面布置简单、长度不大的塔式楼。②在建筑体型复杂时，采取加强结构整体性的措施而不设缝。例如，加强连接处的楼板配筋，避免在连接部位的楼板内开洞等。

六、基础设计、基础埋置深度及基础形式

（一）基础和地基

高层建筑与一般多层建筑在地基与基础设计的概念、理论和计算方法等方面都有很大的区别，高层建筑高度大、质量大、倾覆力矩大、剪力大，因此对基础和地基的要求较高：①要求有承载力大的、沉降量小的、稳定的地基；②要求有稳定的、刚度大而变形小的基础；③要防止倾覆和滑移，也要尽量避免由地基不均匀沉降而引起的倾斜。

（二）高层建筑的基础选型

高层建筑的基础是整个结构的重要组成部分，它的设计合理与否关系到整个建筑物的安全性和经济性。据统计，在高层建筑的土建总造价中，基础费用占15%~25%。所以，合理选择恰当的基础形式是十分必要的。选择基础形式通常要考虑如下一些因素。①上部结构的层数与荷载情况是决定基础形式的重要因素。层数越多，荷载越大，要求基础的承载能力越高，总体刚度越大。国外采用2.3m厚片筏，就是出于提高基础刚度的考虑。②上部结构的结构形式和结构体系也直接影响基础形式的选择。不同的上部结构对地基不均匀变形的敏感程度是不同的，上部结构对地基不均匀变形越敏感，越应尽可能提高基础的总体刚度。例如，框架—剪力墙结构体系中，剪力墙与框架对基础的作用是完全不同的，基础因刚度不足在上述相差极大的力的作用下发生变形（剪力墙下基础局部变形过大），则会完全改变框架—剪力墙本来的协同工作情况，这对框架是极为不利和危险的（剪力墙将部分载荷给框架）。因此，剪力墙与框架最好设在同一个刚性基础上。③要考虑地基条件。如地基的土层分布、各土层的强度与变形性质、地下水位情况等，是选择基础形式的基本依据。同样高度与荷载的房屋由于地基条件的不同，可能选用完全不同的基础形式。

高层建筑的基础类型应根据上部结构体系类别、荷载特点、工程地质条件、地下水位的高低、施工条件和经济指标等因素，综合考虑后确定。高层建筑的基础形式很多，宜选用整体性较好的基础，最常用的为筏形基础、箱形基础和桩基础。在某些地基良好、荷载不大的情况下，也可采用十字形（井格形）基础和条形基础。

高层建筑基础的类型及适用条件如下。①条形基础和十字形基础。这两种形式的基础

由于它们底面积小，地基所能提供给的承载能力低，一般用在层数不多（6～9层）的框架房屋和土质较好的非地震区，沿房屋横向或纵向连成条形。②片筏基础。当房屋层数较多或地基很软弱时，可考虑采用片筏基础。片筏基础以整个房屋下大面积的筏片与地基相接触，因而可以传递很大的上部荷载，它们可以做成倒交梁楼盖的形式，也可以做成倒无梁楼盖的形式。国外以厚平板式筏片基础应用较多，厚度常为2～3m，它有利于降低整个房屋的重心并提高抗倾覆能力，但它也增加了地基负担（3m厚筏片的混凝土重75kN/m²），尤其是对软弱地基很不利。③箱形基础。片筏式基础的刚度在地基极软弱且不均匀时，常显得过小，难以满足要求，尤其是在上部结构对基础不均匀变形敏感时更是如此，在这种情况下采用箱形基础就更为合理。箱形基础是一个由顶板、底板和内外壁组成的非常刚强的空间盒子，它具有比上述各种基础大得多的刚度和整体性。箱形基础用作高层建筑的基础，无论在国外还是在国内都是相当普遍的。④桩基。当上部结构荷载太大且地基软弱，坚实土层距基础底面较深，采用其他基础形式可能导致沉降过大而不能满足要求时，常采用桩基或桩基与其他形式基础联合使用，以减少地基变形。另外，对坚实土层（一般指岩层或密实砾砂层）距基础底面虽深度不大，但起伏不一易导致房屋沉降不均的情况，采用桩基是合理的，它能适应土层起伏的变化。根据受力的不同，桩可以分为摩擦桩和端承桩两种；根据施工方法的不同，桩又可以分为预制桩和灌注桩两种。⑤复合基础。在层数较多、土质较软弱时或荷载较大时采用。

（三）高层建筑的基础埋深

高层建筑的基础埋深要大一些，原因如下：①一般情况下，较深的土壤承载力大而压缩性小，稳定性较好；②高层建筑的水平剪力较大，要求基础周围的土壤有一定的嵌固作用，能提供部分水平反力；③在地震作用下，地震波通过地基传到建筑物上，加大埋深，可以减少地震反应，这是因为在地表处地震波幅值增大。

基础埋置深度除了满足地基承载力、变形和稳定性要求外，对于减少建筑物的整体倾斜，防止倾覆和滑移，都有一定的作用，尤其与结构的动力特性关系密切。要考虑地震作用下，上部结构与地基相互作用后，与一般抗震分析中沿用的把建筑物置于刚性地基的假定有明显不同。还要考虑受地基影响后，建筑物的结构自振周期增大，顶点位移增加，随着基础埋置深度的增加，阻尼增大，底部剪力减小，而且土质越软，埋置深度越深，底部剪力减少得越多。但是，基础埋深加大，必然增加造价和施工难度，且加长工期。

（四）地震作用倾覆力矩的影响

高层建筑在地震作用下整体建筑的倾覆力矩应通过结构的构件传到基础，再通过基础传到地基。当上部结构布置比较复杂，倾覆力矩不能直接向下传递或传力途径受到突然干扰，此时将产生应力集中区域，这些区域称为危险区。

危险区的形成不一定完全是由于主体结构布置的因素，不均匀设置的框架填充墙也会造成同样的后果。对于这些部位在计算和构造方面均应特殊考虑。

高层建筑由于质心高、荷载重，对基础底面难免会有偏心。建筑物在沉降的过程中，其总质量对基础底面形心会产生新的倾覆力矩增量，而此倾覆力矩增量又产生新的倾斜，所以应尽量使结构竖向荷载重心与基础平面形心相重合，当偏心难以避免时，应对其偏心距加以限制。

第六章　荷载及地震作用

第一节　竖向荷载

一、恒荷载

恒荷载包括各种结构构件（梁、板、柱、墙、支撑等）和非结构构件（如找平层、保温层、防水层、装修材料层、隔墙、幕墙等）的重力以及附件、固定设备及管道等重力。这些重力的大小不随时间而改变或改变可以忽略不计，又称为永久荷载。恒荷载的标准值可按构件及其装修的设计尺寸、装饰材料情况和材料单位体积或面积的自重标准值确定计算，各种材料自重可根据《建筑结构荷载规范》（以下简称《荷载规范》）规定的各种材料自重标准值计算；固定设备及管道等的重力由有关专业设计人员提供。

二、活荷载

（一）楼面活载

民用建筑楼面均布活载的标准值及其组合值、频遇值和准永久值系数，应按《荷载规范》中的规定采用。其中，楼面均布活荷载标准值是设计基准期（50年）内具有一定概率保证的楼面可能出现的活荷载最大值。高层建筑在使用期间，所有楼面均布活荷载，同时达到最大值的概率较小。因此，设计梁、柱、墙等构件时，承受楼面面积较大或承担的楼层较多构件，可根据《荷载规范》的要求，对荷载标准值进行折减。在荷载汇集及内力计算中，应按未经折减的活荷载标准值进行计算，楼面活荷载的折减可在构件内力组合时，针对具体设计构件所处的位置选用相应的活荷载折减系数，对活荷载引起的内力进行折减，然后再用经过折减的活荷载引起的构件内力来参与组合。

（二）屋面活载

屋面活载按《荷载规范》的规定取用。一般不上人屋面可按0.5kN/m²；平屋面兼作公共活动场所用途时，其屋面均布活荷载应根据使用性质类别，按相应的楼面均布活载采用，但不应小于2.5kN/m²；做屋顶花园使用的平屋面简要介绍如下。

有草皮部分：其屋面均布活载应按其实际覆盖的草皮构造类别及厚度等而定。除考虑屋面承重构件、建筑防水构造等材料自重外，一般考虑100mm厚卵石滤水层，300～500mm厚浸水饱和土层（或其他轻质培养粉）等材料重力。若无具体资料，可按12.0kN/m²采用，其组合值系数0.7，频遇值系数0.6，准永久值系数0.6。

无草皮部分：屋面均布活荷载可按不小于4.0kN/m²采用，其组合值系数0.7，频遇值系数0.6，准永久值系数0.6。

平屋面、雨篷、屋顶游泳池等应考虑泄水孔有堵塞可能产生的积水重力，必要时应按积水的可能深度确定。

屋面直升机平台的活荷载应采用下列两款中能使平台产生最大内力的荷载。

（1）直升机总质量引起的局部荷载，按由实际最大起飞质量决定的局部荷载标准值乘以动力系数来确定。对具有液压轮胎起落架的直升机，动力系数可取1.4。当没有机型技术资料时，局部荷载标准值及其作用面积可根据直升机类型按下列规定取用。

轻型，最大起飞质量2t，局部荷载标准值取20kN，作用面积0.20m×0.20m；中型，最大起飞质量4t，局部荷载标准值取40kN，作用面积0.25m×0.25m；重型，最大起飞质量6t，局部荷载标准值取60kN，作用面积0.30m×0.30m。

（2）等效均布活荷载5kN/m²。

（三）屋面雪荷载

屋面水平投影面上的雪荷载标准值，应按下式计算，即

$$S_k=\mu_r \times S_0$$

式中，S_0——基本雪压，是以当地一般空旷平坦地面上统计所得50年一遇最大积雪的自重确定，应按《荷载规范》中全国基本雪压分布图及有关的数据取用；

μ_r——屋面积雪分布系数，屋面坡度$\alpha \leqslant 25°$时，μ_r取1.0，其他情况可按《荷载规范》取用。

雪荷载的组合值系数可取0.7；频遇值系数可取0.6；准永久值系数按雪荷载分区Ⅰ，Ⅱ和Ⅲ的不同，分别取0.5、0.2和0。

（四）施工活荷载

施工活荷载一般取1.0～1.5kN/m²。在施工中采用附墙塔、爬塔等对结构受力有影响的起重机械或其他施工设备时，应根据具体情况确定对结构产生的施工荷载。旋转餐厅轨道和驱动设备的自重应按实际情况确定。擦窗机等清洗设备应按其实际情况确定其自重的大小和作用位置。

（五）活荷载不利布置

在计算高层建筑结构活荷载引起的内力时，可不考虑活荷载的最不利布置，按活荷载满布计算。这是因为目前我国钢筋混凝土高层建筑单位面积的重力大约为12～14kN/m²（框架、框架—剪力墙结构体系）和13～16kN/m²（剪力墙、筒体结构体系），而其中活荷载平均为2.0～3.0kN/m²左右，仅占全部竖向荷载的15%～20%左右，楼面活荷载的最不利布置对内力产生的影响较小。另一方面，高层建筑的层数和跨数都很多，不利布置，难以计算。为简化计算，可按活荷载满布进行计算，但应考虑楼面活荷载不利布置引起的结构内力的增大，梁跨中截面和支座截面弯矩均乘以1.1～1.3的放大系数。当楼面均布活荷载大于4kN/m²时，应考虑楼面活荷载不利布置引起的结构内力的增大。

第二节　风荷载

一、风对高层建筑结构的作用特点

空气从气压高的地方向气压低的地方流动就形成了风。对建筑物影响较大的是近地面空气流动形成的风，常常称为近地风。当风遇到建筑物时，在其表面上产生的压力或吸力，即为建筑物的风荷载。

（一）影响风荷载大小的因素

（1）近地风的性质、风速、风向。

（2）建筑物所在地的地貌及周围环境。

（3）建筑本身的高度、形状及表面状况。

（二）风对高层建筑结构的作用特点

（1）风力作用与建筑物外形有直接关系，圆形、鼓形、正多边形和正方形等规则的平面形状受到的风力作用较小，对抗风较有力。平面凸凹多变的复杂建筑物受到的风力较大，而且容易产生风力扭转作用，对抗风不利。

（2）风力受建筑物周围环境影响较大，处于高层建筑群中的高层建筑，有时会出现受力更为不利的情况。

（3）风力作用具有静力作用、动力作用两重性质。

（4）风力在建筑物表面的分布很不均匀，在角区和建筑物内收的局部区域，会产生较大的风力。

（5）与地震作用相比，风力作用持续时间较长，其作用更接近静力荷载。在建筑物的使用期限内出现较大风力的次数较多。

（6）由于有较长期的气象观测，大风的重现期很短，所以风力大小的估计比地震作用大小的估计更为可靠，而且抗风设计具有较大的可靠性。

中国的地理位置和气候条件造成的大风为：夏季东南沿海多台风，内陆多雷暴及雹线大风；冬季北部地区多寒潮大风。沿海地区的台风往往是设计工程结构的主要控制荷载。台风造成的风灾事故较多，影响范围也较大。但到目前为止，尚没有高层建筑结构因风而倒塌破坏的实例。台风引起的破坏主要是维护结构破坏，也有的建筑物在台风作用下产生梁显著的塑性变形，如美国的湖点大厦。

（三）抗风设计中应注意的问题

雷暴大风可能引起小范围内的风灾事故，所以，在高层建筑结构的抗风设计中，应考虑下列问题。

（1）结构应有足够的承载力，能可靠地承受风荷载产生的内力。

（2）结构具有足够的刚度，控制在风荷载作用下产生的位移，确保良好的工作、居住环境。

（3）选择合理的结构体系和建筑体型。

（4）尽量采用对抗风有力的平面形式和均匀、对称的结构布置，减少风力产生的扭转影响。

（5）外墙、幕墙、女儿墙、门窗等维护、装饰构件必须有足够的承载力，并与主体结构可靠地连接，防止建筑物局部破坏。

二、风荷载标准值w_k

主体结构计算时，风荷载作用面积应取垂直于风向的最大投影面积。垂直于建筑物表面的单位面积风荷载标准值w_k应按下式计算，即

$$w_{\mathrm{k}} = \mu_x \mu_s \mu_z w_0$$

式中，w_k——风荷载标准值，kN/m²；

w_0——基本风压，kN/m²；

μ_s——风荷载体型系数；

μ_x——风压高度变化系数；

μ_z——高度z处的风振系数。

（一）基本风压w_0

空气流动受到建筑物的阻塞时，在建筑物表面产生风压力或风吸力。根据空气流动速度，可以求出风压力。作用在建筑物上的风压力可按$w_0=\rho v^2/2$确定，其中w_0为作用于建筑物表面的风压；ρ为空气的密度，取1.25kg/m³；v为空气流动速度。

但是风速随距地表面高度、地面周围地貌的不同而变化。为了比较不同地区风速或风压的大小，应对不同地区测量风速的地貌、测量高度统一标准，按统一标准规定的地貌和高度等条件所确定的风压称为基本风压。

高层建筑结构设计时，基本风压应按照现行国家标准《荷载规范》的规定采用，但不得小于0.3kN/m²。对风荷载比较敏感的高层建筑，承载力设计时应按基本风压的1.1倍采用。高层建筑对风荷载是否比较敏感，主要与高层建筑的体型、结构体系的自振特性有关，目前还没有实用的划分统一标准。一般情况下，对于房屋高度大于60m的高层建筑，承载力设计时风荷载计算可按基本风压的1.1倍采用；对于房屋高度不超过60m的高层建筑，风荷载取值是否提高，可由设计人员根据实际情况确定。

（二）风荷载体型系数μ_s

风对建筑表面的作用力并不等于基本风压值，而是随建筑物的体型、尺度、表面位置等而改变，其大小由实测或风洞试验确定，其计算公式为：

风荷载体型系数=垂直于建筑表面的平均风作用力/基本风压值

风载体型系数也称空气动力系数，它是指风在建筑物表面形成的实际压力（或吸力）与按来流风的速度压算出基本风压的比值。它反映出稳定风压在工程结构及建筑物表面上的分布规律，并随建筑物形状、尺度、围护和屏蔽状况及气流方向等而异。由于涉及固体与流体相互作用的流体动力学问题，对于不规则形状的固体，问题尤为复杂，无法给

出理论上的结果，一般均应由实验确定。鉴于真型实测的方法对结构设计而言不现实，目前只能采用相似原理，在边界层风洞内对拟建的建筑物模型进行测试。

由试验可知，风力在工程结构及建筑物表面上分布是很不均匀的，并非全部迎风面同时承受最大风压，一般取决于其平面形状、立面体型和房屋的高宽比。对一个建筑物而言，从风载体型系数得到的反应是：迎风面上产生风压力；背风面及顺风向的侧面产生风吸力；顶面则随坡角大小不同可能为风压力或风吸力。

（三）风压高度变化系数μ_z

空气在流动时，由于与地表面的摩擦作用，使接近地表面的空气流动速度随着距离地面的高度减小而减小。而不同地表面（粗糙度）对气流流动速度影响的高度也不同，即风速沿高度增大的梯度不同，风速变化的高度范围称为大气边界层。在距离地表面高度300～550m的高空，风速才不受地表面的影响，即达到所谓“梯度风速”，该高度称为梯度风高度。

《荷载规范》将地面粗糙度分为A、B、C、D四类：A类指近海海面和海岛、海岸、湖岸及沙漠地区；B类指田野、乡村、丛林、丘陵及房屋比较稀疏的乡镇；C类指有密集建筑群的城市市区；D类指有密集建筑群且房屋较高的城市市区。不同地貌下平均风速沿高度变化的规律是：地面越粗糙，风速变化越慢，梯度风高度将越高；反之，地表越平坦，风速变化越快，梯度风高度将越小，如开阔乡村的风速比高楼林立大城市的风速更快地达到梯度风速，或位于同一高度处的风速，城市中心处要比乡村和海面处小。风压沿高度的变化规律一般用指数函数表示。

三、总风荷载

在结构设计时，应计算在总风荷载作用下结构产生的内力和位移。总风荷载为建筑物各个表面上承受风力的合力，是沿建筑物高度变化的线荷载。通常按x、y两个互相垂直的方向分别计算总风荷载。z高度处的总风荷载标准值可按下式计算，即

$$w=\beta_{\mathrm{z}}\mu_{\mathrm{z}}w_0\left(\mu_{\mathrm{s1}}B_1\cos\alpha_1+\cdots+\mu_{\mathrm{sn}}B_n\cos\alpha_n\right)$$

式中，n——建筑物外围表面积数，每一个平面为一个表面积；

$B_1,B_2,\cdots,B_n$——n个表面的宽度；

$\mu_{\mathrm{s1}},\mu_{\mathrm{s2}},\cdots,\mu_{\mathrm{sn}}$——$n$个表面的平均风荷载体型系数；

$\alpha_1,\alpha_2,\cdots,\alpha_n$——$n$个表面法线与风作用平面夹角。

当建筑物某个表面与风力作用方向垂直时，即α_i=0°，则这个表面的风压全部计入总

风荷载；当某个表面与风力作用方向平行时，即α_i=90°，则这个表面的风压不计入总风荷载；其他与风作用方向呈某一夹角的表面，都应计入该表面上压力在风作用方向的分力。在计算时要特别注意区别是风压力还是风吸力，以便做矢量相加。

各表面风荷载的合力作用点，即总风荷载作用点。

四、局部风荷载

风压在建筑物表面是不均匀的，在计算局部构件时，应考虑风荷载的局部效应。计算时，用增大风荷载体型系数的方法考虑局部效应，局部风压体型系数可按下列规定采用。

（1）正压区：同上取法。

（2）负压区：

墙面：–1.0；

墙角边：–1.8；

屋面局部部位（周边和屋面坡度大于100的屋脊部位）：–2.2；

檐口、雨篷、遮阳板、阳台等水平构件，计算局部上浮风荷载时，不宜小于2.0。

第三节　地震作用

一、地震的基本知识

（一）地震、地震波、震级

地震和刮风下雨一样，是一种自然现象，它给人们的生命和财产造成巨大损失。地震是地壳快速释放能量过程中造成的振动，在这期间会产生地震波的一种自然现象。地球的板块与板块之间相互挤压碰撞，造成板块边缘及板块内部产生错动和破裂，是引起地震的主要原因。

地震开始发生的地点称为震源（地球内部直接产生破裂的地方）。震源正上方的地面称为震中。从震源到地面的距离称为震源深度；从震中到地面上任何一点的距离叫作震中距；破坏性地震的地面振动最强烈处称为极震区，极震区往往也就是震中所在的地方。地震常常造成严重人员伤亡，引起火灾、水灾、有毒气体泄漏、细菌及放射性物质扩散，还可能造成海啸、滑坡、崩塌、地裂缝等次生灾害。

当岩层断裂错动或者其他原因引发地震时，地下积蓄的变形能以波的形式释放，从震源向四周传播，这就是地震波。

在地球内部传播的地震波称为体波，体波分为纵波和横波。振动方向与传播方向一致的波为纵波（P波），也称压缩波或疏密波。纵波引起地面上下颠簸振动，其特点是周期短、振幅小。振动方向与传播方向垂直的波为横波（S波），也称剪切波或等容波，横波能引起地面的水平晃动。纵波在地球内部传播速度大于横波，所以地震时，纵波总是先到达地表，而横波总是落后一步。

沿地面传播的地震波称为面波，分为勒夫波（L 波）和瑞利波（R 波）。面波是当体波到达岩层界面或地表时，经过分层地质界面的多次反射和折射，在地表面形成的一种次生波。面波是沿界面或地表传播幅度很大的波。面波传播速度小于横波，所以跟在横波的后面。

震级是地震大小的一种度量，根据地震释放能量的多少来划分，用“级”来表示。地震的震级一般采用里氏震级，它是由美国地震学家里克特研究加利福尼亚地方性地震时提出的，规定以震中距100km处“标准地震仪”（或称“安德生地震仪”，摆的自振周期0.8s，阻尼系数0.8，放大倍数2800）所记录的水平向最大振幅（单振幅，以微米计）的常用对数为该地震的震级。

（二）地震烈度、基本烈度、设防烈度

地震烈度是指某一地区，地面及房屋建筑等工程结构遭受一次地震影响的强烈程度。同样大小的地震，造成的破坏不一定相同；同一次地震，在不同的位置造成的破坏也不同。地震烈度就是衡量地震破坏程度的一把“尺子”。在中国地震烈度表上，根据房屋建筑的震害指数、对人的感觉、一般房屋震害程度、其他现象的描述（地表破坏程度）、地面运动的速度、加速度指标，作为确定烈度的基本依据，我国将地震烈度分为12度。影响地震烈度的因素有震级、震源深度、距震源的远近、地面状况和地层构造等。

地震基本烈度，是指未来50年内在一般场地条件下，可能遭遇的超越概率为10%的地震烈度值。

抗震设防烈度，是按国家规定的权限批准作为一个地区抗震设防依据的地震烈度。一般情况下取基本烈度。

（三）建筑结构抗震设防分类、抗震设防目标、结构抗震设计标准

1.建筑结构抗震设防分类

按现行国家标准《建筑工程抗震设防分类标准》，建筑工程应根据其使用功能的重要性和地震灾害后果的严重性分为以下四个抗震设防类别。

甲类是指涉及国家公共安全的重大建筑工程和地震时可能发生严重次生灾害的建筑，以及使用上有特殊要求的建筑。重大工程，是指涉及国家公共安全的工程。所谓严重次生灾害，是指地震破坏引发放射性污染、水灾、火灾、爆炸、剧毒或强腐蚀性物质大量泄漏、高危险传染病病毒扩散等灾难性灾害。

乙类是指地震时使用功能不能中断或需尽快恢复的建筑以及人员密集且可能产生严重灾害后果的建筑。例如，指挥、救护、医疗、广播、通信等。储存高、中放射性物质或剧毒物品的仓库不应低于乙类建筑，储存易燃、易爆物质等具有火灾危险性的危险品仓库应划为乙类建筑；国际或国内主要干线机场中的航空站楼、大型机库以及供电、供热、供水、供气的建筑抗震设防类别应划为乙类；使用人数较多的大型商场、体育馆、高层建筑等也应划为乙类建筑。

丙类除甲、乙、丁类以外的建筑。

丁类人员稀少且震损不致产生次生灾害的建筑，高层建筑可不考虑。

2.抗震设防目标

抗震设防目标是指建筑结构遭遇不同水准的地震影响时，对结构、构件、使用功能、设备的损坏程度及人身安全的总要求。建筑设防目标要求建筑物在使用期间，对不同频率和强度的地震应具有不同的抵抗能力。对一般较小的地震，发生的可能性大，故又称多遇地震（是指50年内超越概率为63.2%，也称为众值烈度），这时要求结构不受损坏，在技术上和经济上都可以做到。而对于罕遇的强烈地震（是指50年内超越概率为2%～3%，也称为罕遇烈度），由于发生的可能性小，但地震作用大，因此，在此强震作用下要保证结构完全不损坏，技术难度大，经济投入也大。这时若允许有所损坏，但不倒塌，则将是经济合理的。因此，《建筑抗震设计规范》中，根据上述原则将抗震目标与三种烈度相对应，分为三个水准，具体描述为：

第一水准，当遭受低于本地区抗震设防烈度的多遇地震（或称小震）影响时，建筑物一般不受损坏或不需修理仍可继续使用。

第二水准，当遭受本地区规定设防烈度的地震（或称中震）影响时，建筑物可能产生一定的损坏，经一般修理或不需修理仍可继续使用。

第三水准，当遭受高于本地区规定设防烈度的预估的罕遇地震（或称大震）影响时，建筑可能产生重大破坏，但不致倒塌或发生危及生命的严重破坏。

通常将这三个水准概括为“小震不坏，中震可修，大震不倒”。

结构物在强烈地震中不损坏是不可能的，抗震设防的底线是建筑物不倒塌，只要不倒塌就可以大大减少生命财产的损失，减轻灾害。一般在设防烈度小于6度的地区，地震作用对建筑物的损坏程度较小，可不予考虑抗震设防；在9度以上地区，即使采取很多措施，仍难以保证安全，故在抗震设防烈度大于9度地区的抗震设计应按有关专门规定执行。所以《建筑抗震设计规范》适用于6～9度地区。

为实现三个水准抗震设防目标，应按下列两个阶段进行抗震设计。

第一阶段设计为承载力验算。取第一水准的地震动参数，对结构进行多遇地震作用下的结构及构件承载力验算、结构弹性变形验算，对各类结构按规范规定，采取抗震措施保证结构延性，使之具有与第二水准相应的变形能力，从而实现“小震不坏”和“中震可修”的设防目标。这一阶段设计对所有高层建筑结构都必须进行。

第二阶段设计为弹塑性变形验算。对抗震能力较低、地震时易倒塌、特别不规则的高层建筑（如有明显薄弱层的），除了进行第一阶段设计外，还要进行薄弱层的弹塑性变形验算，并采取措施提高薄弱层的承载能力或增加变形能力，从而实现“大震不倒”的设防目标，主要对规范规定的结构进行罕遇地震下的弹性变形验算。

3.抗震设防标准

（1）甲类建筑

地震作用应高于本地区抗震设防烈度的要求，其值应按批准的地震安全性评价结果确定。抗震措施，当抗震设防烈度为6～8度时，应符合本地区抗震设防烈度提高一度的要求；当为9度时，应符合比9度抗震设防更高的要求。

（2）乙类建筑

地震作用应符合本地区抗震设防烈度的要求。抗震措施，一般情况下，当抗震设防烈度为6～8度时，应符合本地区抗震设防烈度提高一度的要求；当为9度时，应符合比9度抗震设防更高的要求。对较小的乙类建筑，当其结构改用抗震性能较好的结构类型时，应允许仍按本地区抗震设防烈度的要求采取抗震措施。

（3）丙类建筑

地震作用和抗震措施均应符合本地区抗震设防烈度的要求。

（4）丁类建筑

一般情况下，地震作用仍符合本地区抗震设防烈度的要求。抗震措施应允许比本地区抗震设防烈度的要求适当降低，当抗震设防烈度为6度时不应降低。

二、地震作用计算规定

（一）地震作用计算原则

各类建筑结构的地震作用，应符合下列规定。

（1）一般情况下，应至少在建筑结构的两个主轴方向分别计算水平地震作用。有斜交抗侧力构件的结构，当相交角度大于15时，应分别计算各抗侧力构件方向的水平地震作用。

（2）质量和刚度分布明显不对称的结构，应计入双向水平地震作用下的扭转影响。其他情况，应计算单向水平地震作用下的扭转影响。

（3）高层建筑中的大跨度、长悬臂结构，7度（0.15g）、8度抗震设计时应计入竖向地震作用。

（4）9度抗震设计时的高层建筑，应计算竖向地震作用。

8、9度时采用隔震设计的建筑结构，应按有关规定计算竖向地震作用。

计算单向地震作用时，应考虑偶然偏心的影响。每层质心沿垂直于地震作用方向的偏移值可按下式采用，即

$$e_i = \pm 0.05L_i$$

式中，e_i——第i层质心偏移值（各楼层质心偏移方向相同），m；

L——第i层垂直于地震作用方向的建筑物总长度，m。

（二）地震作用计算方法

高层建筑结构应根据不同的情况，分别采用下列地震作用计算方法。

（1）高层建筑结构宜采用振型分解反应谱法。对质量和刚度不对称、不均匀的结构以及高度超过100m的高层建筑结构，应采用考虑扭转耦联振动影响的振型分解反应谱法。

（2）高度不超过40m，以剪切变形为主，刚度与质量沿高度分布比较均匀的建筑物，可采用底部剪力法。

（3）7～9度抗震设防时。甲类高层建筑结构和表6-1所列的乙、丙类高层建筑结构以及竖向不规则的高层建筑结构，质量沿竖向分布特别不均匀的高层建筑结构，复杂的高层建筑结构等，宜采用弹性时程分析法进行多遇地震作用下的补充计算。

表6-1　采用时程分析法的高层建筑结构

设防烈度、场地类别	建筑高度范围
8度Ⅰ、Ⅱ类场地和7度	＞100m
8度Ⅲ、Ⅳ类场地	＞80m
9度	＞60m

三、高层建筑结构抗震等级

（一）高层建筑结构抗震等级

抗震设防地区对高层建筑结构，除要求具有足够的承载力和适合刚度外，还要求具有

良好的延性。在中震时，结构的某一些部位就可能进入屈服状态，结构进入弹塑性阶段，变形加大。在这个阶段，结构可以通过塑性变形耗散地震能量，但必须保证结构的承载能力，使结构不遭受破坏。这种在不丧失承载力的情况下，结构可以有较大变形的能力，我们称其为结构的延性。延性越好，结构能吸收的地震能量越多，结构的抗震性能越好。延性差，在地震时结构变形小，容易发生脆性破坏，震害重。抗震设计时，延性要求体现在对结构和构件采取一系列的抗震构造措施。影响延性的因素很多，主要有截面的应力状况、混凝土的约束情况、配筋量、配筋构造等。结构设计时，为避免普遍、无区别地对待所有构件，实现对不同情况区别对待。规范把抗震措施分为五个等级，称为抗震等级。一般建筑结构的延性要求分为四级，对9度地震设防烈度B级高度的高层及A级高度的乙类建筑等较高、较重要的建筑，规范增加了“特一级”。

一般来说，地震设防烈度越高，可能遭遇的地震影响越大，结构的延性要求也越高，抗震等级越高；结构的体系不同，抗侧移刚度、变形性能也不同；房屋的高度越大，结构越柔，结构延性要求也越高。抗震等级的高低，体现了对结构抗震性能要求的严格程度。

《高规》规定：抗震设计时，高层建筑钢筋混凝土结构构件应根据抗震设防分类、烈度、结构类型和房屋高度采用不同的抗震等级，并应符合相应的计算和构造措施要求。当本地区的设防烈度为9度时，A级高度乙类建筑的抗震等级应按特一级采用，甲类建筑应采取更有效的抗震措施。

（二）高层建筑结构抗震措施

各抗震设防类别的高层建筑结构，其抗震措施应符合下列要求。

1.甲类、乙类建筑

应按本地区抗震设防烈度提高一度的要求加强其抗震措施，但抗震设防烈度为9度时应按比9度更高的要求采取抗震措施；当建筑场地为Ⅰ类时，应允许仍按本地区抗震设防烈度的要求采取抗震构造措施。

2.丙类建筑

应按本地区抗震设防烈度确定其抗震措施。当建筑场地为Ⅰ类时，除6度外，应允许按本地区抗震设防烈度降低一度的要求采取抗震构造措施。

当建筑场地为Ⅲ、Ⅳ类时，对设计基本地震加速度为0.15g和0.30g的地区，宜分别按抗震设防烈度8度（0.20g）和9度（0.40g）时各类建筑的要求采取抗震构造措施。

第七章　各结构体系及设计

第一节　框架结构设计

框架结构作为一种主要结构形式，在高层建筑中应用较为广泛。这里对框架结构设计中的一般规定、截面设计、框架梁、柱构造要求及钢筋的连接与锚固做简要介绍。

一、一般规定

（一）双向梁柱抗侧力体系

框架结构应设计成双向梁柱抗侧力体系。主体结构除个别部位外，不应采用铰接。

“个别部位”意指在不危及结构整体机制的前提下，个别框架梁的梁端部位可采用“塑性铰”。

（二）单跨框架

抗震设计的框架结构不应采用单跨框架。

“单跨框架”是指每层每榀框架只有两根框架柱和一根框架梁。“单跨框架结构”是指整栋建筑全部采用单跨框架的结构，不包括仅局部为单跨框架的框架结构和框架—剪力墙结构中的单跨框架。

抗震设计时，框架结构不应采用冗余度低的“单跨框架结构”。震害调查：多层及高层建筑结构中的“单跨框架结构”，震害严重。

“单跨框架”可在框架—剪力墙结构等多道防线结构中采用。

（三）填充墙及隔墙

框架结构的填充墙及隔墙宜选用轻质隔墙。抗震设计时，框架结构如采用砌体填充墙，其布置应符合下列规定。

（1）避免形成上、下层刚度变化过大。在结构设计中应要求上、下层建筑隔墙有规律均匀地变化，否则可能会因为隔墙布置引起上、下层抗侧刚度的过大变化。

（2）避免形成短柱。在框架柱之间嵌砌隔墙容易形成框架短柱，设计时应特别注意，可按《砌体规范》的要求，在填充墙与框架柱之间设缝。在无法避免的情况下，应对短柱采取减小轴压比、全层通高加密箍筋等加强措施。

（3）减少因抗侧刚度偏心而造成的结构扭转。结构设计时应特别注意填充墙平面布置不均匀、不对称造成的结构扭转。

（四）框架结构的楼梯间

抗震设计时，框架结构的楼梯间应符合下列规定。

（1）楼梯间的布置应尽量减小其造成的结构平面不规则。本条规定是对楼梯设计的最基本要求，不仅适用于框架结构的楼梯，同样也适用于其他各类结构楼梯。楼梯间的设置应遵循均匀对称的原则，避免在房屋端部、角部设置楼梯间，避免楼梯间的设置造成结构刚度的较大改变，避免造成结构的扭转不规则。

（2）宜采用现浇钢筋混凝土楼梯，楼梯结构应具有足够的抗倒塌能力。震害调查表明，楼梯间设置不当或抗震措施不到位时，其抗震“安全岛”和“主要疏散通道”的作用难以发挥。

（3）宜采取措施减小楼梯对主体结构的影响。一般情况下，减小楼梯构件对主体结构刚度的影响，可采取将楼梯平台与主体结构脱开的办法（或在每梯段下端梯板与平台或楼层之间设置水平隔离缝），以切断楼梯平台板与主体结构的水平传力途径，使每层楼梯平台板支撑在楼面梁上且对结构的侧向刚度影响降到最低限度。

（4）当钢筋混凝土楼梯与主体结构整体连接时，应考虑楼梯对地震作用及其效应的影响，并对楼梯构件进行抗震承载力验算。当钢筋混凝土楼梯与主体结构整体连接时，楼梯板起斜撑的作用，对主体结构的刚度、承载力及整体结构的规则性影响很大，所以应当考虑楼梯对地震作用及其效应的影响，并对楼梯构件进行抗震承载力验算。而在其他各类结构（如框架—剪力墙结构、框架—核心筒结构、剪力墙结构）中，由于结构自身刚度较大，楼梯的斜撑作用对主体结构的影响较小。当楼梯四周设置混凝土剪力墙时，楼梯对主体结构的影响可以忽略。

（五）砌体填充墙及隔墙

抗震设计时，砌体填充墙及隔墙应具有自身稳定性，并应符合下列规定。

（1）砌体的砂浆强度等级不应低于M5，当采用砖及混凝土砌块时，砌块的强度等级不应低于MU5；采用轻质砌块时，砌块的强度等级不应低于MU2.5；墙顶应与框架梁或楼板密切结合。“砖及混凝土砌块”是指轻质砌块以外的所有砌块，一般常用做外墙及卫生间填充墙体材料，砌块的强度等级较高（不应低于MU5级）。内墙一般采用轻质砌块，且约束条件较好，砌块强度等级可以适当降低（不应低于MU2.5级）。

结构设计时，应加强构造柱与框架梁或楼板的连接（必要时应加密构造柱布置），可根据需要（填充墙的稳定需要、填充墙与其顶部梁板的连接需要等）在墙顶设置钢筋混凝土压顶梁（与构造柱交圈）。

（2）砌体填充墙应沿框架柱全高每隔500mm左右设置两根直径6mm的拉筋，6度时拉筋宜沿墙全长贯通，7、8、9度时拉筋应沿墙全长贯通。

（3）墙长大于5m时，墙顶与梁（板）宜有钢筋拉结；墙长大于8m或层高的2倍时，宜设置间距不大于4m的钢筋混凝土构造柱；墙高超过4m时，墙体半高处（或门洞上皮）宜设置与柱连接且沿墙全长贯通的钢筋混凝土水平系梁。

（4）楼梯间采用砌体填充墙时，应设置间距不大于层高且不大于4m的钢筋混凝土构造柱并采用钢丝网砂浆面层加强。

实际工程中，楼梯间四角应设框架柱（砌体结构设构造柱），还宜结合《抗规》的要求设置构造柱（楼梯斜段上、下端对应墙体处的四根构造柱，楼梯间四角的框架柱或构造柱，共有8根构造柱或框架柱）及《抗规》按第7.3.8条规定设置圈梁（楼层半高处的圈梁），以实现楼梯间成为“应急疏散安全岛”的抗震设计构想。

（六）砌体墙承重

框架结构按抗震设计时，不应采用部分由砌体墙承重之混合形式。框架结构中的楼、电梯间及局部出屋顶的电梯机房、楼梯间、水箱间等，应采用框架承重，不应采用砌体墙承重。

高层建筑结构严格禁止在同一结构单元中不同结构体系的混杂，因为在同一结构单元中采用不同的结构体系，其抗侧刚度、变形能力等相差很大，将对建筑的抗震性能产生不利影响，结构抗震设计中将难以估计结构的地震反应。

（七）框架梁、柱中心线

框架梁、柱中心线宜重合。当梁柱中心线不能重合时，在计算中应考虑偏心对梁柱节点核心区受力和构造的不利影响，以及梁荷载对柱子的偏心影响。梁、柱中心线之间的偏心距，9度抗震设计时不应大于柱截面在该方向宽度的1/4；非抗震设计和6～8度抗震设计时不宜大于柱截面在该方向宽度的1/4，如偏心距大于该方向柱宽的1/4时，可采取增设梁的水平加腋等措施。设置水平加腋后，仍须考虑梁柱偏心的不利影响。

（八）次梁

不与框架柱（包括框架—剪力墙结构中的柱）相连的次梁（包括与剪力墙的墙厚度方向相连的梁），可按非抗震设计。例如，梁端箍筋不需要按抗震要求加密，仅需满足抗剪强度的要求，其间距也可按非抗震构件的要求；箍筋无须弯135°钩，90°钩即可；纵筋的锚固、搭接等都可按非抗震设计确定等。

而对于一端与框架柱相连（包括与剪力墙墙长方向相连的跨高比大于5的连梁），另一端与梁（框架梁或次梁等）相连，与框架柱（或剪力墙）相连端应按抗震设计，其要求应与框架梁相同，与梁相连端构造与L梁相同。

二、框架柱构造要求

（一）柱截面尺寸设计

柱截面尺寸宜符合下列规定。

（1）矩形截面柱的边长，非抗震设计时不宜小于250mm，抗震设计时，四级不宜小于300mm，一、二、三级时不宜小于400mm；圆柱直径，非抗震和四级抗震设计时不宜小于350mm，一、二、三级时不宜小于450mm。

（2）柱剪跨比宜大于2。

（3）柱截面高度不宜大于3。

1.楼梯柱的构造措施

规定中包含了一种特殊的结构柱、楼梯柱，宜按抗震设计的框架柱要求采取相应的构造措施，楼梯柱的箍筋宜全高加密，其抗震等级应根据具体情况确定。

（1）当框架柱兼作楼梯柱时，该框架柱的抗震等级宜比相应框架的抗震等级提高一级采用，且不低于三级。

（2）当楼梯柱由楼面梁支撑时，该楼梯柱的抗震等级应根据楼梯柱支撑楼梯平台的数量，按单层（楼梯柱支撑单个楼梯平台）或多层（楼梯柱支撑多个楼梯平台）框架结构的框架柱确定（抗震等级：不超过2层时按四级，超过2层时按三级）。

2.楼梯柱的截面面积要求

楼梯柱的截面宽度不应小于200mm，截面面积不应小于框架柱的截面面积要求，当楼梯柱截面宽度受限时，可相应加大柱截面长度，如抗震等级为四级的矩形截面楼梯柱，其截面宽度为200mm，则截面长度不应小于450mm，以使楼梯柱的总截面面积不小于300mm × 300mm。

（二）柱的轴压比限值结构设计建议

（1）当采用设置配筋芯柱的方式放宽柱轴压比限值时，配筋芯柱的截面尺寸（不宜过小，也不宜过大，过小时，配筋困难；过大时，对柱的抗弯性能影响较大）可参照以下原则确定。

①当柱截面为矩形时，配筋芯柱也可采用矩形截面，其边长可取柱截面相应边长的1/3 ~ 1/2。

②当柱截面为正方形或圆形时，配筋芯柱宜采用正方形，其边长可取柱截面边长或直径的1/3 ~ 1/2。

③芯柱箍筋的主要作用是芯柱的定位，不计入柱子的体积配箍率，主要靠外围混凝土的约束，确保芯柱的竖向承载力。

（2）在结构设计中，应特别注意柱剪跨比、混凝土强度等级（框架柱设计中常采用高强度等级的混凝土）及配箍方式对轴压比的影响。

（3）设置芯柱的目的在于改善钢筋混凝土框架柱的延性，结构分析时一般不考虑芯柱对框架柱抗弯及抗剪承载力的影响，因此，芯柱一般设置在柱截面的中部。但设置芯柱时内部箍筋施工困难，当多层地下室的框架柱设置芯柱时，在嵌固端以下的地下室楼层，可结合工程具体情况将芯柱纵向钢筋与柱纵向钢筋一起配置，即柱周边纵向钢筋满足柱纵向钢筋及芯柱纵向钢筋的总配筋要求，同时适当放大、加密箍筋配置（此做法仅适用于嵌固端以下的地下室楼层）。

（4）芯柱纵向钢筋的配筋率不宜小于柱总截面面积的0.8%，配筋率过低时，对提高柱子延性作用不大，当因设置芯柱而提高柱子轴压比限值时，其芯柱的配筋率应不小于0.8%（为改善柱子延性而增设的构造芯柱可不受此限）。由于芯柱截面往往只占柱子截面的1/10左右，芯柱自身范围内的配筋率很高（达8% ~ 10%），因此，芯柱应采用大直径的纵向钢筋（一般采用直径25mm或32mm的钢筋）。

（三）对框架柱纵向钢筋配置的规定

柱的纵向钢筋配置，尚应满足下列规定。

（1）抗震设计时，宜采用对称配筋。

（2）截面尺寸大于400mm的柱，一、二、三级抗震设计时，其纵向钢筋间距不宜大于200mm；抗震等级为四级和非抗震设计时，柱纵向钢筋间距不宜大于300mm；柱纵向钢筋净距均不应小于50mm。

（3）全部纵向钢筋的配筋率，非抗震设计时不宜大于5%、不应大于6%，抗震设计时不应大于5%。

（4）一级且剪跨比不大于2的柱，其单侧纵向受拉钢筋的配筋率不宜大于1.2%。

（5）边柱、角柱及剪力墙端柱考虑地震作用组合产生小偏心受拉时，柱内纵筋总截面面积应比计算值增加25%。

（四）柱箍筋加密区的范围

抗震设计时，柱箍筋加密区的范围应符合下列规定：

（1）底层柱的上端和其他各层柱的两端，应取矩形截面柱的长边尺寸（或圆形截面柱之直径）、柱净高的1/6和500mm三者中的最大值范围；

（2）底层柱刚性地面上、下各500mm的范围；

（3）底层柱柱根以上1/3柱净高的范围；

（4）剪跨比不大于2的柱和因填充墙等形成的柱净高与截面高度之比不大于4的柱全高范围；

（5）一级、二级框架角柱的全高范围；

（6）需要提高变形能力的柱的全高范围。

（五）柱箍筋构造要求（抗震设计）

抗震设计时，柱箍筋设置尚应符合下列规定。

（1）箍筋应为封闭式，其末端应做成135° 弯钩且弯钩末端平直段长度不应小于10倍的箍筋直径，且不应小于75mm。

（2）箍筋加密区的箍筋肢距，一级不宜大于200mm，二、三级不宜大于250mm和20倍箍筋直径的较大值，四级不宜大于300mm。每隔一根纵向钢筋宜在两个方向有箍筋约束，采用拉筋组合箍时，拉筋宜紧靠纵向钢筋并勾住封闭箍筋。

（3）柱非加密区的箍筋，其体积配箍率不宜小于加密区的一半；其箍筋间距不应大于加密区箍筋间距的2倍，且一、二级不应大于10倍纵向钢筋直径，三、四级不应大于15倍纵向钢筋直径。

本条规定提出加密区箍筋（及拉筋）肢距的要求，是为了确保柱端出现塑性铰时，箍筋（及拉筋）对混凝土及受压钢筋具有有效的约束。

当采用菱形、八字形等与外围箍筋不平行的箍筋形式时，箍筋肢距的计算，应考虑斜向箍筋的作用。

（六）柱箍筋构造要求（非抗震设计）

非抗震设计时，柱中箍筋应符合以下规定：

（1）周边箍筋应为封闭式；

（2）箍筋间距不应大于400mm，且不应大于构件截面的短边尺寸和最小纵向受力钢筋直径的15倍；

（3）箍筋直径不应小于最大纵向钢筋直径的1/4，且不应小于6mm；

（4）当柱中全部纵向受力钢筋的配筋率超过3%时，箍筋直径不应小于8mm，箍筋间距不应大于最小纵向钢筋直径的10倍，且不应大于200mm；箍筋末端应做成135°弯钩，且弯钩末端平直段长度不应小于10倍箍筋直径；

（5）当柱每边纵筋多于3根时，应设置复合箍筋；

（6）柱内纵向钢筋采用搭接做法时，搭接长度范围内箍筋直径不应小于搭接钢筋较大直径的1/4；在纵向受拉钢筋的搭接长度范围内的箍筋间距不应大于搭接钢筋较小直径的5倍，且不应大于100mm；在纵向受压钢筋的搭接长度范围内的箍筋间距不应大于搭接钢筋较小直径的10倍，且不应大于200mm。当受压钢筋直径大于25mm时，尚应在搭接接头端面外100mm的范围内各设置两道箍筋。

（七）水平箍筋在框架节点核心区的设置

框架节点核心区应设置水平箍筋，且应符合下列规定。

（1）非抗震设计时，箍筋配置应符合有关规定，但箍筋间距不宜大于250mm。对四边有梁与之相连的节点，可仅沿节点周边设置矩形箍筋。

（2）抗震设计时，一、二、三级框架节点核心区配箍特征值分别不宜小于0.12、0.10和0.80，且箍筋体积配箍率分别不宜小于0.6%、0.5%和0.4%。柱剪跨比不大于2的框架节点核心区的体积配箍率不宜小于核心区上、下柱端体积配箍率中的较大值。

（八）箍筋配筋形式

柱箍筋的配筋形式，应考虑浇筑混凝土的工艺要求，在柱截面中心部位应留出浇筑混凝土所用导管的空间。

之所以提出如此要求，是因为在一般情况下，在高层建筑现浇混凝土柱施工时，采用导管将混凝土直接引入柱底部，然后随着混凝土的浇筑将导管逐渐上提，直至浇筑完毕。因此，在布置柱箍筋时，需在柱中心位置留出不少于300mm × 300mm的空位，以便施工。

第二节　剪力墙结构

一、单榀剪力墙受到的水平荷载

（一）空间问题的简化

剪力墙结构是由一系列纵、横向剪力墙和楼盖组成的空间结构，承受竖向荷载和水平荷载。在竖向荷载作用下，剪力墙结构的分析比较简单。下面主要讨论在水平荷载作用下的内力和侧移计算方法。为了把空间问题简化为平面问题，在计算剪力墙结构在水平荷载作用下的内力和侧移时，做如下基本假定：①楼盖在自身平面内的刚度为无限大，而在平面外的刚度很小，可忽略不计；②各根剪力墙主要在自身平面内发挥作用，而在平面外的作用很小，可忽略不计。根据假定①在水平荷载作用下，楼盖在水平面内没有相对变形，仅发生刚体位移。因而，任一楼盖标高处，各榀剪力墙的侧向水平位移可由楼盖的刚体运动条件唯一确定。根据假定②对于正交的剪力墙结构，在横向水平分力的作用下，可只考虑横向剪力墙的作用而忽略纵向剪力墙的作用；在纵向水平分力的作用下，可只考虑纵向剪力墙的作用而忽略横向剪力墙的作用，从而将一个实际的空间问题简化为纵、横两个方向的平面问题。

实际上，在水平荷载作用下，纵、横剪力墙是共同工作的，即结构在横向水平力作用下，不仅横向剪力墙起抵抗作用，纵向剪力墙也起部分抵抗作用；纵向水平力作用下的情况类似。为此，将剪力墙端部的另一方向墙体作为剪力墙的翼缘来考虑，即纵墙的一部分作为横墙端部的翼缘，横墙的一部分作为纵墙的翼缘参加工作。纵、横墙翼缘的有效宽度可取各项中的最小值。

（二）剪力墙的抗侧刚度

框架柱的抗侧刚度是当柱上下端产生单位相对位移，柱子所承受的剪力，可表示为$D=\alpha EIh^3$，其中a是与柱上、下端节点约束情况有关的系数。与此类似，剪力墙的抗侧刚度定义为发生单位层间位移，剪力墙承受的剪力。

在简化计算中，不考虑楼盖对剪力墙平面内弯曲的约束作用（因对楼盖而言属平面外弯曲），将剪力墙作为竖向悬臂构件。由于剪力墙的截面抗弯刚度很大，弯曲变形相对较小，剪切变形的影响不能忽略。此外，当结构很高时，还应考虑轴向变形的影响。在简化计算中，剪切变形和轴向变形对抗侧刚度的影响可采用等效刚度的方法。等效刚度是按顶点位移相等的原则折算为竖向悬臂构件只考虑弯曲变形时的刚度。在不同的侧向荷载作用下，等效刚度的表达式将有所不同。

水平荷载在各榀剪力墙之间的分配，一般情况下，楼盖在水平荷载作用下的刚体运动将发生包括自身平面内的移动和转动。但若水平荷载通过某一中心点，则楼盖仅发生移动而无转动，这一中心位置则称为剪力墙结构的抗侧刚度中心。

二、单榀剪力墙的受力特点

当把作用于整个结构的水平荷载分配给各根剪力墙后，便可对每根剪力墙进行内力分析。单根剪力墙可以看作竖向悬臂结构。由于剪力墙上往往开有门窗洞口，与一般的实腹悬臂梁相比，其应力分布要复杂得多。通常把剪力墙开洞后所形成的水平构件称为连梁；竖向构件称为墙肢。理论分析与试验研究表明，剪力墙的受力和变形特性主要受洞口的大小、形状和位置的影响。当剪力墙上洞口较小时，剪力墙水平截面内的正应力分布在整个截面高度范围内呈线性分布或接近线性分布，仅在洞口附近局部区域有应力集中现象。洞口对墙体内力的影响可以忽略不计。这类剪力墙称为整截面剪力墙。

如果剪力墙上的洞口很大，连梁和墙肢的刚度均较小，整个剪力墙的受力和变形类似框架结构，在水平荷载作用下，墙肢内沿高度方向几乎每层均有反弯点。但由于连梁和墙肢的截面尺寸均较一般框架结构的梁、柱大，需考虑截面尺寸效应。这类剪力墙称为壁式框架。当剪力墙的开洞情况介于上述两者之间时，剪力墙的受力特性也介于上述两种情况之间。这一范围的剪力墙又可以分为整体小开口剪力墙和联肢剪力墙两种。上述四种剪力墙的判别条件将在后面的章节中予以讨论。

针对不同类型剪力墙的主要受力特点，提出了不同的简化计算方法。目前，常用的计算方法有三类：材料力学方法，适用于整截面剪力墙和整体小开口剪力墙；连续化方法，适用于联肢剪力墙（双肢或多肢）；D值法，适用于壁式框架。

三、水平荷载作用下的材料力学法

（一）内力分析

对于整截面剪力墙，洞口对截面应力分布的影响可忽略，在弹性阶段，在水平荷载作用下，沿截面高度的正应力呈线性分布，故可直接应用材料力学公式，按竖向悬臂梁计算剪力墙任意点的应力或任意水平截面上的内力。对于整体小开口剪力墙，在水平荷载作用下，墙肢水平截面的正应力分布偏离直线规律，相当于剪力墙整体弯曲所产生的正应力和各墙肢局部弯曲所产生的正应力之和，相应地可将荷载产生的总弯矩分为整体弯矩和局部弯矩。在整体弯矩作用下，剪力墙按组合截面弯曲，正应力在整个截面高度上按直线分布，然而每个墙肢的正应力分布是不均匀的，除存在轴力外还有部分整体弯矩；在局部弯矩作用下，剪力墙按各个单独的墙肢截面弯曲，正应力仅在各墙肢截面高度上按直线分布。

外荷载在计算截面产生的总弯矩用表示M_p。设整体弯矩所占比例为在整体弯矩作用下，各墙肢的曲率相同，近似认为局部弯矩在各墙肢中按抗弯刚度分配，则任一墙肢的弯矩为：

$$M_j = \gamma M_p I_j I + (1-\gamma) M_p I_j \sum I_j$$

式中，M_p——外荷载在计算截面所产生的弯矩（总弯矩）；

I_j——第j墙肢的截面惯性矩；

I——组合截面惯性矩；

γ——整体弯矩系数（总体弯矩在总弯矩中所占比例），设计中取γ=0.85。局部弯矩在墙肢中并不产生轴力，墙肢轴力是由整体弯矩引起的。墙肢的截面形心到整个剪力墙组合截面形心由外荷载所产生的总剪力在各墙肢之间可以按抗侧刚度进行分配。墙肢的抗侧刚度既与截面的惯性矩有关，又与截面面积有关。近似取两者的平均值进行分配。

当剪力墙的多数墙肢基本均匀，符合整体小开口剪力墙的条件，但存在个别小墙肢J时，作为近似，仍可以按上述公式计算内力，但小墙肢宜考虑附加的局部弯矩ΔM_j，取

$$\Delta M_j = V_j \cdot h^2$$

式中，V_j——按式计算的第j墙肢的剪力；

h——洞口高度。

（二）侧移计算

整截面剪力墙及整体小开口剪力墙在水平荷载作用下的侧移值，同样可以用材料力学公式计算。但因剪力墙的截面高度大，需考虑剪切变形对位移的影响。当开有洞口时，还应考虑洞口对截面刚度的削弱。

在顶点作用集中荷载的剪力墙，不考虑轴向变形的影响。

四、水平荷载作用下的连续栅片法

连续栅片法适用于联肢剪力墙。当剪力墙上有一列洞口时，称为双肢墙；当剪力墙上

有多列洞口时，称之为多肢墙，双肢墙和多肢墙统称为联肢墙。剪力墙上的洞口较大时，整体性受到影响，剪力墙的截面变形不再符合平截面假定，水平截面上的正应力已不再呈连续的直线分布，不能再作为单个构件用材料力学方法计算。连续栅片法的基本思路：将每一楼层处的连系梁用沿高度连续分布的栅片代替，连续栅片在层高范围内的总抗弯刚度与原结构中的连系梁的抗弯刚度相等，从而使得连系梁的内力可用沿竖向分布的连续函数表示；建立相应的微分方程；求解后再换算成实际连系梁的内力，进而求出墙肢的内力。下面以双肢墙为例，介绍连续栅片法的原理。

（一）基本假定

①连梁的作用可以用沿高度连续分布的栅片代替；②连梁的轴向变形可忽略；③各墙肢在同一标高处的转角和曲率相等；④层高、墙肢截面面积、墙肢惯性矩、连梁截面面积和连梁惯性矩等几何参数沿墙高方向均为常数。

假定①将整个结构沿高度连续化，为建立微分方程提供了前提；根据假定②墙肢在同一标高处具有相同的水平位移；由假定③可得出连梁的反弯点位于梁的跨中；假定④保证了微分方程的系数为常数，从而使方程得以简化。

（二）微分方程的建立

根据上述假定，剪力墙的连梁可以用连续栅片代替。将连续化后的连梁在跨中切开，形成基本结构。由于连梁的反弯点在跨中，故切口处仅有剪力集度T（沿高度的分布剪力），将此作为未知数，利用切口处的竖向相对位移为零这一变形条件，建立微分方程。任一高度处的剪力集度已知后，利用平衡条件可求得墙肢和连梁的所有内力。

切口处的竖向相对位移可通过在切口处施加一对方向相反的单位力求得。位移由墙肢和连梁的弯曲变形、剪切变形和轴向变形引起。在竖向单位力的作用下，连梁内没有轴力，略去在墙肢内产生的剪力，因而基本结构在切口处的竖向位移由墙肢弯曲变形引起的δ_1、墙肢轴向变形引起的δ_2、连梁弯曲和剪切变形引起的δ_3组成。

①由墙肢弯曲变形所引起的竖向相对位移δ_1，由于假定两个墙肢的转角相同，设为则由于墙肢弯曲变形，使切口处产生的竖向相对位移为：

$$\delta_1 = -\left(a^2\theta + a^2\theta\right) = -a \cdot \theta$$

②由墙肢轴向变形所引起竖向相对位移δ_z，基本结构在外荷载和切口处剪力的共同作用下，两个墙肢中一个受拉，另一个受压，轴力大小相等，方向相反。任一高度z处的墙肢轴力为：

$$NP(z)=\int Hz\tau dy$$

当z高度切口处作用一对相反的单位力时，z在高度以下的墙肢引起的轴力为N_1=1z，高度以上墙肢的轴力为零。

③由连梁的弯曲变形和剪切变形所引起的竖向相对位移δ_3，栅片是厚度为零的理想薄片，计算连梁弯曲和剪切变形引起的相对位移时，需将层高范围内的栅片还原为实际连梁，连梁切口处的剪力为τ_h。剪力τ_h引起的连梁弯矩和剪力分别用M_p、V_p表示；切口处单位力作用下引起的连梁弯矩和剪力分别用M_1、V_1表示。现在来建立墙肢转角θ与外荷载的关系。z高度处基本结构的总弯矩M（z）由两部分组成：外荷载引起的M_p和剪力集度引起的弯矩。这两个弯矩方向相反，不考虑墙肢轴剪力墙整体性系数。

五、水平荷载作用下壁式框架的D值法

当剪力墙的洞口尺寸很大，甚至于洞口上下梁的刚度大于洞口侧边墙的刚度时，剪力墙的受力接近框架。但因这时梁柱的截面尺寸均较大，又不完全与普通框架相同，故称这类剪力墙为壁式框架。普通框架在进行结构分析时，梁柱的截面尺寸效应是不考虑的，构件被没有截面宽度和高度的杆件代替，这一般称为杆系结构。对于等截面构件，认为沿构件长度的截面刚度相等。实际上在构件两端，由于受到相交构件的影响，截面刚度相当大，即在节点部位存在一个刚性区域。对于壁式框架，刚性区域较大，对受力的影响不应忽略。此外，由于构件的截面尺寸较大，需考虑剪切变形的影响。所以用D值法计算壁式框架必须做一些修正。

①刚臂长度的取值壁式框架仍采用杆系计算模型，取墙肢和连梁的截面形心线作为梁柱轴线，刚域的影响用刚度为无限大的刚臂考虑。

②带刚臂杆件的转角位移方程对于一两端固定的等直杆，不考虑剪切变形时，两端各转动一单位转角（θ_1=θ_2=1），在杆端所需施加的弯矩m_{12}=m_{21}=6i，i是杆件的线刚度。带刚臂杆件考虑剪切变形后的转角位移方程需要重新推导。

③带刚臂柱的反弯点高度带刚臂框架柱的反弯点高度按下式计算：

$$y_h=\left(a+sy_0+y_1+y_2+y_3\right)h$$

壁式框架楼层剪力在各柱之间的分配、柱端弯矩的计算，梁端弯矩、剪力的计算，柱轴力的计算及框架侧移的计算方法均与普通框架相同。

六、钢筋混凝土剪力墙截面设计

（一）墙肢正截面承载力计算

剪力墙正截面承载力计算方法与偏心受力柱类似，所不同的是，在墙肢内，除了端部集中配筋外，还有竖向分布钢筋。此外，纵横向剪力墙常常连成整体共同工作，纵向剪力墙的一部分可以作为横向剪力墙的翼缘，同样，横向剪力墙的一部分也可以作为纵向剪力墙的翼缘。因此，剪力墙墙肢常按T形截面或I形截面设计。

试验表明，剪力墙在水平反复荷载作用下，其正截面承载力并不下降。因此，无论有无地震作用，剪力墙正截面承载力的计算公式是相同的。当内力设计值中包含地震作用组合时，需要考虑承载力抗震调整系数γ_{RE}。

根据轴向力的性质，墙肢有偏心受压和偏心受拉两种受力状态。其中，偏心受压又可以分剪力墙为大偏心受压和小偏心受压。大小偏压的判别条件与偏心受压柱相同，即$\xi \leq \xi_b$时为大偏心受压；$\xi > \xi_b$时为小偏心受压。其中，ξ为相对受压区高度系数，ξ_b为界限受压区高度系数。

剪力墙一般不可能出现小偏心受拉，规范也不允许发生小偏心受拉破坏。

1.大偏心受压

受压区混凝土采用等效矩形应力图形，受压区高度为x，应力值为$\alpha_1 fc$，其中α_1是与混凝土强度等级有关的系数，fcu，$k \leq$50MPa时，α_1取为1.0，fcu，$k \leq$80MPa时，心取为0.94，其间进行插入；端部纵向钢筋As、A's分别达到钢筋的抗拉强度设计值和抗压强度设计值；对于墙肢内的分布钢筋，近似假定离受压区边缘1.5x范围以外的受拉钢筋达到强度设计值，参加工作，忽略其余分布钢筋的作用。设计时常先按构造要求确定墙肢内的分布钢筋AsW。设墙肢内竖向分布钢筋的配筋率为$\rho_s W$，则墙肢截面受压区高度及端部配筋量可由下式求得

$$x = N + fy_b W_h W_0 \rho s W \alpha_1 fcbW + 1.5\, fyW_b W \rho_s W$$

当墙肢截面为T形或I形时，可参照T形和I形截面柱的正截面承载力计算方法，其中，分布钢筋按上述原则考虑其作用。

2.小偏心受压

当$\xi > \xi_b$时，墙肢发生小偏心受压破坏，截面上大部分受压或全部受压，大部分或全部分布钢筋处于受压状态。由于分布钢筋直径一般较小，墙体发生破坏时容易产生压屈现象，因此，小偏心受压时墙肢内分布钢筋的作用不予考虑。于是墙肢小偏心受压的承载力计算公式与柱的承载力公式完全相同。而墙肢分布钢筋则按构造要求设置。对于小偏心受

压墙肢，尚应按轴心受压构件验算平面外的承载力，验算时，不考虑分布钢筋的作用。

（二）墙肢斜截面承载力计算

墙肢的斜截面破坏形态与受弯构件类似，有斜拉破坏、剪压破坏和斜压破坏。其中斜拉破坏和斜压破坏比剪压破坏更加脆性，设计中通过构造措施加以避免。与一般受弯构件斜截面承载力计算不同的是需要考虑轴向力的影响。

试验表明剪力墙在反复水平荷载作用下，其斜截面承载力比单调加载降低15%～20%。规范将静力受剪承载力计算公式乘以0.8作为抗震设计时的受剪承载力计算公式。

剪力设计值的确定，对于抗震等级为一、二、三级的剪力墙，为保证墙肢塑性铰不过早发生剪切破坏，应使墙肢截面的受剪承载力大于其受弯承载力。在墙肢底部H/8范围内，剪力设计值按下列规定取值：

一级抗震等级VW=1.6V，二级抗震等级VWF=3V，三级抗震等级VW=1.2V，上式中，V为考虑地震作用组合剪力墙计算部位的剪力设计值。其他部位的剪力设计值均取VW=1.0V。

七、钢骨混凝土剪力墙截面承载力

（一）概述

当在混凝土剪力墙端部设有型钢时，称为钢骨混凝土剪力墙。剪力墙周边有梁和钢骨混凝土柱的剪力墙称为带边框剪力墙；周边没有梁、柱的称为无边框剪力墙。

钢骨混凝土剪力墙无边框钢骨混凝土剪力墙；有边框钢骨混凝土剪力墙试验表明，由于端部设置了钢骨，无边框剪力墙的受剪承载力大于普通钢筋混凝土剪力墙。钢骨对抗剪承载力的贡献主要表现为销键作用，这种销键作用随着剪跨比增大而减小。混凝土剪力墙中设置钢骨的另外一个重要作用是能够很好地解决钢梁或钢骨混凝土梁与剪力墙的连接问题。由于普通钢筋混凝土剪力墙的施工精度较差，如果通过预埋件与钢梁连接，其精度很难满足钢结构安装的需要。而在剪力墙中设置了钢骨，将钢梁与剪力墙中的钢骨连接，就很容易满足施工精度的要求。钢骨混凝土剪力墙中连梁的截面设计方法与混凝土剪力墙相同。

（二）正截面承载力

正截面承载力计算时，钢骨的作用相当于钢筋，因而计算公式与前面介绍的混凝土剪力墙墙肢正截面计算公式很类似。当有边框或翼墙存在时，截面形式为I型，否则为矩形。

（三）斜截面承载力

钢骨混凝土剪力墙的斜截面受剪承载力由端柱与钢筋混凝土腹板两部分构成。对于无边框墙和有边框墙，考虑到带边框剪力墙的一侧边框柱可能处于偏心受拉状态，为安全起见，只考虑单侧边框柱的抗剪作用。钢骨混凝土、边框柱的受剪承载力考虑柱内混凝土、箍筋、钢骨的贡献及轴向压力的有利影响，为了防止射力墙发生斜压破坏，应对截面的剪压比进行限制，验算方法同普通钢筋混凝土剪力墙。

第三节　高层框架—剪力墙结构设计

一、框架—剪力墙结构的简化计算模型

框架—剪力墙结构由框架和剪力墙共同承担荷载。在竖向荷载作用下，内力计算比较简单，框架和剪力墙各自承担负荷范围内的楼面荷载。在水平荷载作用下，框架和剪力墙的变形特性有很大的不同。规则框架沿房屋高度的层间抗侧刚度变化不大，而楼层剪力及层间位移自顶层向下越来越大，剪力墙的层间位移自顶层向下越来越小。在框架—剪力墙结构中，由于各层刚性楼盖的连接作用，两者必须协同工作，在各楼层处具有相同的位移。

在框架—剪力墙结构的简化计算中，采用如下基本假定：①楼盖在其自身平面内的刚度无限大，而平面外的刚度可忽略不计；②水平荷载的合力通过结构的抗侧刚度中心，即不考虑扭转的效应；③框架与剪力墙的刚度特征值沿结构高度为常量。由于水平荷载通过结构的抗侧刚度中心，且楼盖平面内刚度无限大，楼盖仅发生沿荷载作用方向的平移，荷载方向每榀框架和每根剪力墙在楼盖处具有相同的侧移，所承担的剪力与其抗侧刚度成正比，而与框架和剪力墙所处的平面位置无关。于是可把所有框架等效成综合框架，把所有剪力墙等效成综合剪力墙，并将综合框架和综合剪力墙放在同一平面内分析。综合框架和综合剪力墙之间用轴向刚度为无限大的综合连杆或综合连梁连接。前者称为框架—剪力墙的铰接体系，后者称为框架—剪力墙的刚接体系。

综合剪力墙的抗弯刚度是各榀剪力墙等效抗弯刚度的总和，综合框架的抗侧刚度是各

榀框架抗侧刚度的总和。在框架结构分析中，框架柱的抗侧刚度定义为杆件两端发生单位相对水平位移，柱内剪力。此处，为了满足连续化的要求，定义框架的抗侧刚度为产生单位剪切角，框架承受的剪力，用Cf_i来表示，以示区别，即$Cf_i=V_i/\Delta u_i/h=h\cdot D_i$。在一般的框架结构中，抗侧刚度仅考虑梁柱的弯曲变形。但框架高度大于50m或框架高度与宽度之比大于4时，应考虑柱轴向变形对抗侧刚度的影响。此时，对抗侧刚度可按下式进行修正：

$$Cf=\Delta M\Delta M+\Delta N\cdot Cf_0$$

式中，ΔM——框架仅考虑梁柱弯曲变形计算的顶点最大侧移；

ΔN——框架柱轴向变形引起的顶点最大侧移；

Cf_0——不考虑框架柱轴向变形的抗侧刚度。

在实际工程中，综合剪力墙各层的等效抗弯刚度和综合框架各层的抗侧刚度沿高度并不完全相同，当变化不大时，可按层高进行加权平均。

二、框架—剪力墙铰接体系

所谓铰接体系，是指在框架与剪力墙之间，没有弯矩传递，仅传递轴力。对于框架—剪力墙铰接体系计算简图，将综合刚性连杆沿高度方向连续化，其作用以等代的分布力p_f代替，从而使综合框架和综合剪力墙成为两个脱离体。脱离后的综合剪力墙可以看成一个竖向悬臂构件，受水平分布荷载（$p-p_f$）的影响。

三、框架—剪力墙刚接体系

在框架—剪力墙的铰接体系中，连杆不传递弯矩。当考虑连梁对墙肢转动的约束作用时，这种结构称为框架—剪力墙刚接体系。综合框架与综合剪力墙之间用综合连梁连接。综合连梁既包括框架与剪力墙之间的连系梁，又包括墙肢与墙肢之间的连系梁。这两种连梁都可以简化为带刚域的梁。

将综合连梁连续化，其作用除了在综合框架与综合剪力墙之间传递轴向分布力p_f外，还有分布剪力τ_f引起的约束弯矩m_b。为了计算简化，将约束弯矩全部作用在综合剪力墙上，构成沿竖向分布的线力矩m_b。

连梁的约束弯矩与连梁刚度有关。分析连梁刚度时，对于框架与剪力墙之间的连梁可以简化为一端（连接剪力墙端）带刚臂的梁；对于墙肢与墙肢之间的连梁可以简化为两端带刚臂的梁。单根连梁的杆端约束弯矩总和与杆端转角的关系为：

$$m_{\rm b}=6\left(c+c'\right)i\theta$$

综合连梁的约束弯矩则是所有连梁约束弯矩的总和。

四、框架—剪力墙的协同工作性能

（一）结构的侧移特性

框架与剪力墙结构的侧向位移特性是不同的。框架结构的侧移曲线凹向初始位置，自底部向上，层间位移越来越小，与悬臂梁的剪切变形曲线相类似，故称“剪切型”；而剪力墙结构的侧移曲线凸向初始位置，自底部向上，层间位移越来越大，与悬臂梁的弯曲变形曲线类似，故称“弯曲型”。对于框架—剪力墙结构，由于刚性楼盖的连接作用，两者的侧向变形必须一致，结构侧移曲线为“弯剪型”。框架—剪力墙结构的侧移曲线，随其刚度特征值的不同而变化。

当λ值较小时（如小于1），结构的侧移曲线接近剪力墙结构的侧移曲线；当λ值较大时（如大于6），结构的侧移曲线接近框架结构的侧移曲线。

（二）结构的内力分布特性

在框架—剪力墙结构中，由框架和剪力墙共同分担水平外荷载，由任一截面上水平力的平衡条件可以得到p_w+p_f=p（将水平力微分）。但由于框架和剪力墙的变形特性不同，p_w和p_f结构高度方向的分布形式与外荷载的形式不一致，在框架与剪力墙之间存在力的重分布。

可以看到，在结构底部，剪力墙结构的层间侧移小于框架结构的层间位移，为了使两者具有相同的层间位移，剪力墙承担的分布荷载将大于外荷载，而框架承受的分布荷载与外荷载方向相反，两者之和应等于外荷载。而在结构的上部，框架的层间侧移小于剪力墙的层间侧移，在变形协调过程中，剪力墙受到框架的“扶持”作用，剪力墙承担的分布荷载小于外荷载，框架承担的分布荷载与外荷载方向一致。

框架—剪力墙结构在均布水平荷载作用下，剪力墙部分和框架部分承担的分布荷载沿结构高度方向的变化情况。将分布荷载沿高度方向积分可以得到外荷载产生的总剪力和综合剪力墙承担的剪力、综合框架承担的剪力。综合剪力墙和综合框架承担的剪力随刚度特征值的变化而变化，当λ=0，意味着综合框架的刚度可以忽略不计，所有的剪力全由综合剪力墙承担；当λ=8，意味着综合剪力墙的刚度可以忽略不计，所有的剪力全由综合框架承担；在一般情况下，剪力由综合剪力墙和综合框架分担。在结构的顶部，由于框架的“扶持”作用，综合框架承担的剪力将超过外荷载产生的总剪力。需要注意的是，在结构的底面，综合框架所承担的剪力总是为0，外荷载产生的总剪力均由综合剪力墙承担。这是因为在固定端，综合剪力墙的刚度为无限大，而综合框架的抗侧刚度在固定端并不是无限大的。

五、板柱—剪力墙结构

板柱—剪力墙结构体系具有水平构件高度小、便于设备管道布置安装、能够有效减少层高、能够降低结构造价的优点。在施工方面，板柱结构体系施工支模简单，楼面钢筋绑扎方便，设备安装方便，大大提高了施工速度。

美国阿拉斯加发生地震，其中四季公寓的倒塌被一些学者及设计人员认为是板柱体系性能不良的一个例证。该建筑为一栋6层框架—核心筒结构，核心筒为钢筋混凝土，框架由宽翼缘工字钢柱及无梁平板组成，事后某事务所对事故原因进行分析，报告表明，该工程的设计按100%地震力由核心筒承担，结构在承载力方面是足够的，造成严重破坏的原因主要是核心筒基础伸上来的钢筋长度不够，与上部筒体钢筋的搭接长度太短，在地震反复荷载中搭接失效，导致筒体倾覆，连带使钢柱构成的板柱框架倒塌。

（一）结构受力特点

板柱—剪力墙结构是由楼板、柱和剪力墙组成的空间受力体系，荷载由楼盖的长跨和短跨两个方向共同传递到柱和剪力墙上。板柱—剪力墙结构的受力特性与框架—剪力墙结构类似，变形特征属弯剪型，接近弯曲型。在地震作用下，剪力墙承担结构的大部分水平荷载，控制结构的水平侧移，是板柱—剪力墙结构最主要的抗侧力构件。

地震产生的不平衡弯矩由板向柱传递，在柱周边产生较大剪应力，由于板截面高度较小，其抗剪能力不如梁节点，在地震力较大时容易发生破坏，需要加柱帽或者剪力键等，提高梁柱节点区的抗剪承载力。

在均布荷载作用下，楼板在柱顶为抛物线的凸曲面，即板面受拉，在跨中为抛物线形的凹曲面，即板底受拉。

板柱结构的破坏特点主要有以下两种。

1.未布置足够的抗震墙

地震作用主要由板柱框架承受。由于板柱结构节点刚度相对较弱，导致结构侧向位移较大。再加上$P-\Delta$效应，容易在强震时造成整体严重破坏甚至倒塌。

2.板柱节点处楼板的抗冲切破坏

主要原因：在柱子周边的板内，未设置抗冲切钢筋或抗冲切钢筋设置不当；节点处不平衡弯矩对楼板造成的附加剪力未适当考虑；柱周边板的厚度不够，使抗剪箍筋不易充分发挥作用，或柱子纵筋在节点处产生滑移等。

（二）板柱—剪力墙结构与框剪结构的比较

1.某高层结构不同方案对比

结构总高度为100m，地面以上26层，包括3层裙房，7度设防，设计地震分组为第一组，场地类别Ⅱ类，地面粗糙度为B类，基本风压0.3kN/m^2。

由于楼板跨度较大，受挠度控制，板柱—剪力墙结构楼板厚度取300mm，导致板柱—剪力墙结构的重量比框架—剪力墙结构大20%，结构X、Y向地震剪力分别增大19.6%和23.1%。地震作用下板柱—剪力墙结构的基底剪力和层间位移角比框架—剪力墙结构都要大。

板柱—核心筒结构与框架—核心筒结构的最大层间位移角基本一致；在结构侧刚度较弱的X向，则板柱—核心筒结构的最大层间位移角明显小于框架—核心筒结构。两模型均满足规范位移角小于1/100性能的要求，说明通过适当增强结构底层构件尺寸和构造措施，板柱—核心筒结构同样可以达到规范性能设计要求。

板柱—核心筒结构基底剪力比框架—核心筒结构的大，原因是板柱—核心筒结构比较重，底部剪力墙也较厚。但最大层间位移角满足抗震性能要求，说明通过对局部薄弱位置进行加强，板柱—核心筒结构在罕遇地震作用下的抗震性能同样可以满足要求。

2.圆弧形板柱—剪力墙结构

运用SATWE软件分别对两种体系模型进行多遇地震反应谱分析，其中板柱—剪力墙结构模型采用弹性楼板计算方法。板柱—剪力墙结构楼板厚度达到300mm，导致板柱—剪力墙结构重量比框架—剪力墙结构大17%，结构X、Y向地震剪力分别增大24.3%和17.2%。结构整体刚度由风荷载作用下层间位移角控制，风荷载下板柱—剪力墙结构在两个方向位移角都比框架—剪力墙结构小，地震作用下Y向层间位移角曲线较为接近，但X向层间位移角，板柱—剪力墙结构要小于框架—核心筒结构。

虽然板柱—剪力墙结构与框架—剪力墙结构相比，重量增加，地震作用剪力增大，但罕遇地震作用下结构性能的分析表明，抗震性能满足设计要求。

（1）板柱抗震墙结构构件截面高度较小，便于设备管道布置安装，能够有效减少层高，对于建筑层高要求较严格的结构具有显著优点

（2）对于7度及以上设防地区，由于板柱抗震墙结构体系的抗震加强措施要求高，比框架—剪力墙结构体系造价要高；对于6度区或风控为主的区域，两者造价相差不大，建议采用。

第四节　筒体结构

一、一般规定

（一）筒体结构设计基本原则

（1）研究表明，筒中筒结构的空间受力性能与其高度和高宽比有关。筒中筒结构的高度不宜低于80m，高宽比不应小于3。

（2）在同时可以采用框架—核心筒结构和框架—剪力墙结构时，应优先考虑采用抗震性能相对较好的框架—核心筒结构，以提高结构的抗震性能；但对于高度不超过60m的框架—核心筒结构，可按框架—剪力墙结构进行设计，适当降低核心筒和框架的构造标准，减小经济成本。

（3）当相邻层的柱不贯通时，应设置转换梁等构件，防止结构竖向传力路径被打断而引起结构侧向刚度的突变，并形成薄弱层。

（4）筒体结构的角部属于受力较为复杂的部位，在竖向力作用下，楼盖四周外角要上翘，但受外框筒或外框架的约束，楼板处常会出现斜裂缝，因此筒体结构的楼盖外角宜设置双层双向钢筋，单层单向配筋率不宜小于0.3%，钢筋的直径不应小于8mm，间距不应大于150mm，配筋范围不宜小于外框架（或外筒）至内筒外墙中距的1/3和3m。

（5）核心筒或内筒的外墙与外框柱间的中距，非抗震设计大于15m、抗震设计大于12m时，宜采取增设内柱等措施。这样能有效加强核心筒与外框筒的共同作用，使基础受力较为均匀，同时避免了设置较高楼面梁；但当距离不是很大时，应避免设置内柱，防止造成内柱对核心筒竖向荷载的“屏蔽”，从而影响结构的抗震性能。

（6）进行抗震设计时，框筒柱和框架柱的轴压比限值可按照框架—剪力墙结构的规定采用。

（7）楼盖主梁不宜搁置在核心筒或内筒的连梁上。这是因为连梁作为主要的耗能构件，在地震作用下将发生较大的塑性变形，当连梁上搁置有承受较大楼面荷载的梁时，还会使连梁产生较大的附加剪力和扭矩，易导致连梁的脆性破坏。在实际工程中，可改变楼面梁的布置方式，采取楼面梁与核心筒剪力墙斜交连接或设置过渡梁等办法予以避让。

（二）核心筒或内筒设计原则

（1）核心筒或内筒中剪力墙截面形状宜简单，在进行简化处理时，可以提高计算分析的准确性；截面形状复杂的墙体限于与结构简化计算假定及结构计算模型的合理性相差较大，直接得出的计算结果往往难以运用，为此应进行必要的补充分析计算，并进行包络设计，可按应力进行截面校核。

（2）为避免出现小墙肢等薄弱环节，核心筒或内筒的外墙不宜在水平方向连续开洞，且洞间墙肢的截面高度不宜小于1.2m；当出现小墙肢时，还应按框架柱的构造要求限制轴压比、设置箍筋和纵向钢筋，同时由于剪力墙与框架柱的轴压比计算方法不同，对小墙肢的轴压比限制应按两种方法分别计算，并进行包络设计；另外，当洞间墙肢的截面高度与厚度之比小于4时，宜按框架柱进行截面设计。

（3）筒体结构核心筒或内筒的设计应符合下列规定：

①墙肢宜均匀、对称布置；

②筒体角部附近不宜开洞，当不可避免时，筒角内壁至洞口的距离不应该小于500mm和开洞墙截面厚度的较大值；

③筒体墙应按《高规》验算墙体稳定，且外墙厚度不应小于200mm，内墙厚度不应小于160mm，必要时可设置扶壁柱或扶壁墙；

④筒体墙的水平、竖向配筋不应少于两排，其最小配筋率应符合《高规》的相关规定；

⑤抗震设计时，核心筒、内筒的连梁宜配置对角斜向钢筋或交叉暗撑。

（三）筒体结构中框架的地震剪力要求

抗震设计时，在满足楼层最小剪力系数要求后，筒体结构的框架部分按侧向刚度分配的楼层地震剪力标准值应符合下列规定：

①框架部分分配的楼层地震剪力标准值的最大值不宜小于结构底部总地震剪力标准值的10%；

②当框架部分分配的地震剪力标准值的最大值小于结构底部总地震剪力标准值的10%时，各层框架部分承担的地震剪力标准值应增大到结构底部总地震剪力标准值的15%，此时，各层核心筒墙体的地震剪力标准值宜乘以增大系数1.1，但可不大于结构底部总地震剪力标准值，墙体的抗震构造措施应按抗震等级提高一级后采用，已为特一级的可不再提高；

③当某一层框架部分分配的地震剪力标准值小于结构底部总地震剪力标准值的20%，但其最大值不小于结构底部总地震剪力标准值的10%时，应按结构底部总地震剪力标准值

的20%和框架部分楼层地震剪力标准值中最大值的1.5倍二者的较小值进行调整；

④按以上②或③条调整框架柱的地震剪力后，框架柱端弯矩及与之相连的框架梁端弯矩、剪力应进行相应的调整；

⑤有加强层时，加强层框架的刚度突变，常引起框架剪力的突变，因此上述框架部分分配的楼层地震剪力标准值的最大值不应包括加强层及其上、下层的框架剪力，即其不作为剪力调整时的判断依据，加强层的地震剪力不需要调整。

二、框筒结构的剪力滞后现象

框筒是由建筑外围的深梁、密排柱和楼盖构成的筒状结构。在水平荷载作用下，同一横截面各竖向构件的轴力分布，与按平截面假定的轴力分布有较大的出入。

事实上，剪力滞后现象在结构构件中普遍存在。在宽翼缘的T形、工字形及箱形截面梁中，均存在剪力滞后现象。下面以箱形截面为例，对剪力滞后现象进行解释。

腹板的剪应力分布与一般矩形截面类似，呈抛物线分布。翼缘部分既有竖向的剪应力，又有水平方向的剪应力。其中竖向剪应力很小，可以忽略；而水平方向的剪应力沿宽度方向线性变化，当翼缘很宽时，其数值会很大。水平剪应力不均匀分布会引起平截面发生翘曲，即使得纵向应变在翼缘宽度范围内不相等，因而其正应力沿宽度方向不再是均匀分布的（应变不再符合平截面假定）。靠近腹板位置的正应力大，远离腹板位置的正应力小，即出现“剪力滞后”现象。

对于框筒结构，剪力滞后使部分中柱的承载能力得不到发挥，结构的空间作用减弱。裙梁的刚度越大，剪力滞后效应越小；框筒的宽度越大，剪力滞后效应越明显。为减小剪力滞后效应，应限制框筒的柱距，控制框筒的长宽比。同时，设置斜向支撑和加劲层也是减小剪力滞后效应的有效措施。在框筒结构竖向平面内设置X形支撑，可以增大框筒结构的竖向剪切刚度，减小截面剪切应力不均匀引起的平面外的变形，从而减小剪力滞后效应，在钢框筒结构中常采用这种方法。加劲层则一般设置在顶层和中间设备层。

三、框架—核心筒结构

根据框架—核心筒结构的受力特点，对其所采取的结构措施与一般的框架—剪力墙结构有明显的差异，具体如下。

（1）核心筒宜贯通建筑物全高。核心筒的宽度不宜小于筒体总高的1/12，当筒体结构设置角筒、剪力墙或增强结构整体刚度的构件时，核心筒的宽度可适当减小。有工程经验表明，当核心筒宽度尺寸过小时，结构的整体技术指标（如层间位移角）将难以满足规范的要求。

（2）抗震设计时，核心筒墙体设计应符合下列规定：

①底部加强部位主要墙体的水平和竖向分布钢筋的配筋率均不宜小于0.30%；

②底部加强部位角部墙体约束边缘构件沿墙肢的长度宜取墙肢截面高度的1/4，约束边缘构件范围内应主要采用箍筋；

③底部加强部位以上角部墙体宜按相关规定设置约束边缘构件；

④底部加强部位及相邻上一层，当侧向刚度无突变时，不宜改变墙体厚度。

（3）框架—核心筒结构的周边柱间必须设置框架梁。工程实践表明，设置周边梁，可提高结构的整体性。

（4）对内筒偏置的框架—筒体结构，应控制结构在考虑偶然偏心影响的规定地震力作用下，最大楼层水平位移和层间位移不应大于该楼层平均值的1.4倍。

（5）当内筒偏置、长宽比大于2时，结构的抗扭刚度偏小，其扭转与平动的周期比将难以满足规范的要求，宜采用框架—双筒结构，双筒可增强结构的抗扭刚度，减小结构在水平地震作用下的扭转效应。

（6）在框架—双筒结构中，双筒间的楼板作为协调两侧筒体的主要受力构件，且因传递双筒间的力偶会产生较大的平面剪力。因此，对双筒间开洞楼板应提出更为严格的构造要求：其有效楼板宽度不宜小于楼板典型宽度的50%，洞口附近楼板应加厚，并应采用双层双向钢筋，每层单向配筋率不应小于0.25%，并要求其按弹性板进行细化分析。

四、筒中筒结构

筒中筒结构设计时应满足如下一些特殊规定。

（一）筒中筒结构平面选型

（1）筒体结构的空间作用与筒体的形状有关，采用合适的平面形状可以减小剪力滞后现象，使结构可以更好地发挥空间受力性能。筒中筒结构的平面外形宜选圆形、正多边形、椭圆形或矩形等，内筒宜居中。

（2）矩形平面的长宽比不宜大于2，这也是为了控制剪力滞后现象。

（3）为改善空间结构的受力性能、减小剪力滞后现象，三角形平面宜切角，外筒的切角长度不宜小于相应边长的1/8，其角部可设置刚度较大的角柱或角筒；内筒的切角长度不宜小于相应边长的1/10，切角处的筒壁宜适当加厚。

（二）筒中筒结构截面及构造设计要求

（1）内筒的宽度可为高度的1/15～1/12，如有另外的角筒或剪力墙，内筒平面尺寸还可适当减小。内筒宜贯通建筑物全高，竖向刚度宜均匀变化。

（2）外框筒应符合下列规定：

①柱距不宜大于4m，框筒柱的截面长边应沿筒壁方向布置，必要时可采用T形截面；

②洞口面积不宜大于墙面面积的60%，洞口高宽比宜和层高与柱距之比值相近；

③外框筒梁的截面高度可取柱净距的1/4；

④角柱截面面积可取中柱的1～2倍。

（3）外框筒梁和内筒连梁是筒中筒结构中的主要受力构件，在水平地震作用下，梁端承受着弯矩和剪力的反复作用。由于梁高大、跨度小，应采取比一般框架梁更为严格的抗剪措施。《高规》规定，外框筒梁和内筒连梁的构造配筋应符合下列要求：

①非抗震设计时，箍筋直径不应小于8mm；抗震设计时，箍筋直径不应小于10mm；

②非抗震设计时，箍筋间距不应大于150mm；抗震设计时，箍筋间距沿梁长不变，且不应大于100mm，当梁内设置交叉暗撑时，箍筋间距不应大于200mm；

③框筒梁上、下纵向钢筋的直径均不应小于16mm，腰筋的直径不应小于10mm，腰筋间距不应大于200mm。

（4）跨高比不大于2的外框筒梁和内筒连梁宜增配对角斜向钢筋。跨高比不大于1的外框筒梁和内筒连梁应采用交叉暗撑，且应符合下列规定：

①梁的截面宽度不宜小于400mm；

②全部剪力应由暗撑承担，每根暗撑应由不少于4根纵向钢筋组成，纵筋直径不应小于14mm；

③两个方向暗撑的纵向钢筋应采用矩形箍筋或螺旋箍筋绑成一体，箍筋直径不应小于8mm，箍筋间距不应大于150mm。

五、框架—核心筒结构优化

（一）变形和受力特点

框架—核心筒结构最显著的特点是核心筒剪力墙作为主要的抗侧力构件，承担大部分水平力，框架不仅承担竖向荷载，还作为抗震设计的第二道防线，为结构提供更多安全储备。框架—核心筒结构综合了框架结构和剪力墙结构的优点，是由延性较好、开间布置灵活的框架结构和抗侧力刚度较大的剪力墙及耗能性能优良的连梁共同组成的结构体系，适用于公共建筑和旅馆建筑等。

框架—核心筒结构在地震作用下，底部剪力墙需承担大部分的内力，变形上是剪力墙小而框架大，因此剪力墙在此部分起主导的作用，即第一道防线。若在外力作用下剪力墙屈服则将转移很大的内力给框架，此时只按弹性分析设计出来的框架将无法承担这部分由墙转移出来的作用而被破坏，因此需要提高底部区域框架的承载能力以实现它的二道防线功能。结构顶部区域的框架可能承担超过层剪力的作用（此时剪力墙的内力与外力作用同向），即结构顶部框架实际承担的剪力相当于外力与剪力墙的剪力之和，框架起到主导作用，因此在框架核心筒结构的顶部区域也需要对框架进行加强。

（二）计算参数敏感性分析

在实际工程设计中，很多计算参数是根据结构属性、工程所处的位置确定的，工程师不能随意修改，但部分计算参数是可以根据计算结果进行干预的，比如连梁折减系数、周期折减系数、中梁刚度放大系数、框剪结构调整与柱构件相连的框架梁的剪力和弯矩、嵌固端位置等。

（三）核心筒尺寸与布置分析

框架—核心筒结构的筒体一般设置在建筑平面的中央，由电梯井道、楼梯、通风井、电缆井、公共卫生间、部分设备间围护组成，与外围框架形成一个外框内筒结构。这种结构的优越性还在于可争取尽量宽敞的使用空间，使各种辅助服务性空间向平面的中央集中，使主功能空间占据最佳的采光位置，并达到视线良好、内部交通便捷的效果。抗震设计时，核心筒作为框架—核心筒结构的主要抗侧力构件和第一道防线，承受结构的大部分地震作用。

1.核心筒尺寸分析

（1）各项指标的分析

①核心筒平面面积与建筑平面面积之比为15%～29%，多数在20%左右。核心筒高度与宽度之比为10.2～16.6，大部分建筑的高宽比超出了不宜大于12的规范要求。对于长方形平面的核心筒而言，核心筒的高宽比不能反映其双向抗侧刚度，而核心筒平面面积占楼层平面面积的比值能更真实地反映核心筒对整个结构抗侧刚度的贡献。

②核心筒平面面积与建筑平面面积之比不宜太大，亦不能太小，这是因为核心筒所占面积太大，减小了建筑的使用面积，会影响商业价值。核心筒太小，抗侧刚度不够，需要加大剪力墙的厚度和钢筋的用量，同时增加了外框架承担的剪力、倾覆力矩，第二道防线的安全度就会降低，既不安全又不经济。

③核心筒内外墙面积之比为0.33～0.69，多数在0.50左右，核心筒墙体面积与核心筒平面面积之比为0.14～0.22，一般不超过0.20，核心筒外筒混凝土面积与核心筒面积之比为0.10～0.15。

④在实际工程中，减少核心筒内墙所占核心筒的面积，符合受弯截面距中和轴越远其抗弯刚度越大、越经济的原则，事实上，核心筒的抗侧刚度主要由外墙提供，这就要求核心筒外墙要尽量加厚及核心筒的四角避免开洞，要在保持内外墙总面积不变的情况下，尽可能地增加外墙所占的比重。

（2）竖向构件损伤与筒高宽比关系

剪力墙及框架柱钢筋的屈服程度和损伤程度与结构的筒高宽比没有直接的关系，与核心筒的平面和竖向布置有关。当剪力墙出现收进或者设有加强层时，由于刚度发生突变，墙肢容易在刚度突变位置出现屈服，形成薄弱位置；同时，在裙房顶和塔楼顶的框架柱容易出现屈服。

2.核心筒的整体性

核心筒除了承受竖向荷载外，主要承受水平地震作用和风荷载。当核心筒开洞较多时，小墙肢削弱了核心筒的整体1/4，减小了核心筒的侧向刚度，并且由于小墙肢的承载能力不大，容易形成薄弱位置，不利于结构的抗震，作为主要抗侧力的核心筒，要保证核心筒的完整性。

（四）连梁的作用

连梁是指两端与剪力墙在平面内相连的梁，连梁在框架核心筒结构中起到连接墙肢的作用，一般在风荷载和地震荷载的作用下，连梁的内力往往很大。由于连梁是主要耗能构件，在内力计算中一般要对连梁进行刚度折减，但连梁的截面不宜过小，或若刚度折减太多，要保证连梁承担竖向荷载的能力及具有较好的延性，避免在大震中过早出现破坏。

第五节　复杂高层结构设计

随着现代高层建筑高度的不断增加，功能日趋复杂，高层建筑竖向立面造型也日趋多样化。这常常要求上部某些框架柱或剪力墙不落地，为此需要设置巨大的横梁或桁架支承，有时甚至要改变竖向承重体系（如上部为剪力墙体系的公寓，下部为框架—剪力墙体系的办公室或者商场用房）。这就要求设置转换构件将上、下两种不同的竖向结构体系进行转换、过渡。通常，转换构件占据一层或两层，即转换层。底部大空间剪力墙结构是典型的带有转换层的结构，在我国应用十分广泛，如北京南洋饭店、香港新鸿基中心等。

当结构抗侧刚度或整体性需要加强时，在结构的某些层内必须设置加强构件，人们称之为加强层。加强层往往布置在某个高度的一层或两层中，芝加哥西尔斯大厦就是其中较为典型的例子。

基于建筑使用功能的需要，楼层结构不在同一高度，当上、下楼层楼面高差超过一般梁截面高度时就要按错层结构考虑。

连体结构是指在两个建筑之间设置一个到多个连廊的结构。当两个主体结构为对称的平面形式时，也常把两个主体结构的顶部若干层连接成整体楼层，称为凯旋门式。高层建筑的连体结构，在全国许多城市中都可以见到，如北京西客站、上海凯旋门大厦、深圳侨光广场大厦等。

多塔楼结构的主要特点是在多个高层建筑塔楼的底部有一个连成整体的大裙房，形成大底盘。当一幢高层建筑的底部设有较大面积的裙房时，为带底盘的单塔结构。这种结构是多塔楼结构的一种特殊情况。多个塔楼仅通过地下室连成一体，地上无裙房或有局部小裙房但不连成为一体的，一般不属于大底盘多塔楼结构。

一、复杂高层结构的类型

复杂高层建筑结构的主要类型包括带转换层的结构、带加强层的结构、错层结构、连体结构以及竖向体型收进、悬挑结构。复杂高层建筑结构可以是以上六种结构中的一种，也可能是其中多种复杂结构的组合形式。在抗震设计时，同时具有两种以上复杂类型的高层建筑结构属于超限高层建筑结构，应按住房和城乡建设部建质文件要求进行超限高层建筑工程抗震设防专项审查。

二、带转换层的结构

（一）带转换层的结构形式

底部带转换层的结构，转换层上部的部分竖向构件（剪力墙、框架柱）不能直接连续贯通落地，因此，必须设置安全可靠的转换构件。按现有的工程经验和研究成果，转换构件可采用转换大梁、桁架、空腹桁架、斜撑、箱形结构及厚板等形式。由于转换厚板在地震区使用经验较少，可在非地震区和6度抗震设计时采用，不宜在抗震设防烈度为7、8、9度时采用。对于大空间地下室，因周围有约束作用，地震反应小于地面以上的框支结构，故7、8度抗震设计时的地下室可采用厚板转换层。转换层上部的竖向抗侧力构件（墙、柱）宜直接落在转换层的主要转换构件上。

由框支主梁承托剪力墙并承托转换次梁及次梁上的剪力墙，其传力途径多次转换，受力复杂。框支主梁除承受其上部剪力墙的作用外，还需承受次梁传给的剪力、扭矩和弯矩，框支主梁易受剪破坏。这种方案一般不宜采用，但考虑到实际工程中会遇到转换层上部剪力墙平面布置复杂的情况，B级高度框支剪力墙结构不宜采用框支柱、次梁方案；A级高度框支剪力墙结构可以采用，但设计中应对框支梁进行应力分析，按应力校核配筋，并加强配筋构造措施。在具体工程设计中，如条件许可，也可考虑采用箱形转换层，非抗震设计或6度抗震设计时，也可采用厚板。

（二）部分框支剪力墙结构的结构布置

部分框支剪力墙结构的布置应符合以下要求：

（1）落地剪力墙和筒体底部墙体应加厚；

（2）框支层周围楼板不应错层布置；

（3）落地剪力墙和筒体的洞口宜布置在墙体的中部；

（4）框支梁上一层墙体内不宜设边门洞，不宜在框支中柱上方设置门洞；

（5）框支柱与相邻落地墙的距离，1～2层框支层时不宜大于12m，3层及3层以上框支层时不宜大于10m；

（6）框支框架承担的地震倾覆力矩不应小于结构总地震倾覆力矩的50%；

（7）带托柱转换层的筒体结构的外围转换柱与内筒、核心筒外墙的中距不宜大于12m。

（三）相关要求

（1）底部加强部位的高度。带转换层的高层建筑结构，其剪力墙底部加强部位的高度应从地下室顶板算起，宜取至转换层以上两层且不宜小于房屋高度的1/10。

（2）转换层的位置。部分框支剪力墙结构在地面以上设置转换层的位置，8度时不宜超过3层，7度时不宜超过5层，6度时可适当提高。

（3）抗震等级。带转换层的高层建筑结构，其抗震等级应符合有关规定，带托柱转换层的筒体结构，其转换柱和转换梁的抗震等级按部分框支剪力墙结构中的框支框架采纳。

（4）内力增大系数。转换结构构件可采用转换梁、桁架、空腹桁架、箱形结构、斜撑等，非抗震设计和6度抗震设计时可采用厚板，7、8度抗震设计时地下室的转换结构构件可采用厚板。

（5）转换梁设计应符合下列要求。

①转换梁上、下部纵向钢筋的最小配筋率，非抗震设计时均不应小于0.30%，抗震设计时，特一、一和二级分别不应小于0.60%、0.50%和0.40%。

②偏心受拉的转换梁的支座上部纵向钢筋至少应有50%沿梁全长贯通，下部纵向钢筋应全部直通到柱内；沿梁腹板高度应配置间距不大于200mm、直径不小于16mm的腰筋。

转换梁设计应符合下列规定。

①转换梁与转换柱截面中线宜重合。

②转换梁截面高度不宜小于计算跨度的1/8。托柱转换梁的截面宽度不应小于其上所

托柱在梁宽度方向的截面宽度。框支梁截面宽度不宜大于框支柱相应方向的截面宽度，且不宜小于其上墙体截面厚度的2倍和400mm的较大值。

③托柱转换梁应沿腹板高度配置腰筋，其直径不宜小于12mm，间距不宜大于200mm。

④转换梁纵向钢筋接头宜采用机械连接，同一连接区段内接头钢筋截面面积不宜超过全部纵筋截面面积的50%，接头位置应避开上部墙体开洞部位、梁上托柱部位及受力较大的部位。

⑤转换梁不宜开洞。若必须开洞，洞口边离开支座柱边的距离不宜小于梁截面高度；被洞口削弱的截面应进行承载力计算，因开洞形成的上、下弦杆应加强纵向钢筋和抗剪箍筋的配置。

⑥对托柱转换梁的托柱部位和框支梁上部的墙体开洞部位，梁的箍筋应加密配置，加密区范围可取梁上托柱边或墙边两侧各1.5倍转换梁高度。

⑦托柱转换梁在转换层宜在托柱位置设置正交方向的框架梁或楼面梁。

（6）转换梁与转换柱的节点。抗震设计时，转换梁、柱的节点核心区应进行抗震验算，节点应符合构造措施的要求。

（7）箱形转换结构。箱形转换结构上、下楼板厚度均不宜小于180mm，应根据转换柱的布置和建筑功能要求设置双向横隔板；上、下板配筋设计应同时考虑板局部弯曲和箱形转换层整体弯曲的影响，横隔板宜按深梁设计。

（8）厚板设计应符合下列规定。

①转换厚板的厚度可由抗弯、抗剪、抗冲切截面验算确定。

②转换厚板可局部做成薄板，薄板与厚板交界处可加腋；转换厚板亦可局部做成夹心板。

③转换厚板宜按整体计算时所划分的主要交叉梁系的剪力和弯矩设计值进行截面设计并按有限元法分析结果进行配筋校核；受弯纵向钢筋可沿转换板上、下部双层双向配置，每一方向总配筋率不宜小于0.6%；转换板内暗梁的抗剪箍筋面积配筋率不宜小于0.45%。

④厚板外周边宜配置钢筋骨架网。

⑤转换厚板上、下部的剪力墙、柱的纵向钢筋均应在转换厚板内可靠锚固。

⑥转换厚板上、下一层的楼板应适当加强，楼板厚度不宜小于150mm。

（9）空腹桁架转换层。采用空腹桁架转换层时，空腹桁架宜满层设置，应有足够的刚度。空腹桁架的上、下弦杆宜考虑楼板作用，并应加强上、下弦杆与框架柱的锚固连接构造；竖腹杆应按强剪弱弯进行配筋设计，并加强箍筋配置以及与上、下弦杆的连接构造措施。

（10）框支柱水平地震剪力标准值。部分框支剪力墙结构支柱承受的水平地震剪力标准值应按下列规定采用。

①每层框支柱的数目不多于10根时，当底部框支层为1～2层时，每根柱所受的剪力应至少取结构基底剪力的2%；当底部框支层为3层及3层以上时，每根框支柱所受的剪力应至少取结构基底剪力的3%。

②每层框支柱的数目多于10根时，当底部框支层为1～2层时，每层框支柱所受的剪力之和应至少取结构基底剪力的20%；当框支层为3层及3层以上时，每层框支柱承受剪力之和应至少取结构基底剪力的30%。

框支柱剪力调整后，应相应调整支柱的弯矩及柱端框架梁的剪力和弯矩，但框支梁的剪力、弯矩和框支柱的轴力可不调整。

复杂高层结构设计还包含带加强层的高层结构、带错层的高层结构、连体结构、竖向体型收进及悬挑结构等，篇幅所限，这里不再介绍。

第六节　混合结构

钢和混凝土混合结构体系是近年来在我国迅速发展的一种新型结构体系，其在降低结构自重、减少结构断面尺寸、加快施工进度等方面具有明显优点，已引起工程界和投资商的广泛关注，目前已经建成了一批高度在150～200m的建筑，如上海森茂金融大厦、国际航运金融大厦、世界金融大厦、新金桥大厦、深圳发展中心、北京京广中心等，还有一些高度超过300m的高层建筑也采用或部分采用了混合结构。除设防烈度为7度的地区外，8度区也已开始建造。近几年来，采用筒中筒体系的混合结构建筑日趋增多，如上海环球金融中心、广州西塔、北京国贸三期、大连世贸等。

高层建筑混合结构指梁、柱、板和剪力墙等构件或结构的一部分由钢、钢筋混凝土、钢骨混凝土、钢管混凝土、钢—混凝土组合梁板等构件混合组成的高层建筑结构。高层建筑混合结构是在钢结构和钢筋混凝土结构的基础上发展起来的一种结构，它充分利用了钢结构和混凝土结构的优点，是结构工程领域近年来发展较快的一个方向。高层建筑混合结构通常由钢框架、钢骨混凝土框架、钢管混凝土框架与钢筋混凝土核心筒体组成共同承受水平和竖向作用的结构体系。

型钢混凝土框架可以是型钢混凝土梁与型钢混凝土柱（钢管混凝土柱）组成的框架，也可以是钢梁与型钢混凝土柱（钢管混凝土柱）组成的框架，外围的钢筒体可以是钢框筒、桁架筒或交叉网格筒。型钢混凝土外筒体主要是指由型钢混凝土（钢管混凝土）构件构成的框筒、桁架筒或交叉网格筒。为减少柱子尺寸或增加延性而在混凝土柱中设置型钢，而框架梁仍为混凝土梁时，该体系不宜视为混合结构。此外，对于体系中局部构件（如框支梁柱）采用型钢柱（型钢混凝土梁柱）也不应视为混合结构。

一、高层混合结构的形式及特点

（一）高层混合结构的形式

如前所述，高层混合结构主要包括框架—核心筒结构和筒中筒结构，其外围框架或筒体皆有多种不同的组合形式，例如，框架—核心筒结构中的型钢混凝土框架可以是型钢混凝土梁与型钢混凝土柱（钢管混凝土柱）组成的框架，也可以是钢梁与型钢混凝土柱（钢管混凝土柱）组成的框架；筒中筒结构中的外围筒体可以是框筒、桁架筒或交叉网格筒（三种筒体又可分为由钢构件、型钢混凝土结构和钢管混凝土构件组成的钢框筒、型钢混凝土框筒和钢管混凝土框筒）。要特别注意的是，为减少柱子尺寸或增加延性而在混凝土柱中设置型钢，而框架梁仍为混凝土梁时，该体系不宜视为混合结构，此外对于体系中局部构件（如框支梁柱）采用型钢柱（型钢混凝土梁柱）也不应视为混合结构。

近十年来，混合结构作为一种新型结构体系迅速发展，因为其不仅具有钢结构建筑自重轻、延性好、截面尺寸小、施工进度快的特点，还具有钢筋混凝土建筑结构刚度大、防火性能好、造价低等优点。国内许多地区的地标性建筑都采用了这种结构。

（二）高层混合结构的受力特点

混合结构是由两种性能有较大差异的结构组合而成的。只有对其受力特点有充分的了解并进行合理设计，才能使其优越性得以发挥。

混合结构的主要受力特点如下。

（1）在钢框架—混凝土筒体混合结构体系中，混凝土筒体承担了绝大部分的水平剪力，而钢框架承受的剪力约为楼层总剪力的5%，但由于钢筋混凝土筒体的弹性极限变形很小，约为1/3000，在达到规程限定的变形时，钢筋混凝土抗震墙已经开裂，而此时钢框架尚处于弹性阶段，地震作用在抗震墙和钢框架之间会进行再分配，钢框架承受的地震力会增加，而且钢框架是重要的承重构件，它的破坏和竖向承载力的降低，将危及房屋的安全。

混合结构高层建筑随地震强度的加大，损伤加剧，阻尼增大，结构破坏主要集中于混凝土筒体，表现为底层混凝土筒体的混凝土受压破坏、暗柱和角柱纵向钢筋压屈，而钢框架没有明显的破坏现象，结构整体破坏属于弯曲型。

混合结构体系建筑的抗震性能在很大程度上取决于混凝土筒体，为此必须采取有效措施保证混凝土筒体的延性。

（2）楼面梁与外框架和核心筒的连接应牢固，保证外框架与核心筒能协同工作，防止结构由于节点破坏而发生破坏。钢框架梁和混凝土筒体连接区受力复杂，预埋件与混凝土之间的黏结容易遭到破坏，当采用楼面无限刚性假定进行分析时，梁只承受剪力和弯矩，但试验表明，这些梁实际上还存在轴力，而且由于轴力的存在，往往在节点处引起早期破坏，因此节点设计必须考虑水平力的有效传递。现在比较通行的钢梁通过预埋钢板与混凝土筒体连接的做法，经试验结果表明，不是非常可靠。此外，钢梁与混凝土筒体连接处仍存在弯矩。

（3）混凝土筒体浇捣完后会产生收缩、徐变，总的收缩、徐变量比荷载作用下的轴向变形大，而且要很长时间以后才能趋于稳定，而钢框架无此性能。因此，在混合结构中，即使无外荷载作用，由于混凝土筒体的收缩、徐变产生的竖向变形差，有可能使钢框架产生很大的内力。

二、高层混合结构的布置

（1）混合结构的平面布置应符合下列规定。

①平面宜简单、规则、对称，具有足够的整体抗扭刚度，平面宜采用方形、矩形、多边形、圆形、椭圆形等规则平面，建筑的开间、进深宜统一。

②筒中筒结构体系中，当外围钢框架柱采用H形截面柱时，宜将柱截面强轴方向布置在外围筒体平面内；角柱宜采用十字形、方形或圆形截面。

③楼盖主梁不宜搁置在核心筒或内筒的连梁上。

（2）混合结构的竖向布置应符合下列规定。

①结构侧向刚度和承载力沿竖向宜均匀变化、无突变，构件截面宜由下至上逐渐减小。

②混合结构的外围框架柱沿高度宜采用同类结构构件；当采用不同类型的结构构件时，应设置过渡层，且单柱的抗弯刚度变化不宜超过30%。

③对于刚度变化较大的楼层，应采取可靠的过渡加强措施。

④钢框架部分采用支撑时，宜采用偏心支撑和耗能支撑，支撑宜双向连续布置；框架支撑宜延伸至基础。

（3）8、9度抗震设计时，应在楼面钢梁或型钢混凝土梁与混凝土筒体交接处及混凝土筒体四角墙内设置型钢柱；7度抗震设计时，宜在楼面钢梁或型钢混凝土梁与混凝土筒体交接处及混凝土筒体四角墙内设置型钢柱。

（4）在混合结构中，外围框架平面内梁与柱应采用刚性连接；楼面梁与钢筋混凝土筒体及外围框架柱的连接可采用刚接或铰接。

（5）楼盖体系应具有良好的水平刚度和整体性，其布置应符合下列规定。

①楼面宜采用压型钢板现浇混凝土组合楼板、现浇混凝土楼板或预应力混凝土叠合楼板，楼板与钢梁应可靠连接。

②机房设备层、避难层及外伸臂桁架上、下弦杆所在楼层的楼板宜采用钢筋混凝土楼板，并应采取加强措施。

③当建筑物楼面有较大开洞或为转换楼层时，应采用现浇混凝土楼板，对于楼板大开洞部位宜采取设置刚性水平支撑等加强措施。

（6）当侧向刚度不足时，混合结构可设置刚度适宜的加强层。加强层宜采用伸臂桁架，必要时可配合布置周边带状桁架。加强层设计应符合下列规定。

①伸臂桁架和周边带状桁架宜采用钢桁架。

②伸臂桁架应与核心筒墙体刚接，上、下弦杆均应延伸至墙体内且贯通，墙体内宜设置斜腹杆或暗撑；外伸臂桁架与外围框架柱宜采用铰接或半刚接，周边带状桁架与外框架柱的连接宜采用刚性连接。

③核心筒墙体与伸臂桁架连接处宜设置构造型钢柱，型钢柱宜至少延伸至伸臂桁架高度范围以外上、下各一层。

④当布置有外伸桁架加强层时，应采取有效措施减少由于外框柱与混凝土筒体竖向变形差异引起的桁架杆件内力。

三、结构计算

混合结构计算模型与其他高层建筑结构的计算模型类似。但应注意以下几点。

（1）在弹性阶段，楼板对钢梁刚度的加强作用不可忽视，宜考虑现浇混凝土楼板对钢梁刚度的加强作用。当钢梁与楼板有可靠的连接时，弹性分析的梁的刚度，可取钢梁刚度的1.5～2.0倍。弹塑性分析时可不考虑楼板与梁的共同作用。

（2）计算结构弹性阶段的内力和位移时，构件刚度取值应符合下列规定：

①型钢混凝土构件、钢管混凝土柱的刚度可按下列公式计算：

$$EI = E_c I_c + E_a I_a$$

$$EA = E_c A_c + E_a A_a$$

$$GA = G_c A_c + G_a A_o$$

式中，$E_c I_c, E_c A_c, G_c A_c$ 分别为钢筋混凝土部分的截面抗弯刚度、轴向刚度及抗剪刚度；$E_a I_a, E_a A_a, G_a A_a$ 分别为型钢、钢管部分的截面抗弯刚度、轴向刚度及抗剪刚度。

②无端柱型钢混凝土剪力墙可近似按相同截面的混凝土剪力墙计算其轴向、抗弯和抗剪刚度，可不计端部型钢对截面刚度的提高作用。

③有端柱型钢混凝土剪力墙可以按H形混凝土截面计算其轴向和抗弯刚度，端柱内型钢可以折算为等效混凝土面积计入H形截面的翼缘面积，墙的抗剪刚度可以不计入型钢作用。

④钢板混凝土剪力墙可以将钢板折算为等效混凝土面积计算其轴向、抗弯和抗剪刚度。

（3）计算竖向荷载作用时，宜考虑钢柱、型钢混凝土（钢管混凝土）柱与钢筋混凝土核心筒竖向变形差异引起的结构附加内力，计算竖向变形差异时宜考虑混凝土收缩、徐变、沉降及施工调整等因素的影响。

（4）当钢筋混凝土筒体先于钢框架施工时，应考虑施工阶段混凝土筒体在风荷载及其他荷载作用下的不利受力状态；应验算在浇筑混凝土之前外围型钢结构在施工荷载及可能的风荷载作用下的承载力、稳定及变形，并据此确定钢结构安装与浇筑混凝土楼层的间隔层数。

（5）混合结构在多遇地震作用下的阻尼比可取为0.04。风荷载作用下楼层位移验算和构件设计时，阻尼比可取为0.02～0.04。

（6）对于设置伸臂桁架的楼层或楼板开大洞的楼层，如果采用楼板平面内刚度无限大的假定，则无法得到桁架弦杆或洞口周边构件的轴力和变形。因此，在结构内力和位移计算时，设置外伸桁架的楼层及楼板开大洞的楼层应考虑楼板在平面内变形的不利影响。

四、构件设计

（一）型钢混凝土梁、柱设计

由于混凝土及腰筋和箍筋对型钢的约束作用，在型钢混凝土中的型钢的宽厚比可较纯钢结构适当放宽，型钢混凝土中型钢翼缘的宽厚比可取为纯钢结构的1.5倍，腹板可取为纯钢结构的2倍，填充式箱形钢管混凝土可取为纯钢结构的1.5～1.7倍。

型钢的截面形式应根据工程具体情况确定：有双向刚接要求（外框架平面内钢梁与型钢柱刚接，连接核心筒的楼面钢梁与外框架柱也刚接）时，宜采用十字形型钢，可使两向连接刚度均匀，当型钢的含钢率较高时，对同样截面面积的型钢，与工字形型钢相比采用十字形型钢可有效减小钢板厚度。但采用十字形型钢焊接工作量较大，劳动力成本较高。

采用十字形型钢时，两向翼缘板端部的净距不宜过小，一般不宜小于150mm，以利于腹板焊接。节点区由于连接钢梁要求且主要在工厂制作（可考虑翻身焊）翼缘板端部的距离可减小或可设计成田字形截面。当仅有单向刚接要求（外框架平面内钢梁与型钢柱刚接，连接核心筒的楼面钢梁与外框架柱铰接）时，宜采用工字形型钢，且工字形型钢的强轴方向应与外框架方向相同。采用工字形型钢可有效减少焊接工作量，劳动力成本较低。

1.型钢混凝土梁构造要求

（1）混凝土粗骨料最大直径不宜大于25mm，型钢宜采用Q235及Q345级钢材，也可采用Q390或其他符合结构性能要求的钢材。

（2）型钢混凝土梁的最小配筋率不宜小于0.30%。梁的纵向钢筋宜避免穿过柱中型钢的翼缘。梁的纵向的受力钢筋不宜超过两排；配置两排钢筋时，第二排钢筋宜配置在型钢截面外侧。当梁的腹板高度大于450mm时，在梁的两侧面应沿梁高度配置纵向构造钢筋，纵向构造钢筋的间距不宜大于200mm。

（3）型钢混凝土梁中型钢的混凝土保护层厚度不宜小于100mm，梁纵向钢筋净间距及梁纵向钢筋与型钢骨架的最小净距不应小于30mm，且不小于粗骨料最大粒径的1.5倍及梁纵向钢筋直径的1.5倍。

（4）型钢混凝土梁中的纵向受力钢筋宜采用机械连接。如纵向钢筋需贯穿型钢柱腹板并以90° 弯折固定在柱截面内时，抗震设计的弯折前直段长度不应小于钢筋抗震基本锚固长度的40%，弯折直段长度不应小于15倍纵向钢筋直径；非抗震设计的弯折前直段长度不应小于钢筋基本锚固长度的40%，弯折直段长度不应小于12倍纵向钢筋直径。

（5）梁上开洞不宜大于梁截面总高的40%，且不宜大于内含型钢截面高度的70%，并应位于梁高及型钢高度的中间区域。

（6）型钢混凝土悬臂梁自由端的纵向受力钢筋应设置专门的锚固件，型钢梁的上翼缘宜设置栓钉，型钢混凝土转换梁在型钢上翼缘宜设置栓钉。栓钉的最大间距不宜大于200mm，栓钉的最小间距沿梁轴线方向不应小于6倍的栓钉杆直径，垂直梁方向的间距不应小于4倍的栓钉杆直径，且栓钉中心至型钢板件边缘的距离不应小于50mm。栓钉顶面的混凝土保护层厚度不应小于15mm。

相关说明如下。

（1）在实际工程中较少采用型钢混凝土梁，型钢混凝土梁一般用在有特殊要求的构件中，型钢混凝土梁应以型钢作为主要受力构件，避免设置过多纵向钢筋（钢筋超过两排时，钢筋绑扎及混凝土浇筑困难）。

（2）在型钢混凝土梁中，应控制混凝土骨料直径，有利于保证混凝土质量。

（3）型钢混凝土梁（钢筋混凝土梁）的纵向钢筋应避免穿型钢柱的翼缘。实际工程中可在梁端设置水平加腋，梁纵向钢筋绕过型钢柱，也可在型钢柱翼缘设置钢筋连接器或用短型钢梁及连接钢板等与梁纵向钢筋连接。

（4）型钢混凝土梁内的纵向受力钢筋在型钢柱内锚固时，应优先考虑采用直线锚固，当直线锚固长度不足时，钢筋应穿过型钢腹板后弯锚。型钢混凝土悬臂梁自由端的纵向受力钢筋应采用机械锚固措施（穿孔塞焊锚板及螺栓锚头等）。

（5）型钢混凝土梁开洞受梁截面高度和型钢梁截面高度双重控制，避免梁承载力下降过多。

（6）型钢混凝土悬臂梁的自由端对纵向受力钢筋无约束，且梁的挠度大，转换梁的受力大且复杂，为保证混凝土与型钢的共同变形，应在型钢上翼缘设置栓钉，以抵抗混凝土与型钢之间的纵向剪力。

2.型钢混凝土梁的箍筋配置

抗震设计时，梁端箍筋应加密配置。加密区范围，一级取梁截面高度的2.0倍，二、三、四级取梁截面高度的1.5倍；当梁净跨小于梁截面高度的4倍时，梁箍筋应全跨加密配置。

型钢混凝土梁应采用具有135°弯钩的封闭式箍筋，弯钩的直段长度不应小于8倍箍筋直径。非抗震设计时，梁箍筋直径不应小于8mm，箍筋间距不应大于250mm。

3.型钢混凝土柱构造要求

（1）型钢混凝土柱的长细比不宜大于80。

（2）房屋的底层、顶层及型钢混凝土与钢筋混凝土交接层的型钢混凝土柱宜设置栓钉，型钢截面为箱形的柱子也宜设置栓钉，栓钉水平间距不宜大于250mm。

（3）混凝土粗骨料的最大直径不宜大于25mm。型钢柱中型钢的保护厚度不宜小于150mm；柱纵向钢筋净间距不宜小于50mm，且不应小于柱纵向钢筋直径的1.5倍；柱纵向钢筋与型钢的最小净距不应小于30mm，且不小于粗骨料最大粒径的1.5倍。

（4）型钢混凝土柱的纵向钢筋最小配筋率不宜小于0.8%，且在四角应各配置一根直径不小于16mm的纵向钢筋。

（5）柱中纵向受力钢筋的间距不宜大于300mm，当间距大于300mm时，宜附加配置直径不小于14mm的纵向构造钢筋。

（6）型钢混凝土柱的型钢含钢率不宜小于4%。

4.型钢混凝土柱箍筋配置

（1）非抗震设计时，箍筋直径不应小于8mm，箍筋间距不应大于200mm。

（2）抗震设计时，箍筋应做成135°的弯钩，箍筋弯钩直段长度不应小于10倍箍筋直径。

（3）抗震设计时，柱端箍筋应加密，加密区范围应取矩形截面柱长边尺寸（或圆形截面柱直径）、柱净高的1/6和500mm三者的最大值；对剪跨比不大于2的柱，其箍筋均应全高加密，箍筋间距不应大于100mm。

5.型钢混凝土梁柱节点构造要求

（1）型钢柱在梁水平翼缘处应设置加劲肋，其构造不应影响混凝土浇筑密实。

（2）箍筋间距不宜大于柱端加密区间距的1.5倍；箍筋直径不宜小于柱端箍筋加密区的箍筋直径。

（3）梁中钢筋穿过梁柱节点时，不宜穿过柱型钢翼缘；需穿过柱腹板时，柱腹板截面损失率不宜大于25%，当超过25%时，则需进行补强；梁中主筋不得与柱型钢直接焊接。节点设计建议如下。

①型钢柱设置水平加劲肋时，在水平加劲肋角部应留有直径不小于20mm的排气孔，以利于混凝土浇筑密实。

②梁的纵向受力钢筋可在柱型钢腹板穿孔贯通，对按计算配置的柱型钢应控制其腹板截面的损失率（腹板开洞截面面积/腹板截面面积）不大于25%，否则，应采取加强措施（如在洞边设置补强板等）。当柱型钢为构造设置时，其腹板截面损失率可适当放大但不超过50%。

③梁的纵向受力钢筋不应在柱型钢翼缘上开孔（翼缘开孔对柱抗弯极为不利），可采取在型钢柱上预先焊接、钢筋连接套筒、设置水平加劲板等措施。

④梁中主筋不得与柱型钢直接焊接，但可以与连接板（水平加劲板）焊接。

（二）钢管混凝土构件设计

钢管混凝土是指在钢管内填充混凝土而形成的组合结构材料，一般用作受压构件，包括轴心受压和偏心受压。按截面形式不同分为圆钢管混凝土、方钢管混凝土和多边形钢管混凝土等。圆钢管混凝土结构在实际工程中应用较多，通常简称为钢管混凝土结构。

钢管混凝土可以充分发挥钢管与混凝土两种材料的作用。对混凝土而言，钢管使混凝土受到横向约束而处于三向受压状态，从而使管内混凝土的抗压强度和变形能力提高；对钢管而言，由于钢管较薄，在受压状态下容易局部失稳，不能充分发挥其强度潜力，管中填实混凝土后，避免了钢管发生局部失稳，使强度潜力得以发挥。

构造要求：

1.圆形钢管混凝土柱应符合下列构造要求

（1）钢管直径不宜小于400mm。

（2）钢管壁厚不宜小于8mm。

（3）钢管外径与壁厚的比值D/t宜在$(20\sim100)\sqrt{235/f_y}$之间，$f_y$为钢材的屈服强度。

（4）圆钢管混凝土柱的套箍指标不应小于0.5，也不宜大于2.5。

（5）柱的长细比不宜大于80。

（6）轴向压力偏心率e_o/r_c。不宜大于1.0，e_0为偏心距，r_c为核心混凝土横截面半径。

（7）钢管混凝土柱与框架梁刚性连接时，柱内或柱外应设置与梁上、下翼缘位置对应的加劲肋；加劲肋设置于柱内时，应留孔以利混凝土浇筑；加劲肋设置于柱外时，应形成加劲环。

（8）直径大于2m的圆形钢管混凝土构件，应采取有效措施减小钢管内混凝土收缩对构件受力性能的影响。

圆形钢管的直径不宜过小，以保证混凝土浇筑质量。当管径过大（如直径大于2m）时，也会出现如下问题。

（1）管内混凝土收缩会造成钢管与混凝土脱开（尤其是环形横隔板下的混凝土质量难以保证），影响钢管与混凝土的共同受力。

（2）管径过大时，内部混凝土与周圈钢管的压缩性能差异较大，共同工作能力降低。

（3）管径过大时，周圈钢管的受压稳定性差。

针对上述问题，应采用无收缩混凝土，管内混凝土设置芯柱，钢管设置竖向加劲肋（对方钢管或仓式矩形钢管，当钢管的短边尺寸不小于800mm时，钢管宜设置竖向加劲肋）等措施，减小钢管内混凝土收缩对构件受力性能的影响并提高钢管与混凝土的共同工作能力。

圆形钢管混凝土柱一般采用薄壁钢管，但钢管壁不宜太薄，以避免钢管壁屈曲。

套箍指标是圆形钢管混凝土柱的一个重要参数（其本质就是约束强度比），反应薄钢管对管内混凝土的约束程度。若套箍指标过小，则不能有效地提高钢管内混凝土的轴心抗压强度和变形能力；若套箍指标过大，则对进一步提高钢管内混凝土的轴心抗压强度和变形能力的作用不大，结构设计的经济性差。

2.矩形钢管混凝土柱应符合下列构造要求

（1）钢管截面短边尺寸不宜小于400mm。

（2）钢管壁厚不宜小于8mm。

（3）钢管截面的高宽比不宜大于2，当矩形钢管混凝土柱截面最大边尺寸不小于800mm时，宜采取在柱子内壁上焊接栓钉、纵向加劲肋等构造措施。

（4）钢管管壁板件的边长与其厚度的比值不应大于$60\sqrt{235/f_y}$。

（5）柱的长细比不宜大于80。

（三）其他构件设计

1.梁墙间的连接

钢梁或型钢混凝土梁与混凝土筒体应有可靠连接，应能传递竖向剪力及水平力。当钢梁或型钢混凝土梁通过埋件与混凝土筒体连接时，预埋件应有足够的锚固长度。

钢柱及型钢混凝土柱的柱脚可采用埋入式、外包式和外露式等，采用埋入式柱脚的根本目的就是确保柱脚刚接，结构设计时应正确理解规范的规定，根据工程实际情况，正确确定刚接柱脚的位置。

抗震设计时，混合结构中的钢柱及型钢混凝土柱、钢管混凝土柱宜采用埋入式柱脚。采用埋入式柱脚时，应符合下列规定。

（1）埋入深度应通过计算确定，且不宜小于型钢柱截面长边尺寸的2.5倍。

（2）在柱脚部位和柱脚向上延伸一层的范围内宜设置栓钉，其直径不宜小于19mm，其竖向及水平间距不宜大于200mm。

2.外包式柱脚

外包式柱脚由钢柱脚和外包钢筋混凝土组成。外包式柱脚的钢柱底一般采用铰接，其底部弯矩和剪力全部由外包混凝土承担。外包式柱脚的轴力通过钢柱底板直接传给基础（或基础梁）；柱底弯矩则通过焊于钢柱翼缘上的栓钉传递给外包钢筋混凝土。外包钢筋混凝土的抗弯承载力、受拉主筋的锚固长度、外包钢筋混凝土的抗剪承载能力、钢柱翼缘栓钉的数量及排列要求等均应满足规范的要求。

3.外露式柱脚

外露式柱脚由外露的柱脚螺栓承担钢柱底的弯矩和轴力。采用外露式柱脚，柱脚的刚接难以保证，不应成为结构设计中的首选。必须采用时应注意以下问题。

（1）当采用外露式柱脚时，柱脚承载力不宜小于柱截面塑性屈服承载力的1.2倍。柱脚锚栓不宜用以承受柱底水平剪力，柱底剪力应由钢底板与其下钢筋混凝土间的摩擦力或设置抗剪键及其他措施承担。柱脚锚栓应可靠锚固。

（2）底板的尺寸由基础混凝土的抗压设计强度确定，计算底板厚度时，可偏安全地取底板各区格的最大压应力计算。

（3）由于底板与基础之间不能承受拉应力，拉力应由锚栓来承担，当拉力过大，锚拴直径大于60mm时，可根据底板的受力实际情况，按压弯构件确定锚栓。

（4）钢柱底部的水平剪力由底板与基础混凝土之间的摩擦力承受（摩擦系数可取0.4）。

（5）柱脚底板尺寸过大时，应采用靴梁式柱脚。

（6）从力学角度看，外露式柱脚更适合作为半刚接柱脚。震害表明其破坏特征是锚栓拉断或拔出。当钢柱截面较大时，设计大于柱截面抗弯承载力的外露式柱脚是很困难且很不经济的。结构设计中应考虑柱脚支座的非完全刚接特性，必要时按刚接和半刚接柱脚采用包络设计方法。当仅采用刚接柱脚计算时，应考虑柱反弯点下移引起的柱顶弯矩及相关构件的内力增大问题。

（7）应注意外露式柱脚的结构耐久性设计问题，采取恰当的保护和维护措施并在结构设计时注意对“刚接柱脚”的理解和把握，“刚接柱脚”指的是上部结构的固定端，实际工程中应针对不同情况加以区分；有地下室时，上部结构的钢柱在地下室应过渡为型钢混凝土柱或钢筋混凝土柱，有利于地下室结构及基础的设计与施工，也有利于对钢柱的保护。

第八章　建筑结构设计概述

基于对荷载与材料的认识，在结构设计方面我们可以确定以下基本概念与原则：结构设计，就是根据建筑物的功能，选择适当的结构形式与使用材料，并以此来确定结构的荷载、内力，进而确定结构中最大内力发生的截面及其应力，在此基础上调整该应力与材料强度的关系，使之在相对应的基础上绘制工程图纸的过程。

其具体过程可以描述如下。

首先，确定建筑物的功能与建筑区域，这是由投资者与建筑师所确定的。

其次，根据建筑物的位置与形式以及各种功能，确定该建筑物所使用的结构形式、结构材料、力学简化模型与所面临的荷载。

后续的工作是枯燥的，然而计算力学的进步与计算机的使用使得该工作变得相对简单，可以使我们迅速得出使用特定材料的结构在荷载作用下的反应——弯矩、剪力、轴力、扭矩等。进而在理论上，可以根据所确定的截面形式，计算出所有截面上、所有点的应力状况。但这不是十分必要的，我们只要找到最大的应力所在的位置并求出来就可以了。

随后的工作变得更加简单，仅仅是进行最大应力与材料强度的比较，最为经济的结论是：最大应力与材料的强度是相等的——临界状态。偏于安全考虑的设计者会选择一个合理的比例参数，使强度适当的大于应力指标；但也经常出现不理想的情况——强度不足，这时候的措施是重新修正结构中各个杆件的截面尺度，再重新进行计算，直到符合设计者的要求。

多数设计者的工作到此结束，但有时还会验算一下结构的变形，防止出现由于变形过大致使结构计算失效（不符合力学的小变形原则）或不满足使用要求的情况。

如果均可以满足要求，即可画出图纸，完成设计工作。

可以看出，结构设计是一个循环的过程，在这个过程中，并非寻求唯一化的解决方案，而是对于前提、假设求得合理的结果。因此，对于同一座建筑物的结构设计的最终结论可能是多种多样的，对于同一结构的最终设计结论也可能是完全不同的。另外，由于结构是极其复杂的，材料本身是十分复杂的，荷载也是极其复杂的，因此仅仅依靠力学分析是不够的，工程师的实践经验十分重要，尤其在结构的选型阶段，这个过程的结论千差万别，优秀工程师的超人之处就在于选择的过程。选择一个合理、简捷而高效的结构形式是全部设计成功的基础，或者可以说是设计的主要工作，因此，“概念设计”是结构设计的基本理念与原则。

第一节　设计基准期和设计使用年限

一、设计基准期

设计基准期是指为确定可变荷载代表值而选用的时间参数，也就是说，在结构设计中所采用的荷载统计参数和与时间有关的材料性能取值时所选用的时间参数。建筑结构设计所考虑的荷载统计参数都是按50年确定的，如果设计时需要采用其他设计基准期，则必须另行确定在该基准期内最大荷载的概率分布及相应的统计参数。

设计基准期的意义在于，该基准期是测算最大荷载重现期的基本期限。自然界的荷载如风、雪与地震等，均有相应的周期性变化规律。设计基准期就是结构设计时所考虑的最大荷载重现期，如果设计基准期为20年，那么荷载为20年一遇；设计基准期为50年，那么荷载为50年一遇。设计基准期选择的时间范围越长，特征荷载指标就越大，设计标准相应就越高。我国有关规范对于常规建筑物的设计基准期规定为50年，特殊建筑物的设计基准期可以根据具体情况单独确定。

当然，在设计基准期内，设计时所确定的特殊荷载并不一定出现，而且在建筑物超过设计基准期后，也并非意味着结构的失效，而是其可靠度在理论上有所降低，因此基准期不等同于建筑物的使用寿命。

对于建筑物的投资与建设方，也可以根据需要，自行设定其投资建设的设计基准期与建筑物的重要性，但是在没有投资方特殊要求的前提下，设计施工应该执行相关国家标准。

二、设计使用年限

设计使用年限是设计规定的一个使用时期。《建筑结构可靠度设计统一标准》（GB50068—2001）首次正式提出了“设计使用年限”，明确了设计使用年限是设计规定的一个时期，在这一规定时期内，房屋建筑在正常设计、正常施工、正常使用和维护的条件下，不需要进行大修就能按其预定要求使用并能完成预定功能。建筑结构设计使用年限分类见表8-1。

表8-1 建筑结构设计使用年限分类

类别	1	2	3	4
设计使用年限	5年	25年	50年	100年
示例	临时性结构	易于替换的结构构件	普通房屋和构筑物	纪念性建筑和特别重要的建筑结构

设计使用年限不同于设计基准期的概念，但对于普通房屋和构筑物，设计使用年限和设计基准期一般均为50年。

第二节 结构设计的功能要求和可靠度

一、结构设计的功能要求

对于结构设计来讲，设计师至少要使其所设计的结构满足两个方面的基本要求：安全性与适用性。

首先是安全性，即满足特定的、与建筑物的功能相适应的承载力极限状态，这对于结构来讲是最为基础的，也是最为根本的。

其次是适用性，即保证结构在日常使用中满足要求，在常规荷载作用下不会发生影响正常使用的问题，即满足正常使用极限状态的要求。在结构设计中，适用性一般不需要特殊设计，正如前文所叙述的那样，是在结构满足与保证其安全性的基础上，再进行相应的验算。

此外，结构设计者还必须考虑结构的耐久性，即结构保证承载力的持续时间与承载力的环境适应度。

因此，对于结构工程师来讲，在进行结构设计时，所要考虑的结构的基本问题为：所设计的结构安全吗？是否适用？能保证其对于环境变化与岁月流逝的适应吗？

当然，经济问题也是结构工程师所必然考虑的，即结构的投资问题。这不仅仅包括结构杆件截面尺度的选择问题——选择较小的截面可以获得相对低廉的造价，而且还要涉及因不同的结构形式与材料选择而导致的施工成本、静态的材料采购价格、动态的施工复杂性与施工周期问题等。

二、结构设计的可靠度

结构的三个方面的功能要求若能同时得到满足则称该结构可靠，也就是结构在规定的时间内，在规定条件下能完成预定功能的能力为可靠性。结构满足相对的功能要求（安全性、适用性、耐久性）的程度被称为结构的可靠度。可靠度是对结构可靠性的定量描述，即结构在规定的时间内、规定的条件下，完成预定功能的概率。所谓相对的功能要求，是指建筑物所在的特定位置与环境、特定的设计功能与安全等级要求。不同的建筑物各种条件不同，结构设计的要求也不一样。但是，需要特殊说明的是，没有任何结构可以达到100%的可靠度。100%意味着该建筑物是绝对不会倒塌的，绝对安全的，这显然在理论上是荒谬的，在实践中也是难以做到的，理性的投资者与设计者不会盲目提高建筑物的可靠度指标，而是根据建筑物的重要程度确定其基本设计依据。

常规建筑物的可靠度指标一般为95%，即对于特定地区所建设的、在特定的时间范围内、完成特定功能的建筑物，特定荷载的可靠度为95%。这是一个相对的概念，不同建筑物之间的可靠度与安全性是不可以简单比较的，原因在于不同建筑物的功能不同、荷载不同，所在位置与地质状况也不同。

结构的可靠度是一个非常复杂的概念，整体结构的可靠度不仅仅包括每一杆件各个截面的可靠度、杆件之间的相互关系、结构体系的构成关系等多方面的内容，还包括对荷载的认识，尤其是对于不确定的荷载，如风、地震等的研究，更要包括对于建筑物倒塌后的严重性进行评估，以确定其安全等级。可靠度指标绝不是简单的、绝对化的指标，而是非常模糊性的指标体系。在设计中，不能将单一截面的破坏就视为杆件的破坏，也不能将单一杆件的破坏视为结构的破坏，要根据不同的设计原则进行区分。当今一些结构工程与力学研究领域内的工程师们，正力求采用模糊数学的方法与理论，来解决结构中的模糊破坏与临界标准的界定问题，并取得了大量的成果。

近几年来，在各种房地产开发广告中，曾一度流行这样的说法："钢结构要比混凝土结构安全、混凝土结构要比砖混结构安全。"这在理论上是非常错误的，也是对消费者的一种误导。很明显，对于处在相同地区、具有相同功能、按照相同设计标准所设计的建筑物，其可靠度指标应该是完全相同的，与所使用的材料的强度及性能是无关的。尽管从材料的延性、强度以及抵抗动力荷载的性能上来看，钢材要优于钢筋混凝土，钢筋混凝土也同样优于砖石砌体，但是采用不同材料设计的结构，所使用的截面尺度不同，构造处理方式不同，结构体系也截然不同。正是由于采用了不同的处理方式，对于相同的功能与荷载，其承担能力是相同的。

第三节　建筑结构的设计方法

我国工程结构设计的基本方法先后经历了四个阶段，即容许应力法（中华人民共和国成立前及成立初期使用的英美规范）；破损阶段设计法（使用苏联规范）；极限状态设计法（我国1966年、1974年编制的规范）和以概率理论为基础的概率极限状态设计法[以我国1984年颁布的国家标准《建筑结构设计统一标准》（GBJ68—1984）为依据编制的规范]。在这一演变过程中，可以看到设计方法在理论上经历了从弹性理论到极限状态理论的转变，在方法上经历了定值法到概率法的转变。

容许应力法、破损阶段设计法和极限状态设计法存在的共同问题是：没有把影响结构可靠性的各类参数视为随机变量，而是看成定值；在确定个系数取值时，不是用概率的方法，而是用经验或半经验、半统计的方法，因此属于“定值设计法”。

概率极限状态设计法是以概率理论为基础，视作用效应和影响结构抗力（结构或构件承受作用效应的能力，如承载能力、刚度等）的主要因素为随机变量，根据统计分析确定可取概率（或可靠指标）来度量结构可靠性的结构设计方法。其特点是有明确的、用概率尺度表达的结构可靠度的定义。通过预先规定的可靠指标值，使结构各构件间以及不同材料组成的结构有较为一致的可靠度水准。

现将概率极限状态设计法进行详细介绍。

一、结构设计的权限状态

结构设计就是寻找结构极限状态的过程，并力求使结构受力变得经济、简捷与高效，否则结构设计是毫无意义的，任何人都可以选择一个大得惊人的截面来承担荷载。

所谓结构设计的极限状态，是指结构在受力过程中存在某一特定的状态，当结构整体或其中的组成部分达到或超过该状态时，就不能继续满足设计所确定的功能，此特定的状态就是该结构或部分的极限状态。

对于建筑结构来讲，认定什么样的状态为其极限状态，是十分重要与必要的，这不仅涉及结构设计的准则问题，更涉及结构的适用性、安全性与耐久性。在多年实践的基础上，现代建筑的结构设计，设定了两个极限状态为设计的基准：承载力极限状态与正常使用极限状态。

（一）承载力极限状态

承载力极限状态，就是指结构所达到的最大的荷载承担状态，这是对于结构所确定的最大承载力的指标，承载力达到或超过该指标时，结构会发生严重的破坏，断裂、坍塌、倾覆等，将导致严重的损失。对于结构来讲，承载力极限状态的发生，标志着结构的破坏和结构作为承载体系的功能的丧失，损失无疑是巨大的，因此要将该状态的发生概率控制得很低。

当出现以下现象，可以判断出结构已经不能够继续承担相应的荷载或作用了，已经进入了结构的承载力极限状态。

1.因材料强度不足或塑性变形过大而失去承载力。

2.结构的连接失效而变成机构。

3.结构或构件丧失稳定。

4.整个结构或部分失去平衡。

以上四种状态，无论出现哪一种，结构均将处于坍塌状态，即彻底失去承载的能力。

（二）正常使用极限状态

正常使用极限状态，就是指结构在外力作用下，所发生的不能满足建筑物的基本功能的实现的状态，但建筑物在该状态下并不会发生灾难性的后果。通常所理解的正常使用极限状态，主要是指结构发生了影响使用的变形、位移、裂缝、震颤等问题。

当出现以下现象，则表明结构已经对其正常使用形成障碍，为正常使用极限状态，但不处于危险之中。

（1）出现影响外观与使用的过大的变形，但该变形的大部分属于弹性变形而非塑性变形。

（2）局部发生破坏而影响结构的使用。

（3）发生影响使用的震颤。

（4）影响使用的其他状态。

当结构出现正常使用极限状态的表现时，结构一般不会垮塌，也就是说，结构仍具有承担荷载的能力，仍然可以被认为是安全的。但是，这些问题虽不会导致结构的破坏，却可以影响建筑物的正常使用，使其功能不能完全发挥出来。有时，甚至会对人的心理形成巨大的冲击与压力，任何人面对自己头上大梁的裂缝，都会感到极度的不安，即便是设计者本人也一样，尽管他深信其设计是安全的。

另外，结构设计的力学基础理论为材料力学与结构力学，这两种力学的前提假设均是以小变形假设为基础的，即材料与结构在外力的作用下所发生的变形是微小的，其变形不影响结构构件之间的宏观几何位置关系与尺度关系。因此，在实际结构设计中，必须保证结构的变形在控制范围之内，以保证结构设计的前提假设的继续有效，保证结构设计的准确性。

如果在结构设计时忽略这一点，会使得结构在使用时出现不满足结构计算前提假定的变形，进而使得设计计算的结果失效，即结构的实际受力状态与设计预想不同。这是十分危险的，就如同使用一张错误的地图指路一般。

在设计中，两种极限状态都必须同时得到满足，那种重视承载力极限状态而忽视正常使用极限状态的设计思想是极其错误的。常规的做法是，对承载力极限状态进行设计和计算，当满足该状态后，再对正常使用极限状态进行校核与验算，以确保后一状态也可以得到满足。

但是，两个状态的计算与设计所采用的指标是有所差异的。通常来讲，承载力极限状态的后果是较严重的，因此荷载指标与材料的强度均采用设计值；而对于正常使用极限状态的验算，则通常采用荷载指标与材料强度的标准值。

荷载的设计值一般高于荷载的标准值，其比值称为荷载的分项系数；材料强度的设计值低于其标准值，其比值称为强度的分项系数。

二、功能函数与极限状态方程

按极限状态设计的目的是保证结构功能的可靠性，这就需要满足作用在结构上的荷载或其他作用（地震，温差，地基不均匀、沉降等）对结构产生的效应（简称荷载效应）S（如内力、变形、裂缝等）不超过结构在达到极限状态时的抗力R（如承载力、刚度、抗裂度等），即$S \leq R$。

将上式写为$Z=g(S, R)=R-S$，当此式等于0时成为“极限状态方程”。其中$Z=g(S, R)$成为功能函数，式中的S、R为基本变量。

通过结构功能函数Z可以判定结构所处的状态。

当$Z>0$（$R>S$）时，结构能完成预定功能，处于可靠状态。

当$Z=0$（$R=S$）时，结构处于极限状态。

当$Z<0$（$R<S$）时，结构不能完成预定功能，处于失效状态，也即不可靠状态。

三、建筑物的安全等级

由上述可知，在正常条件下，失效概率P_f尽管很小，但总是存在，所谓“绝对可靠”（P_f=0）是不可能的。因此，要确定一个适当的可靠度指标，使结构的失效概率降低到人们可以接受的程度，做到既安全可取又经济合理，需要满足以下条件：

$$\beta \geqslant [\beta] \tag{8-1}$$

式中：

$[\beta]$——结构的目标可靠指标。

对于承载能力极限状态的目标可靠指标，根据结构安全等级和其破坏形式，按表8-2采用。表8-2是以建筑结构安全等级为二级且为延性破坏时的$[\beta]$值为3.2作为基准，其他情况相应增加或减少0.5制定。

设计建筑结构时，应根据结构破坏可能产生的后果，采用不同的安全等级。建筑结构安全等级的划分应符合表5-2的要求。

对于正常使用的极限状态，$[\beta]$值应根据结构构件特点和工作经验确定。一般情况下低于表8-2中给定的数值。

表8-2　结构安全等级、结构重要性系数γ_0、结构构件承载力极限状态目标可靠值$[\beta]$

安全等级	破坏后果	建筑物类型	设计使用年限	结构重要性系数γ_0	目标可靠指标$[\beta]$	
					延性破坏	脆性破坏
一级	很严重	重要性房屋	≥100	1.1	3.7	4.2
二级	严重	一般的房屋	50	1.0	3.2	3.7
三级	不严重	次要的房屋	5	0.9	2.7	3.2

五、极限状态设计设计的数学表达式

《建筑结构可靠度设计统一标准》（GB50068—2001）给出了极限状态设计实用表达式。

（一）承载力极限状态设计

按照承载力极限状态设计时，应采用荷载效应的基本组合或偶然组合，并按下列设计式进行设计：

$$\gamma_0 S \leqslant R \tag{8-2}$$

式中：

γ_0——结构重要性系数，对安全等级为一级、二级、二级的结构构件分别取1.1，

1.0，0.9。

S——荷载效应组合设计值。

R——结构构件抗力设计值。

由于荷载位置与方向差异，不同荷载对同一结构产生的效果不同，可以用数学表达式表述为：$S=CQ$。其中，C为荷载效应系数，是由特定结构或构件对特定荷载所确定的。

如简支梁，在均布荷载（荷载集度q）作用下，其最大弯矩为$M=ql^2/8$，最大剪力为$V=ql/2$，则其最大弯矩的荷载效应系数为：$C=l^2/8$，最大剪力的荷载效应系数$C=l/2$。

荷载效应系数的确定，对于结构设计的过程来讲是一个大大的简化过程，虽然荷载的量值千差万别，但荷载的性质、位置可以做简单的分类，因此就可以针对特定的结构形式、特定的荷载特征，确定不同的荷载效应系数。在设计中，可以简单地以公式$S=CQ$求得特定截面的内力与变形。

如对于三跨连续梁，在特定荷载作用下的荷载效应系数见表5-3。

在确定G与Q的量值后，即可以直接求得M_1、M_2、M_B、M_C、V_A、V_{Bl}、V_{Br}、V_{cl}、V_{Cr}、V_D等关键内力指标。

结构抗力与结构所选择的材料、截面的形式、结构形式相关。确定结构抗力是结构设计者的基本任务，在结构设计中，设计者通过结构材料、杆件截面形式与尺度、结构型式等的选择，确定了特定结构的结构抗力。

在实际结构的设计中，需要考虑一些特殊的问题，那就是实际结构可能同时承担多种不同的荷载作用，这些荷载作用可能相互加强，也可能相互削弱；荷载作用的位置也会有各种变化，不同的作用位置对于结构的影响也是不同的，也可能出现相互加强或相互削弱的情况。因此，对于结构设计者来讲，在设计开始时就要根据建筑物的实际状况，考虑多种不同荷载的组合方式与作用的位置，以求得对于结构来说最为不利的作用状况。只有在最不利的作用下结构是安全的，才可以保证结构在大多数状态下的安全。

作用在结构上的荷载不是单一和固定的，这就需要将多个荷载进行组合。荷载效应组合是指在设计结构或结构构件时，在所有可能出现的多种荷载作用下，确定结构或结构构件内产生的荷载总效应，并分别对承载能力和正常使用两种极限状态进行组合。在所有可能的组合中，选取对结构或构件产生总效应为最不利的一组进行设计。最不利组合是指将可能出现的荷载同时作用在结构上，以求得对于结构最为不利的荷载状况。当然，并不是所有的荷载都可以同时出现，有时虽同时出现还会有相互削弱的情况，在设计中仅考虑可以同时出现并可以相互加强的荷载状况。

表8-3　特定荷载作用下的荷载效应系数

受力模式	跨内最大弯矩		支座弯矩		剪力			
	M_1	M_2	M_B	M_C	V_A	$V_{Bl}V_{Br}$	$V_{cl}V_{Cr}$	V_D
G G　G G　G G A　B　C　D	0.244	0.067	−0.267	0.267	0.733	1.267 1.000	−1.000 1.267	−0.733
Q Q　　Q Q A　B　C　D	0.289	—	−0.133	−0.133	0.866	−1.134 0	0 1.134	−0.866
Q Q A　B　C　D	—	0.200	−0.133	−0.133	0.133	−0.133 1.000	−1.000 0.133	0.133
Q Q　Q Q A　B　C　D	0.229	0.170	−0.311	−0.089	0.689	−1.311 1.222	−0.778 0.089	0.089
Q Q A　B　C　D	0.274	—	−0.178	0.044	0.822	−1.178 0.222	0.222 −0.044	0.044

例如，在单层工业厂房的设计中，可以设想该厂房结构的最不利荷载状况为：厂房已经使用多年，此时屋顶的积灰已经达到了极限；刚刚下过一场多年不遇的大雪，使屋面积雪荷载达到最大；厂房内两台吊车同时同向在最大的起重吨位上运行，而此时发生了罕见的地震，使得吊车司机同时进行急刹车，这种特殊的荷载状况是可能出现的，而此时的厂房正处于最为危险的状况，结构工程师的任务就是使厂房结构在如此危难之时，不会立即发生坍塌，从而防止灾难扩大化。

桥梁结构工程师也同样会做这样的设想：满载货物的车辆正以最高速度行驶，突然发生的地震使得司机采取了急刹车措施，在这样的条件下所产生的巨大的荷载效应是桥梁必须能够承担的。

另外，对于一些特定的偶然性荷载，结构工程师需要因地制宜地加以考虑。如爆炸作用，常规的建筑物几乎很少在设计中会被工程师验算过这种荷载作用，然而对于一些有特定安全要求的建筑物或构筑物来讲，就要加以设计。在“9·11”事件中，倒塌的世界贸易中心大楼向世人证明，尽管经过工程师们的精心计算与设计，这种非常规的荷载仍然是难以预料的。

因此，可以将荷载的最不利组合描述为：当结构在最大的使用荷载作用下，同时发生了特殊的、可以预料其量值的意外作用。使用荷载是可以预计的，意外作用多数情况下要考虑地震与风的影响，即建筑物所在地区在建筑物存在的期限内，可能出现的最大地震烈度以及风速。不过，人们通常很少将二者同时考虑，这是因为二者同时出现的概率几乎为0。特殊的建筑物与构筑物还要考虑特定的特殊荷载，如堤坝与桥梁要考虑洪水的波浪作用等。

经过荷载的最不利组合设计后，结构处于相对安全的状况中，在大多数情况下，结构不会面临大于该最不利组合的荷载作用环境——这是结构工程师工作的责任范围；但对于某些难以预料的特殊作用，仍然可以摧毁结构——这不是结构工程师工作的责任范围。

进行荷载组合的基本原则是：结构自重是不能忽略的，其是在各种状况中均存在的；活荷载的出现是随机的，少数活荷载同时出现是可能的，但同时达到设计荷载的特征指标的概率较小；将最大的活荷载的组合系数设定为1，不进行任何折减；同时，将其他活荷载根据其同时出现的可能性进行相加，并考虑这种可能性的概率，再对其相加的结果进行折减。

对于承载能力极限状态设计，一般考虑荷载效应的基本组合或偶然组合进行荷载组合。

1.基本组合

基本组合中，荷载效应组合设计值S应从下面两种组合中取最不利的情况进行确定：

（1）由可变荷载效应控制的组合：

$$S=\gamma_G S_{Gk}+\gamma_{Q1}S_{Q1k}+\sum_{i=2}^{n}\gamma_{Qi}\phi_{ci}S_{Qik}a \tag{8-3}$$

式中：

γ_G——永久荷载分项系数，当其效应对结构不利时，对由可变荷载效应控制的组合，应取1.2；对由永久荷载效应控制的组合，应取1.35。当其效应对结构有利时，一般情况下，不应大于1.0；对结构的倾覆、滑移或漂浮验算，荷载的分项系数应满足有关建筑结构设计规范的规定。

S_{Gk}——按永久荷载标准值G计算的荷载效应值。

γ_{Qi}——第i个可变荷载的分项系数，一般情况下取1.4，对于标准值大于4kN/m²的工业房屋楼面结构的活荷载取1.3。

S_{Qik}——按可变荷载标准值Q_{ik}计算的荷载效应值，其中S_{Q1k}为可变荷载中起控制作用的荷载。

ϕ_{ci}——可变荷载A的组合值系数，按《建筑结构荷载规范》（GB50009—2012）取用。

n——参与组合的可变荷载数。

荷载分项系数乘以荷载标准值Q_k称为荷载设计值Q。

（2）由永久荷载效应控制的组合：

$$S=\gamma_G S_{Gk}+\sum_{i=2}^{n}\gamma_{Qi}\phi_{ci}S_{Qik} \tag{8-4}$$

式中符号与式（5-3）中规定相同。

2.偶然组合

在此种组合中，荷载效应组合的设计值应按下列规定确定：偶然荷载代表值不乘以分项系数；与偶然荷载同时出现的其他荷载，可根据观测资料和工程经验采用适当的代表值。各种情况下荷载效应的设计值公式，应符合专门规范规定。

（二）正常使用极限状态设计

对于正常使用极限状态，应根据不同设计要求，采用荷载的标准组合、频遇组合和准永久组合。承载力极限状态的后果是较严重的，因此荷载指标与材料的强度均采用设计值；而对于正常使用极限状态的验算，则通常采用荷载指标与材料强度的标准值。正常使用极限状态设计属于验算性质，可靠度可以降低，所以采用荷载标准进行计算。要求按荷载效应的标准组合并考虑长期作用影响计算的最大变形或裂缝宽不得超过规定值，即

$$S\leqslant C \tag{8-5}$$

式中：

S——荷载效应组合的设计值。

C——机构或结构构件达到正常使用要求的规定限值（变形、裂缝、振幅和加速度等）。

1.标准组合

当一个极限状态被超越而将造成永久性损害的情况时，应采用标准组合。这种组合是考虑荷载短期效应的一种组合，是指永久荷载标准值、主导可变荷载标准值与伴随可变荷载组合值的效应组合。采用在设计基准期内根据正常使用条件下可能出现最大可变荷载时的荷载标准值确定。主要设计值S应按下式采用：

$$S=S_{Gk}+S_{Q1k}+\sum_{i=2}^{n}\phi_{ci}S_{Qik} \tag{8-6}$$

式中：

ϕ_{ci}——可变荷载Q_i的组合值系数。

2.频遇组合

当一个极限状态被超越时产生的局部损害、较大变形或最短暂的振动等情况时，应采用频遇组合。这是考虑荷载短期效应的一种组合，多指永久荷载标准值、主导可变荷载频遇值与伴随可变荷载的准永久值的效应组合。设计值S应按下式采用：

$$S = S_{Gk} + \phi_{f1} S_{Q1k} + \sum_{i=2}^{n} \phi_{Qi} S_{Qik} \tag{8-7}$$

式中：

ϕ_{f1}——可变荷载 Q_1 的频遇值系数。

ϕ_{Qi}——可变荷载 Q_i 的准永久值系数。

3.准永久组合

当遇到长期效应起决定因素的一些情况时，应采用准永久值组合。这是考虑荷载长期效应时的一种组合，是采用设计基准期内持久作用的准永久值进行组合确定的，多指永久荷载标准值与伴随可变荷载的准永久值的效应组合。设计值S应按下式采用：

$$S = S_{Gk} + \sum_{i=1}^{n} \phi_{Qi} S_{Qik} \tag{8-8}$$

第四节　结构上的荷载最不利分布

恒荷载在结构上的位置是确定的，而活荷载则不同，在不同的位置上对结构的影响不同。在力学中，我们学过“结构的影响线”，知道在移动的荷载作用下，特定的结构截面产生的内力是不一样的。因此，结构工程师就要考虑这种由于荷载的移动而产生的截面不利状况。由于实际工程结构是千差万别的，而荷载作用也是千差万别的，难以采用具体的数学表达式将其表示清楚，因此，本章以连续梁为例，说明均布活荷载的作用下该结构截面内力的具体变化。

连续梁是结构设计时经常采用的结构形式，不仅在建筑工程中使用，而且常见于桥梁等大型结构。连续梁以其传力明确、设计简便、功能明确等特点，深受结构工程师的喜爱。除了梁的自重荷载所形成的恒荷载外，均布的活荷载在不同的跨间自由分布。由于恒荷载作用确定，因此在不利组合中暂时忽略恒荷载的存在。

不同的荷载作用位置所产生的变形是不一样的，即不同的荷载位置所产生的内力的差异，以及不同荷载位置之间的内力的相互关系：有时相互加强，有时相互削弱。因此，在对于连续梁的某一跨做结构设计时，工程师要在梁上做对于该跨来说最为不利的荷载分布。

当求某一支座的最大剪力时，与求该支座最大负弯矩时所分布荷载状况相同。对于其他结构，如刚架、排架、桁架、拱等常见结构也是如此，均要找出其最不利荷载分布与组合的规律，再进行各种分布与组合。

在实际结构的受力过程中，各种受力形式均有可能出现，而且可能同时出现，因此结构的强度与刚度必须在各种条件下均要得到满足。这就要求设计者将各种受力分布条件下的内力图相互重叠，即将各种荷载布置下的内力图绘制在同一连续梁上，从而得到各种荷载作用的内力图的外包络线，即内力包络图。

包络图并非是一种实际的内力图，而是各种可能的内力图的叠加，因而可以出现截面不同的受力状况，既有正弯矩，又有负弯矩。在包络图中可以确定某一截面所可能承担的最大正负内力值，进而可以求出该截面的最大应力，再根据该应力值进行截面的强度设计。

另外，对于连续梁，考虑荷载的影响区域，一般取相邻5跨之内的荷载分布为有效荷载，在5跨之外的荷载分布为无效荷载；5跨之外所分布的荷载对于本跨的影响，可以在工程计算中忽略。

第五节 建筑结构设计过程综述

一、建统设计的一般程序

一栋建筑物从设计到施工落成，需要建筑师、结构工程师、设备工程师、施工工程师的通力合作。不考虑建设项目的规模大小、复杂程度，在设计程序方面一般需要经过三个设计阶段，即初步设计、技术设计、施工图设计。

（一）初步设计阶段

这是建筑师的主要工作，如建筑物的总体布置、平面组合方式、空间体型、建筑材料等，此时结构工程师要配合建筑师做出结构选型。

该阶段提出的图纸和文件主要有建筑总平面图，包括建筑物的位置、标高，道路绿化以及基地设施的布置和说明；建筑物各层平面图、立面图、剖面图，并应说明结构方案、尺寸、材料；设计方案的构思说明书、结构方案及构造特点、主要技术经济指标；建筑设计造价估算书，包括主要建筑材料的控制数据。

（二）技术设计阶段

该阶段的主要任务是在初步设计的基础上，确定建筑、结构、设备等专业的技术问题、技术设计的内容，各专业间相互提供资料、技术设计图纸和设计文件。建筑设计图纸中应标明与其他技术专业有关的详细尺寸，并编制建筑专业的技术条件说明书和概算书。

结构工程师要根据建筑的平立面构成、设备分布等做出结构布置的详细方案图，并进行力学计算。设备工程师也要提供相应的设备图纸及说明书。同时，各专业须共同研究协调，为编制施工图打下坚实的基础。

（三）施工图设计阶段

这一过程的主要任务是在技术设计的基础上，深入了解材料供应、施工技术、设备等条件，做出可以具体指导施工过程的施工图纸，包括建筑、结构、设备等专业的全部施工图纸、工程说明书、结构计算书和设计预算书。

二、结构设计的一般过程

虽然不同材料的建筑结构各有特点，但设计的一般过程仍可归纳如下。

（一）结构选型

在收集基本资料和数据（如地理位置、功能要求、荷载状况、地基承载力等）的基础上，选择结构方案，结构形式和结构承重体系。原则是满足建筑特点、使用功能的要求，受力合理，技术可行，并尽可能达到经济技术指标先进。对于有抗震设防要求的工程，要充分体现抗震概念设计思想。

（二）结构布置

在选定结构方案的基础上，确定各结构构件之间的相互关系，初步定出结构的全部尺寸。确定结构布置也就确定了结构的计算简图，确定了各种荷载的传递路径。计算简图虽是对实际结构的简化，但应反映结构的主要特点及实际受力情况，以用于内力、位移的计算。所以，结构布置是否合理，将影响结构的性能。

（三）确定材料和构件尺寸

按规范要求选定合适等级的材料，并按各项使用要求初步确定构件尺寸。结构构件的尺寸可用估算法或凭工程经验定出，也可参考有关手册，但应满足规范要求。

（四）荷载计算

根据使用功能要求和工程所在地区的抗震设防等级确定永久荷载、可变荷载（楼、屋面活荷载，风荷载等）以及地震作用。

（五）内力分析及组合

计算各种荷载下结构的内力，在此基础上进行内力组合。各种荷载同时出现的可能性是多样的，而且活荷载位置是可能变化的，因此结构承受的荷载以及相应的内力情况也是多样的，这些应该用内力组合来表达。内力组合即所述荷载效应组合，在其中求出截面的最不利内力组合值作为极限状态设计计算承载能力、变形、裂缝等的依据。

（六）结构构件设计

采用不同结构材料的建筑结构，应按相应的设计规范计算结构构件控制截面的承载力，必要时应验算位移、变形、裂缝以及振动等的限值要求。所谓控制截面，是指构件中内力最不利的截面、尺寸改变处的截面以及材料用量改变的截面等。

（七）构造设计

各类建筑结构设计的相当一部分内容尚无法通过计算确定，可采取构造措施进行设计。大量的工程实践经验表明，每项构造措施都有其作用原理和效果，因此构造设计是十分重要的设计工作。构造设计主要是根据结构布置和抗震设防要求确定结构整体及各部分的连接构造。

另外，在实际工作中，随着设计的不断细化，结构布置、材料选用、构件尺寸等都不可避免地要做相应的调整。如果变化较大时，应重新计算荷载和内力、内力组合以及承载力，验算正常使用极限状态的要求。

三、结构设计应免成的主要文件

（一）结构设计计算书

结构设计计算书对结构计算简图的选取、荷载、内力分析方法和结果、结构构件控制截面计算等，都应有明确的说明。如果结构计算采用商业化计算机软件，应说明软件名称，并对计算结果做必要的校核。

（二）结构设计施工图纸

所有设计结果，以施工图纸反映，包括结构、构件施工详图、节点构造、大样等，应标明选用材料、尺寸规格、各构件之间的相互关系、施工方法的特殊要求、采用的有关标准（或通用）图集编号等，要达到不做任何附加说明即可施工的要求。施工详图需全面符合设计规范要求，并便于施工。

第九章　建筑结构抗震设计

第一节　地震特性

地震是由于地球内部构造运动而产生的一种自然现象。地球每年平均发生500万次左右的地震。其中，强烈地震会造成地震灾害，给人类带来严重的人身伤亡和经济损失。我国是多震国家，地震发生的地域范围广，且强度大。为了减轻建筑的地震破坏，避免人员伤亡，减少经济损失，土木工程师等工程技术人员必须了解建筑结构抗震设计基本知识，对建筑工程进行抗震分析和抗震设计。

一、地震类型

（一）按地震的成因分类

1.锈发地震

由于人工爆破、矿山开采及兴建水库等工程活动所引发的地震。影响范围较小，地震强度一般不大。

2.火山地震

由于活动的火山喷发，岩浆猛烈冲出地面引起的地震。主要发生在有火山的地域。我国很少见。

3.构造地震

地球内部由地壳、地幔及地核三圈层构成，其中地壳是地球外表面的一层很薄的外壳，它由各种不均匀岩石及土组成；地幔是地壳下深度约为2900 km的部分，由密度较大的超基岩组成；地核是地幔下界面（称为古登堡截面）至地心的部分，地核半径约为3500 km，分内核和外核。从地下2900–5100 km深处范围，叫作外核，5100 km以下的深部范围称内核。地球内部各部分的密度、温度及压力随深度的增加而增大。

根据板块构造学说，地球表层主要由六个巨大板块组成：美洲板块、非洲板块、亚欧板块、印度洋板块、太平洋板块、南极洲板块。板块表面岩石层厚度约为70～100 km，板块之间的运动使板块边界地区的岩层发生变形而产生应力，当应力积累超过岩体抵抗它的承载力极限时，岩体即发生突然断裂或错动，释放应变能，从而引发的地震称为构造地震。构造地震发生次数多，影响范围广，是地震工程的主要研究对象。

（二）按震源的深度分类

1.浅源地震

震源深度在70 km以内的地震。

2.中源地震

震源深度在70～300 km范围以内的地震。

3.深源地震

震源深度超过300 km的地震。

（三）几个地震术语

1.震源

地球内岩体断裂错动并引起周围介质剧烈振动的部位称为震源。

2.震中

震源正上方的地面位置称为震中。

3.震中距

地面某处至震中的水平距离称为震中距。

4.震源深度

震源到震中的垂直距离。

震源和震中不是一个点，而是有一定范围的区域。

二、地震波和地震动

地震发生时，地球内岩体断裂、错动产生的振动，即地震动，以波的形式通过介质从震源向四周传播，就是地震波。地震波是一种弹性波，它包括体波和面波。

（一）体波

在地球内部传播的波称为体波。体波有纵波和横波两种形式。纵波是压缩波（P波），其介质质点运动方向与波的前进方向相同。纵波周期短、振幅较小，传播速度最快，引起地面上下颠簸；横波是剪切波（S波），其介质质点运动方向与波的前进方向垂直。横波周期长、振幅较大，传播速度仅次于纵波，会引起地面左右摇晃。

（二）面波

沿地球表面传播的波叫作面波。面波有瑞雷波（R波）和乐夫波（L波）两种形式。瑞雷波传播时，质点在波的前进方向与地表法向组成的平面内做逆向的椭圆运动，会引起地面晃动；乐夫波传播时，质点在与波的前进方向垂直的水平方向做蛇形运动。面波速度最慢，周期长，振幅大，比体波衰减慢。

综上所述，地震时纵波最先到达，横波次之，面波最慢；就振幅而言，后者最大。当横波和面波都到达时振动最为强烈，面波的能量大，是引起地表和建筑物破坏的主要原因。由于地震波在传播过程中逐渐衰减，随震中距的增加，地面振动逐渐减弱，地震的破坏作用也逐渐减轻。

地震发生时，由于地震波的传播而引起的地面运动，称为地震动。地震动的位移、速度和加速度可以用仪器记录下来。

地震动的峰值（最大振幅）、频谱和持续时间，通常称为地震动的三要素。工程结构的地震破坏，与地震动的三要素密切相关。

三、地震等级和地震烈度

地震等级简称震级，是表示一次地震时所释放能量的多少，也是表示地震强度大小的指标。一次地震只有一个震级。目前我国采用国际通用的里氏震级M，并考虑了震中距小于100 km的影响，即按下式计算：

$$M=\lg A+R(\Delta) \tag{9-1}$$

式中A——地震记录图上量得的以m为单位的最大水平位移（振幅）；

R（Δ）——随震中距而变化的起算函数。

震级M与地震释放的能量E（尔格erg）之间的关系为

$$\lg E=1.5M+11.8 \tag{9-2}$$

式（9-2）表明，震级M每增加一级，地震所释放的能量E约增加30倍。2～4级的浅震，人就可以感觉到，称为有感地震；5级以上的地震会造成不同程度的破坏，叫破坏性地震；7级以上的地震叫作强烈地震或大震。目前，世界上已记录的最大地震等级为9.0级。

地震烈度是指某一地区的地面和各类建筑物遭受一次地震影响的平均强弱程度。距震中的距离不同，地震的影响程度不同，即烈度不同。一般而言，震中附近地区，烈度高；距离震中越远的地区，烈度越低。根据震级可以粗略地估计震中区烈度的大小，即

$$I_0=3(M-1)/2 \tag{9-3}$$

式中，I_0——震中区烈度；

M——里氏震级。

为评定地震烈度，需要建立一个标准，这个标准称为地震烈度表。世界各国的地震烈度表不尽相同。如日本采用8度地震烈度表，欧洲一些国家采用10度地震烈度表，我国采用的是12度的地震烈度表，也是绝大多数国家采用的标准。

按照地震烈度表中的标准可以对受一次地震影响的地区评定出相应的烈度。具有相同烈度的地区外包线，称为等烈度线（或等震线）。等烈度线的形状与地震时岩层断裂取向、地形、土质等条件有关，多数近似呈椭圆形。一般情况下，等烈度的度数随震中距的增大而减小，但有时也会出现局部高一度或低一度的异常区。

基本烈度是指一个地区在一定时期（我国取50年）内，在一般场地条件下，按一定的超越概率（我国取10%）可能遭遇的最大地震烈度，可以取为抗震设防的烈度。

目前，我国已将国土划分为不同基本烈度所覆盖的区域，这一工作称为地震区划。随着研究工作的不断深入，地震区划将给出相应的震动参数，如地震动的幅值等。

第二节　建筑结构的抗震设防

一、抗震设防目标

抗震设防是指对建筑物或构筑物进行抗震设计，以达到结构抗震的作用和目标。抗震设防的目标是在一定经济条件下，最大限度地减轻建筑物的地震破坏，保障人民生命财产的安全。目前，许多国家的抗震设计规范都趋向于以“小震不坏，中震可修，大震不倒”作为建筑抗震设计的基本准则。

抗震设防烈度与设计基本地震加速度值之间的对应关系见表9–1。根据我国对地震危险性的统计分析得到：设防烈度比多遇烈度高约1.55度，而罕遇地震比基本烈度高约1度。

表9-1　抗震设防烈度与设计基本地震加速度值的对应关系

设防烈度	6度	7度	8度	9度
设计基本地震加速度值	0.059	0.109（0.159）	0.209（0.309）	0.409

注：g为重力加速度。

例如，当设防烈度为8度时，其多遇烈度为6.45度，罕遇烈度为9度。

我国《建筑抗震设计规范》（GB50011–2010）规定，设防烈度为6度及6度以上地区必须进行抗震设计，并提出三水准抗震设防目标。

（一）第一水准

当建筑物遭受低于本地区抗震设防烈度的多遇地震影响时，建筑主体一般不受损坏或不需修理可继续使用（小震不坏）。

（二）第二水准

当建筑物遭受到相当于本地区抗震设防烈度的地震影响时，可能发生损坏，但经一般性修理或不需修理仍可继续使用（中震可修）。

（三）第三水准

当建筑物遭受高于本地区抗震设防烈度的罕遇地震影响时，不致倒塌或发生危及生命的严重破坏（大震不倒）。

此外，我国《建筑抗震设计规范》（以下可简称《抗震规范》）对主要城市和地区的抗震设防烈度、设计基本加速度值给出了具体规定，同时指出了相应的设计地震分组，这样划分能更好地体现震级和震中距的影响，使对地震作用的计算更为细致，我国采取6度起设防的方针，地震设防区面积约占国土面积的60%。

二、建筑物抗震设防分类及设防标准

（一）抗震设防分类

由于建筑物功能特性不同，地震破坏所造成的社会和经济后果是不同的。对于不同用途的建筑物，应当采用不同的抗震设防标准达到抗震设防目标的要求。根据《建筑工程抗震设防分类标准》（GB 50223—2008）的规定，建筑抗震设防类别划分，应根据下列因素综合分析确定。

（1）建筑破坏造成的人员伤亡、直接和间接经济损失及社会影响的大小。

（2）城镇的大小、行业的特点、工矿企业的规模。

（3）建筑使用功能失效后，对全局的影响范围大小、抗震救灾影响及恢复的难易程度。

（4）建筑各区段（区段指由防震缝分开的结构单元、平面内使用功能不同的部分、或上下使用功能不同的部分）的重要性有显著不同时，可按区段划分抗震设防类别。下部区段的类别不应低于上部区段。

（5）不同行业的相同建筑，当所处地位及地震破坏所产生的后果和影响不同时，其抗震设防类别可不相同。

建筑工程应分为以下四个抗震设防类别。

（1）特殊设防类：指使用上有特殊设施，涉及国家公共安全的重大建筑工程和地震时可能发生严重次生灾害等特别重大灾害后果，需要进行特殊设防的建筑，简称甲类。

（2）重点设防类：指地震时使用功能不能中断或需尽快恢复的生命线相关建筑，以及地震时可能导致大量人员伤亡等重大灾害后果，需要提高设防标准的建筑，简称乙类。

（3）标准设防类：指大量的除（1）、（2）、（4）款以外按标准要求进行设防的建筑，简称丙类。

（4）适度设防类：指使用上人员稀少且震损不致产生次生灾害，允许在一定条件下适度降低要求的建筑，简称丁类。

（二）建筑物设防标准

各抗震设防类别建筑的抗震设防标准，应符合下列要求。

（1）标准设防类，应按本地区抗震设防烈度确定其抗震措施和地震作用，达到在遭遇高于当地抗震设防烈度的预估罕遇地震影响时不致倒塌或发生危及生命安全的严重破坏的抗震设防目标。

（2）重点设防类。应按高于本地区抗震设防烈度一度的要求加强其抗震措施，但抗震设防烈度为9度时应按比9度更高的要求采取抗震措施。地基基础的抗震措施，应符合有关规定。同时，应按本地区抗震设防烈度确定其地震作用。对于划为重点设防类而规模很小的工业建筑，当改用抗震性能较好的材料且符合抗震设计规范对结构体系的要求时，允许按标准设防类设防。

（3）特殊设防类，应按高于本地区抗震设防烈度提高一度的要求加强其抗震措施，但抗震设防烈度为9度时应按比9度更高的要求采取抗震措施。同时，应按批准的地震安全性评价的结果且高于本地区抗震设防烈度的要求确定其地震作用。

（4）适度设防类，允许比本地区抗震设防烈度的要求适当减少其抗震措施，但抗震设防烈度为6度时不应降低。一般情况下，仍应按本地区抗震设防烈度确定其地震作用。

《建筑工程抗震设防分类标准》（GB 50223—2008）中，对各种建筑类型的抗震设防类别都有具体规定，如教育建筑中，幼儿园、小学、中学的教学用房以及学生宿舍和食堂，抗震设防类别应不低于重点设防类；居住建筑的抗震设防类别不应低于标准设防类。

抗震设防是以现有的科学水平和经济条件为前提。规范的科学依据只能是现有的经验和资料。目前对地震规律性的认识还很不足，随着科学技术水平的提高，规范的规定会有相应的突破，而且规范编制要根据国家经济条件的发展，适当考虑抗震设防水平，制定相应的设防标准。

三、建筑物抗震设计方法

为实现上述三水准的抗震设防目标，我国建筑抗震设计规范采用两阶段设计方法。同时规定当抗震设防烈度为6度时，除《建筑抗震设计规范》（GB 50011—2010）有具体规定外，对乙、丙、丁类的建筑可不进行地震作用计算。

第一阶段设计是承载力验算：按与设防烈度对应的多遇地震烈度（第一水准）的地震动参数计算结构的弹性地震作用标准值和相应的地震作用效应，和其他荷载效应进行组合，进行验算结构构件的承载力和结构的弹性变形，满足在第一水准下具有必要的承载力可靠度。对大多数的结构，可只进行第一阶段设计，而通过概念设计和抗震构造措施来满足第三水准的设计要求。

第二阶段设计弹塑性变形验算，对地震时易倒塌的结构、有明显薄弱层的不规则结构以及有专门要求的建筑，除进行第一阶段设计外，还要按罕遇地震烈度对应的地震作用效应验算结构的弹塑性变形，并采取相应的抗震构造措施，以保证结构满足第三水准的抗震设防要求。

目前一般认为，良好的抗震构造及概念设计有助于实现第二水准抗震设防要求。

第三节　建筑结构抗震概念设计

由工程抗震基本理论及长期工程抗震经验总结的工程抗震基本概念，往往是保证良好结构性能的决定性因素，因此结合工程抗震基本概念的设计可称之为“抗震概念设计”。

进行抗震概念设计，应当在开始工程设计时，把握好能量输入、房屋体型、结构体系、刚度分布、构件延性等几个主要方面，从根本上消除建筑中的抗震薄弱环节，再辅以必要的构造措施，就有可能使设计出的房屋建筑具有良好的抗震性能和足够的抗震可靠度。抗震概念设计自20世纪70年代提出以来越来越受到国内外工程界的普遍重视。

一、选择有利场地

经调查统计，地震造成的建筑物破坏类型有：①由于地震时地面强烈运动，使建筑物在振动过程中，因丧失整体性或强度不足，或变形过大而破坏；②由于水坝坍塌、海啸、火灾、爆炸等次生灾害所造成的；③由于断层错动、山崖崩塌、河岸滑坡、地层陷落等地面严重变形直接造成的。前两种破坏情况可以通过工程措施加以防治；而第三种情况，单靠工程措施是很难达到预防目的的，或者所花代价太昂贵。因此，选择工程场址时，应该详细勘察，认清地形、地质情况，挑选对建筑抗震有利的地段，尽可能避开对建筑抗震不利的地段。任何情况下不得在抗震危险地段上，建造可能引起人员伤亡或较大经济损失的建筑物。

（一）避开抗震危险地段

建筑抗震危险的地段，一般是指地震时可能发生崩塌、滑坡、地陷、泥石流等地段以及震中烈度为8度以上的发震断裂带在地震时可能发生地表错位的地段。

断层是地质构造上的薄弱环节。强烈地震时，断层两侧的相对移动还可能出露于地表，形成地表断裂。1976年的唐山大地震，在极震区内，一条北东走向的地表断裂，长8 km，水平错位达1.4 m。

陡峭的山区，在强烈地震作用下，常发生巨石塌落、山体崩塌。1932年云南东川地震，大量山石崩塌，阻塞了江河。1966年再次发生的6.7级地震，震中附近的一个山头，一侧山体塌方近8×10^5 m^3。所以，在山区选址时，经踏勘，发现可能有山体崩塌、巨石滚落等潜在危险的地段，不能建房。

1971年云南通海地震，丘陵地区山脚下的一个土质缓坡，连同上面有几十户人家的一座村庄，向下滑移了100多米，土体破裂变形，房屋大量倒塌。因此，对于那些存在液化或润滑夹层的坡地，也应视为抗震危险地段。

地下煤矿的大面积采空区，特别是废弃的浅层矿区，地下坑道的支护或被拆除，或因年久损坏，地震时的坑道坍塌可能导致大面积地陷，引起上部建筑毁坏。因此，采空区也应视为抗震危险地段，不得在其上建房。

（二）选择有利于抗震的场地

我国乌鲁木齐、东川、邢台、通海、唐山等地所发生的几次地震，根据震害普查绘制的等震线图中，在正常的烈度区内，常存在着小块的高一度或低一度的烈度异常区。此外，同一次地震的同一烈度区内，位于不同小区的房屋，尽管建筑形式、结构类别、施工质量等情况基本相同，但震害程度却出现较大差异。究其原因，主要是地形和场地条件不同造成的。

对建筑抗震有利的地段，一般是指位于开阔平坦地带的坚硬场地土或密实均匀中硬场地土。对建筑抗震不利的地段，就地形而言，一般是指条状凸出的山嘴、孤立的山包和山梁的顶部，高差较大的台地边缘，非岩质的陡坡，河岸和边坡的边缘。就场地土质而言，一般是指软弱土、易液化土、故河道、断层破碎带、暗埋塘浜沟谷或半挖半填地基等，以及在平面分布上成因、岩性、状态明显不均匀的地段。

地震工程学者大多认为，地震时，在孤立山梁的顶部，基岩运动有可能被加强。国内多次大地震的调查资料也表明，局部地形条件是影响建筑物破坏程度的一个重要因素。宁夏海原地震，位于渭河谷地的姚庄，烈度为7度，而相距仅2km的牛家庄，因位于高出百米的突出的黄土梁上，烈度高达9度。

河岸上的房屋，常因地面不均匀沉降或地面裂隙穿过而裂成数段。这种河岸滑移对建筑物的危害，靠工程构造措施来防治是不经济的，一般情况下宜采取避开的方案。必须在岸边建房时，应采取可靠的措施，消除下卧土层的液化性，提高灵敏黏土层的抗剪强度，以增强边坡稳定性。

不同类别的土壤，具有不同的动力特性，地震反应也随之出现差异。一个场地内，沿水平方向土层类别发生变化时，一幢建筑物不宜跨在两类不同土层上，否则可能危及该建筑物的安全。无法避开时，除考虑不同土层差异运动的影响外，还应采用局部深基础，使整个建筑物的基础落在同一个土层上。

饱和松散的砂土和粉土，在强烈地震动作用下，孔隙水压急剧升高，土颗粒悬浮于孔隙水中，从而丧失受剪承载力，在自重或较小附压下即产生较大沉陷，并伴随着喷水冒砂。当建筑地基内存在可液化土层时，应采取有效措施，完全消除或部分消除土层液化的可能性，并应对上部结构适当加强。

淤泥和淤泥质土等软土，是一种高压缩性土，抗剪强度很低。软土在强烈地震作用下，土体受到扰动，絮状结构遭到破坏，强度显著降低，不仅压缩变形增加，还会发生一定程度的剪切破坏，土体向基础两侧挤出，造成建筑物急剧沉降和倾斜。

天津塘沽港地区，地表下3～5 m为冲填土，其下为深厚的淤泥和淤泥质土。地下水位为-1.6 m。1974年兴建的16幢3层住宅和7幢4层住宅，均采用筏板基础。1976年地震前，累计下沉量分别为200 mm和300 mm，地震期间的突然沉降量分别达150 mm和200 mm。震后，房屋向一侧倾斜，房屋四周的外地坪、地面隆起。根据以上情况，对于高层建筑，即使采用“补偿性基础”，也不允许地基持力层内有上述软土层存在。

此外，在选择高层建筑场地时，应尽量建在基岩或薄土层上，或应建在具有“平均剪切波速”的坚硬场地上，以减少输入建筑物的地震能量，从根本上减轻地震对建筑物的破坏作用。

二、确定合理建筑体型

一幢房屋的动力性能基本上取决于它的建筑设计和结构方案。建筑设计简单合理，结构方案符合抗震原则，能从根本上保证房屋具有良好的抗震性能。反之，建筑设计追求奇特、复杂，结构方案存在薄弱环节，即使进行精细的地震反应分析，在构造上采取补强措施，也不一定能达到减轻震害的预期目的。本节主要以混凝土结构为例，介绍如何确定合理的建筑体型以及其他材料组成的结构。

（一）建筑平面布置

建筑物的平、立面布置宜规则、对称，质量和刚度变化均匀，避免楼层错层。国内外发生的多次地震中均有不少震例表明，凡是房屋体型不规则，平面上凸出凹进，立面上高低错落，破坏程度均比较严重。而房屋体型简单整齐的建筑，震害都比较轻。这里的“规则”包含了对建筑的平、立面外形尺寸，抗侧力构件布置、质量分布。直至强度分布等诸多因素的综合要求。这种“规则”对高层建筑来说尤为重要。

地震区的高层建筑，平面以方形、矩形、圆形为好；正六边形、正八边形、椭圆形、扇形也可以。三角形平面虽也属简单形状，但是，由于它沿主轴方向不都是对称的，地震时容易产生较强的扭转振动，因而不是理想的平面形状。此外，带有较长翼缘的L形、T形、十字形、U形、H形、Y形平面也不宜采用。

事实上，由于城市规划、建筑艺术和使用功能等多方面的要求，建筑不可能都设计为方形或者圆形。我国《高层建筑混凝土结构技术规程》（以下简称《高层规程》），对地震区高层建筑的平面形状做了明确规定，如表9-2所示，并提出对这些平面的凹角处，应采取加强措施。

表9-2　A级高度钢筋混凝土高层建筑平面形状的尺寸限值

设防烈度	L/B	L/B_{max}	L/b
6、7度	≤6.0	≤0.35	≤2.0
8、9度	≤5.0	≤0.30	≤1.5

（二）建筑立面布置

地震区建筑的立面也要求采用矩形、梯形、三角形等均匀变化的几何形状，尽量避免采用带有突然变化的阶梯形立面。因为立面形状的突然变化，必然带来质量和抗侧移刚度的剧烈变化，地震时，该突变部位会剧烈振动或塑性变形集中而加重破坏。

我国《高层规程》规定：建筑的竖向体形宜规则、均匀，避免有过大的外挑和收进。结构的侧向刚度宜下大上小，逐渐均匀变化，不应采用竖向布置严重不规则的结构。并要求抗震设计的高层建筑结构，其楼层侧向刚度不宜小于相邻上部楼层侧向刚度的70%或其上相邻三层侧向刚度平均值的80%。

按《高层规程》，高层建筑的高度限值分A、B两级，A级规定较严，是目前应用最广泛的高层建筑高度，B级规定较宽，但采取更严格的计算和构造措施。A级高度高层建筑的楼层抗侧力结构的层间受剪承载力不宜小于其相邻上一层受剪承载力的80%，不应小于其相邻上一层受剪承载力的65%；B级高度高层建筑的楼层抗侧力结构的受剪承载力不应小于其上一层受剪承载力的75%，并指出，抗震设计时，当结构上部楼层收进部位到室外地面的高度H_1与房屋高度H之比大于0.2时，上部楼层收进后的水平尺寸B_1不宜小于下部楼层水平尺寸B的0.75倍；当上部结构楼层相对于下部楼层外挑时，上部楼层的水平尺寸B_1不宜大于下部楼层的水平尺寸B的1.1倍，且水平外挑尺寸盘不宜大于4 m。

（三）房屋的高度

一般而言，房屋越高，所受到的地震力和倾覆力矩越大，破坏的可能性也就越大。过去一些国家曾对地震区的房屋做过限制，随着地震工程学科的不断发展，地震危险性分析和结构弹塑性时程分析方法日趋完善，特别是通过世界范围地震经验的总结，人们已认识到“房屋越高越危险”的概念不是绝对的，是有条件的。

墨西哥市是人口超过1000万的特大城市，高层建筑很多。1957年太平洋岸的7.7级地震，以及1985年9月前后相隔36小时的8.1级和7.5级地震，均有大量高层建筑倒塌。1985年地震中，倒塌率最高的是10～15层楼房、6～21层楼房，倒塌或严重破坏的共有164幢。然而，由著名地震工程学者Newmark设计、于1956年建造的高181 m的42层拉丁美洲塔，却经受住了3次大地震的考验，毫无损坏。这一事实说明，高度并不是地震破坏的唯一决定性因素。

就技术经济而言，各种结构体系都有自己的最佳适用高度。《抗震规范》和《高层规程》，根据我国当前科研成果和工程实际情况，对各种结构体系适用范围内建筑物的最大高度均做出了规定，表9-3规定了现浇钢筋混凝土房屋适用的最大高度。《抗震规范》还规定：对平面和竖向不规则的结构或类Ⅳ场地上的结构，适用的最大高度应适当降低。

表9-3　现浇钢筋混凝土房屋适用的最大高度（单位：m）

结构体系		抗震设防烈度				
		6度	7度	8度（0.29）	8度（0.39）	9度
框架		60	50	40	35	24
框架—抗震墙		130	120	100	80	50
抗震墙		140	120	100	80	60
部分框支抗震墙		120	100	80	50	不应采用
筒体	框架—核心筒	150	130	100	90	70
	筒中筒	180	150	120	100	80
板柱—抗震墙		80	70	55	40	不应采用

注：1. 房屋高度是指室外地面到主要屋面板板顶的高度（不考虑局部凸出屋顶部分）；

2. 框架—核心筒结构是指周边稀柱框架与核芯筒组成的结构；

3. 部分框支抗震墙结构指首层或底部两层为框支层的结构，不包括仅个别框支墙的情况

4. 表中框架，不包括异形柱框架；

5. 板柱—抗震墙结构指板柱、框架和抗震墙组成抗侧力体系的结构；

6. 乙类建筑可按本地区抗震设防烈度确定其适用的最大高度；

7. 超过表内高度的房屋，应进行专门的研究和论证，采取有效的加强措施。

（四）房屋的高宽比

相对建筑物的绝对高度，建筑物的高宽比更为重要。因为建筑物的高宽比值越大，即建筑物越高瘦。地震作用下的侧移越大，地震引起的倾覆作用就越严重。巨大的倾覆力矩在柱（墙）和基础中所引起的压力和拉力比较难处理。

世界各国对房屋的高宽比都有比较严格的限制。我国对混凝土结构高层建筑高宽比的要求是按结构类型和地震烈度区分的，见表9-4。

表9-4　钢筋混凝土结构高层建筑结构适用的最大高宽比

结构体系	非抗震设计	抗震设防烈度		
		6度、7度	8度	9度
框架	5	4	3	—
板柱—剪力墙	6	5	4	—
框架—剪力墙、剪力墙	7	6	5	4
框架—核心筒	8	7	6	4
筒中筒	8	8	7	5

注：当有大底盘时，计算高宽比的高度从大底盘顶部算起。

（五）防震缝的合理设置

合理地设置防震缝，可以将体型复杂的建筑物划分为“规则”的建筑物，从而减轻抗震设计的难度及提高抗震设计的可靠度。但设置防震缝会给建筑物的立面处理、地下室防水处理等带来一定的难度，并且防震缝如果设置不当还会引起相邻建筑物的碰撞，加重地震破坏的程度。在国内外历史地震中，不乏建筑物碰撞的事例。

天津友谊宾馆，东段为8层，高37.4m，西段为11层，高47.3m，东西段之间防震缝的宽度为150mm。1976年唐山地震时，该宾馆位于8度区内，东西段发生相互碰撞，防震缝顶部的砖砌封墙震坏后，一些砖块落入缝内，卡在东西段上部设备层大梁之间，导致大梁在持续的振动中被挤断。此外，建造在软土或液化地基上的房屋，地基不均匀沉陷引起的楼房倾斜，加大了互撞的可能性和破坏的严重程度。

近年来国内一些高层建筑一般通过调整平面形状和尺寸，并在构造上以及施工时采取一些措施，尽可能不设伸缩缝、沉降缝和防震缝。不过，遇到下列情况，应设置防震缝，并应将整个建筑划分为若干简单的独立单元。

（1）房屋长度超过表9-5中规定的伸缩缝最大间距，又无条件采取特殊措施而必需设置伸缩缝时；

（2）平面形状、局部尺寸或者立面形状不符合规范的有关规定，而又未在计算和构造上采取相应措施时；

（3）地基土质不均匀，房屋各部分的预计沉降量（包括地震时的沉陷）相差过大，必须设置沉降缝时；

（4）房屋各部分的质量或结构抗侧移刚度大小悬殊时。

表9-5　伸缩缝的最大间距

结构体系	施工方法	最大间距/m
框架结构	现浇	55
剪力墙结构	现浇	45

注：1. 框架—剪力墙的伸缩缝间距可根据结构的具体布置情况取表中框架结构与剪力墙结构之间的数值；

2. 当屋面无保温或隔热措施、混凝土的收缩较大或室内结构因施工外露时间较长时，伸缩缝间距应适当减小；

3. 现浇挑檐、雨罩等外露结构的局部伸缩缝间距不宜大于12m；

4. 位于气候干燥地区、夏季炎热且暴雨频繁地区的结构，伸缩缝的间距宜适当减小。

当采用下列构造措施和施工措施减少温度和混凝土收缩对结构的影响时，可适当放宽伸缩缝的间距。

（1）顶层、底层、山墙和纵墙端开间等受温度变化影响较大的部位提高配筋率；

（2）顶层加强保温隔热措施，外墙设置外保温层；

（3）每30～40m间距留出施工后浇带，带宽800~1000mm，钢筋采用搭接接头，后浇带混凝土宜在两个月后浇筑；

（4）顶部楼层改用刚度较小的结构形式或顶部设局部温度缝，将结构划分为长度较短的区段；

（5）采用收缩小的水泥、减少水泥用量、在混凝土中加入适宜的外加剂；

（6）提高每层楼板的构造配筋率或采用部分预应力结构。

对于钢筋混凝土结构房屋的防震缝最小宽度，一般情况下，应符合《抗震规范》所做的如下规定。

（1）框架房屋，当高度不超过15m时，可采用70mm；当高度超过15m时，6度、7度、8度和9度相应每增高5m、4m、3m和2m，宜加宽20mm。

（2）框架—抗震墙房屋的防震缝宽度，可采用第（1）条数值的70%，抗震墙房屋可采用第（1）条数值的50%，且均不宜小于70mm。

对于多层砌体结构房屋，当房屋立面高差在6m以上，或房屋有错层且楼板高差较大，或各部分结构刚度、质量截然不同时宜设置防震缝，缝两侧均应设置墙体，缝宽应根据烈度和房屋高度确定，一般为70～100mm。

需要说明的是，对于抗震设防烈度为6度以上的房屋，所有伸缩缝和沉降缝，均应符合防震缝的要求。另外，对体型复杂的建筑物不设抗震缝时，应对建筑物进行较精确的结构抗震分析，估计其局部应力和变形集中及扭转影响，判明其易损部位，采取加强措施或提高变形能力的措施。

三、采用合理的抗震结构体系

（一）结构选型

1.结构材料的选择

在建筑方案设计阶段，研究建筑形式的同时，需要考虑选用哪种结构材料，以及采用什么样的结构体系，以便根据工程的各方面条件，选用既符合抗震要求又经济实用的结构类型。

结构选型涉及的内容较多，应根据建筑的重要性、设防烈度、房屋高度、场地、地基、基础、材料和施工等因素，经技术、经济条件比较综合确定。单从抗震角度考虑，作为一种好的结构形式，应具备下列性能。

（1）延性系数高。

（2）“强度/重力”比值大。

（3）均质性好。

（4）正交各向同性。

（5）构件的连接具有整体性、连续性和较好的延性，并能发挥材料的全部强度。

按照上述标准来衡量，常见建筑结构类型，依其抗震性能优劣而排列的顺序是：①钢（木）结构；②型钢混凝土结构；③混凝土—钢混合结构；④现浇钢筋混凝土结构；⑤预应力混凝土结构；⑥装配式钢筋混凝土结构；⑦配筋砌体结构；⑧砌体结构等。

钢结构具有极好的延性、良好的连接、可靠的节点以及在低周往复荷载下有饱满稳定的滞回曲线，历次地震中，钢结构建筑的表现均很好，但也有个别建筑因竖向支撑失效而破坏。就地震实践中总的情况来看，钢结构的抗震性能优于其他各类材料组成的结构。

实践证明，只要经过合理的抗震设计，现浇钢筋混凝土结构具有足够的抗震可靠度。它有以下几方面的优点：①通过现场浇筑，可形成具有整体式节点的连续结构；②就地取材；③造价较低；④有较大的抗侧移刚度，从而较小结构侧移，保护非结构构件遭破坏；⑤良好的设计保证结构具有足够的延性。

但是，钢筋混凝土结构也存在以下几方面的缺点：①周期性往复水平荷载作用下，构件刚度因裂缝开展而递减；②构件开裂后钢筋的塑性变形，使裂缝不能闭合；③低周往复荷载下，杆件塑性铰区反向斜裂缝的出现，将混凝土挤碎，产生永久性的“剪切滑移”。

J.H.Rainer等学者调查了从1964年到1995年在北美、日本等地发生的七次主要地震中轻型木结构房屋的地震表现和抗震性能。对七次地震中死亡人数的统计数据表明，地震中在轻型木结构房屋中死亡的人数不到总死亡人数的1%。在强烈地震中，虽然有不同程度的非结构构件损伤，绝大多数轻型木结构房屋未见结构性破坏。J.H.Rainer等得出如下结论：“在美国加州、阿拉斯加、纽芬兰、加拿大魁北克和日本的地震中，多数木结构房屋经受了0.69及更大的地面峰值加速度，没有造成倒塌和严重的人员伤亡，通常也没有明显的损坏迹象。这表明木结构房屋满足生命安全的目标要求，而地震中许多只造成轻微损坏的例子也显示木框架建筑有潜力满足更严格的损坏控制标准的要求。”

国内外的震害调查均表明，砌体结构由于自重大，强度低，变形能力差，在地震中表现出较差的抗震性。唐山地震中，80%的砌体结构房屋倒塌。但砌体结构造价低廉，施工技术简单，可居住性好，目前仍然是我国8层以下居住建筑的主导房型。事实表明，加设构造柱和圈梁，是提高砌体结构房屋抗震能力的有效途径。

2.抗震结构体系的确定

不同的结构体系，其抗震性能、使用效果和经济指标亦不同。《抗震规范》关于抗震结构体系，有下列各项要求。

（1）应具有明确的计算简图和合理的地震作用传递途径。

（2）要有多道抗震防线，应避免因部分结构或构件破坏而导致整个体系结构丧失抗震能力或对重力荷载的承载能力。

（3）应具备必要的强度、良好的变形能力和耗能能力。

（4）宜具有合理的刚度和强度分布，避免因局部削弱或变形形成薄弱部位，产生过大的应力集中或塑性变形集中；对可能出现的薄弱部位，应采取措施提高抗震能力。

就常见的多层及中高层建筑而言，砌体结构在地震区一般适宜于6层及6层以下的居住建筑。框架结构平面布置灵活，通过良好的设计可获得较好的抗震能力，但框架结构抗侧移刚度较差，在地震区一般用于10层左右体型较简单和刚度较均匀的建筑物。对于层数较多、体型复杂、刚度不均匀的建筑物，为了减小侧移变形，减轻震害，应采用中等刚度的框架—剪力墙结构或者剪力墙结构。

选择结构体系，需要考虑建筑物刚度与场地条件的关系。当建筑物自振周期与地基土的特征周期一致时，容易产生共振而加重建筑物的震害。建筑物的自振周期与结构本身刚度有关，在设计房屋之前，一般应首先了解场地和地基土及其特征周期，调整结构刚度，避开共振周期。

对于软弱地基宜选用桩基、筏片基础或箱形基础。岩层高低起伏不均匀或有液化土层时最好采用桩基，后者桩尖必须穿入非液化土层，防止失稳。筏片基础的混凝土和钢筋用量较大，刚度也不如箱基。当建筑物层数不多、地基条件又较好时，也可以采用单独基础或十字交叉带形基础等。

（二）抗震等级

抗震等级是结构构件抗震设防的标准，钢筋混凝土房屋应根据烈度、结构类型和房屋高度采用不同的抗震等级，并应符合相应的计算、构造措施和材料要求。抗震等级的划分考虑了技术要求和经济条件，随着设计方法的改进和经济水平的提高，抗震等级将做相应调整。抗震等级共分为四级，体现了不同的抗震要求，其中一级抗震要求最高。丙类多层及高层钢筋混凝土结构房屋的抗震等级划分见表9-6。

表9-6　丙类多层及高层现浇钢筋混凝土结构抗震等级

结构类型 6度		烈度								
		7度				8度		9度		
框架结构	高度/m	≤24	>24	≤24	>24	>24	≤24	>24	≤24	
	框架	四	三	三	二	二	二	一	一	
	大跨度框架	三		二			一		一	

续表

结构类型 6度		烈度									
		7度				8度		9度			
框架—抗震墙结构	高度/m	25～60	>60	≤24	25～60	>60	≤24	25～60	>60	≤24	25～50
	框架	四	三	四	三	二	三	二	一	二	一
	抗震墙	三	三	三	二	二	二	一	一	二	一
抗震墙结构	高度/m	≤80	>80	≤24	25～80	>80	≤24	25～80	>80	≤24	25～60
	一般抗震墙	四	三	四	三	二	三	二	一	二	一
部分框支抗震墙结构	高度/m	≤80	>80	≤24	25～80	>80	≤24	25～80	—	—	
	抗震墙 一般部位	四	三	四	三	二	三	二			
	抗震墙 加强部位	三	二	三	二	一	二	一			
	框支层框架	二		二		一	一				
框架—核心筒结构	框架	三		二			一			一	
	核心筒	二		二			一			一	
筒中筒结构	外筒	三		二			一			一	
	内筒	三		二			一			一	
板柱—抗震墙结构	高度/m	≤35	>35	≤35	>35		≤35	>35		—	
	框架、板柱的柱	三	二	二	二		一				
	抗震墙	三	二	二	二		二	一			

注：1. 建筑场地为Ⅰ类时，除6度外应允许按表内降低一度所对应的抗震等级采取抗震构造措施，但相应的计算要求不应降低。

2. 接近或等于高度分界时，应允许结合房屋不规则程度及场地、地基条件确定抗震等级。

3. 大跨度框架指跨度不小于18m的框架。

4. 高度不超过60m的框架—核心筒结构按框架—抗震墙的要求设计时，应按表中框架—抗震墙结构的规定确定其抗震等级。

其他类建筑采取的抗震措施应按有关规定和表9-6确定对应的抗震等级。由表9-6可见，在同等设防烈度和房屋高度的情况下，对于不同的结构类型，要抗侧力构件抗震要求可低于主要抗侧力构件，即抗震等级低些。如框架—抗震墙结构中的框架，其抗震要求低于框架结构中的框架。相反，其抗震墙则比抗震墙结构有更高的抗震要求。框架—抗震墙结构中，当取基本震型分析时，若抗震墙部分承受的地震倾覆力矩不大于结构总地震倾覆力矩的50%，考虑到此时抗震墙的刚度较小，其框架部分的抗震等级应按框架结构划分。

另外，对同一类型结构抗震等级的高度分界，《抗震规范》主要按一般工业与民用建筑的层高考虑，故对层高特殊的工业建筑应酌情调整。设防烈度为6度、建于Ⅰ～Ⅲ类场地上的结构，不须做抗震验算但需按抗震等级设计截面，满足抗震构造要求。

不同场地对结构的地震反应不同，通常Ⅳ类场地较高的高层建筑的抗震构造措施与Ⅰ～Ⅲ类场地相比应有所加强，而在建筑抗震等级的划分中并未引入场地参数，没有以提高或降低一个抗震等级考虑场地的影响，而是通过提高其他重要部位的要求（轴压比、柱纵筋配筋率控制；加密区箍筋设置等）加以考虑。

四、多道抗震设防

多道抗震防线指的是：

（1）一个抗震结构体系，应由若干个延性较好的分体系组成，并由延性较好的结构构件连接起来协同工作，如框架—抗震墙体系是由延性框架和抗震墙两个系统组成。双肢或多肢抗震墙体系由若干个单肢墙分系统组成。

（2）抗震结构体系应有最大可能数量的内部、外部赘余度，有意识地建立一系列分布的屈服区，以使结构能够吸收和耗散大量的地震能量，一旦破坏也易于修复。

多道地震防线对抗震结构来说是非常必要的。一次大地震，某场地产生的地震动，能造成建筑物破坏的强震持续时间（工程持时），少则几秒，多则几十秒，甚至更长。这样长时间的地震动，一个接一个的强脉冲对建筑物产生多次往复式冲击，造成积累式的破坏。如果建筑物采用的是单一结构体系，仅有一道抗震防线，该防线一旦破坏后，接踵而来的持续地震动，就会促使建筑物倒塌。特别是当建筑物的自振周期与地震动卓越周期相近时，建筑物由此而发生的共振，更会加速其倒塌进程。如果建筑物采用的是多重抗侧力体系，第一道防线的抗侧力构件在强震作用下遭受破坏后，后面第二甚至第三防线的抗侧力构件立即接替，抵挡住后续的地震动的冲击，保证建筑物最低限度的安全，免于倒塌。在遇到建筑物基本周期与地震动卓越周期相同或接近的情况时，多道防线就更显示出其优越性。当第一道抗侧力防线因共振而破坏，第二道防线接替后，建筑物自振周期将出现较大幅度的变动，与地震动卓越周期错开，减轻地震的破坏作用。

1985年9月墨西哥8.1级地震中的一些情况可以用来说明这一点，这次地震时，远离震中约350km的墨西哥市。某一场地记录到的地面运动加速度曲线，历时60s，峰值加速度为0.29，根据地震记录计算出的反应谱曲线，显示出地震卓越周期为2s，震后调查结果表明，位于该场地上的自振周期接近2s的框架体系高层建筑，因发生共振而大量倒塌。而嵌砌有砖填充墙的框架体系高层建筑，尽管破坏十分严重，却很少倒塌。

五、结构整体性

结构的整体性是保证结构各部件在地震作用下协调工作的必要条件。建筑物在地震作用下丧失整体性后，或者由于整个结构变成机动构架而倒塌，或者由于外围构件平面外失稳而倒塌。所以，要使建筑具有足够的抗震可靠度，确保结构在地震作用下不丧失整体性，是必不可少的条件之一。

（一）现浇钢筋混凝土结构

结构的连续性是使结构在地震时保证整体性的重要手段之一。要使结构具有连续性，首先应从结构类型的选择上着手。事实证明，施工质量良好的现浇钢筋混凝土结构和型钢混凝土结构具有较好的连续性和抗震整体性。强调施工质量良好，是因为即使全现浇钢筋混凝土结构，施工不当也会使结构的连续性遭到削弱甚至破坏。

（二）钢结构

钢材基本属于各向同性的均质材料，且质轻高强、延性好，是一种很适合建筑抗震结构的材料，在地震作用下，高层钢结构房屋由于钢材材质均匀，强度易于保证，所以结构的可靠性大；轻质高强的特点使得钢结构房屋的自重轻，从而所受地震作用减小；良好的延展性使结构在很大的变形下仍不致倒塌，从而保证结构在地震作用下的安全性。但是，钢结构房屋如果设计和制造不当，在地震作用下，可能发生构件的失稳和材料的脆性破坏或连接破坏，使钢材的性能得不到充分发挥，造成灾难性后果。钢结构房屋抗震性能的优劣取决于结构的选型，当结构体型复杂、平立面特别不规则时，可按实际需要在适当部位设置防震缝，从而形成多个较规则的抗侧力结构单元。此外，钢结构构件应合理控制尺寸，防止局部失稳或整体失稳，如对梁翼缘和腹板的宽厚比、高厚比都做了明确规定，还应加强各构件之间的连接，以保证结构的整体性，抗震支承系统应保证地震作用时结构的稳定。

（三）砌体结构

震害调查及研究表明，圈梁及构造柱对房屋抗震有较重要的作用，它可以加强纵横墙体的连接，增强房屋的整体性；圈梁还可以箍住楼（屋）盖，增强楼盖的整体性并增加墙体的稳定性；也可以约束墙体的裂缝开展，抵抗由于地震或其他原因引起的地基不均匀沉降而对房屋造成的破坏。因此，地震区的房屋，应按规定设置圈梁及构造柱。

六、保证非结构构件安全

非结构构件一般包括女儿墙、填充维护墙、玻璃幕墙、吊顶、屋顶电信塔、饰面装置等。非结构构件的存在，将影响结构的自振特性。同时，地震时它们一般会先期破坏。因此，应特别注意非结构构件与主体结构之间应有可靠的连接或锚固，避免地震时脱落伤人。

七、结构材料和施工质量

抗震结构的材料选用和施工质量应予以高度重视。抗震结构对材料和施工质量的具体要求应在设计文件上注明，如所用材料强度等级的最低限制、抗震构造措施的施工要求等，并在施工过程中保证按其执行。

八、采用隔震、减震技术

对抗震安全性和使用功能有较高要求或专门要求的建筑结构，可以采用隔振设计或消能减震设计。结构隔振设计是指在建筑结构的基础、底部或下部与上部结构之间设置橡胶隔震支座和阻尼装置等部件，组成具有整体复位功能的隔震层，以延长整个结构体系的自振周期，减小输入上部房屋结构的水平地震作用。结构消能减震设计是指在建筑结构中设置消能器，通过消能器的相对变形和相对速度提供附加阻尼以消耗输入结构的地震能。建筑结构的隔震设计和消能减震设计应符合相关规定，也可按建筑抗震性能化目标进行设计。

第十章 建筑工程施工技术

第一节 施工测量与基础工程施工技术

一、常用测量仪器的性能与应用

在建筑工程施工中，常用的测量仪器有钢尺、水准仪、经纬仪、激光铅直仪和全站仪等（详见表10–1）。

表10–1 几种常用测量仪器的性能与应用

测量仪器	性能与应用
钢尺	主要作用是距离测量，钢尺量距是目前楼层测量放线最常用的距离测量方法
水准仪	是进行水准测量的主要仪器，主要由望远镜、水准器和基座三个部分组成，使用时通常架设在脚架上进行测量。其主要功能是测量两点间的高差，不能直接测量待定点的高程，但可由控制点的已知高程来推算测点的高程。另外，利用视距测量原理还可以测量两点间的大致水平距离
经纬仪	是一种能进行水平角和竖直角测量的仪器，主要由照准部、水平度盘和基座三部分组成。经纬仪还可以借助水准尺，利用视距测量原理，测出两点间的大致水平距离和高差，也可以进行点位的竖向传递测量
激光铅直仪	主要用来进行点位的竖向传递（如高层建筑施工中轴线点的竖向投测等）。除激光铅直仪外，有的工程也采用激光经纬仪来进行点位的竖向传递测量
全站仪	是一种可以同时进行角度测量和距离测量的仪器，由电子测距仪、电子经纬仪和电子记录装置三部分组成，具有操作方便、快捷、测量功能全等特点。使用全站仪测量时，在测站上安置仪器后，除照准需人工操作外，其余操作都可以自动完成，而且几乎是在同一时间测得平距、高差、点的坐标和高程

二、施工测量的内容与方法

（一）施工测量的工作内容

施工测量现场主要工作包括对已知长度的测设、已知角度的测设、建筑物细部点平面位置的测设、建筑物细部点高程位置及倾斜线的测设等。一般建筑工程，通常先布设施工控制网，再以施工控制网为基础，开展建筑物轴线测量和细部放样等施工测量工作。

（二）施工控制网测量

1.建筑物施工平面控制网

建筑物施工平面控制网，应根据建筑物的设计形式和特点布设，一般布设成十字轴线或矩形控制网；也可根据建筑红线定位。平面控制网的主要测量方法有真角坐标法、极坐标法、角度交会法、距离交会法等。目前，一般采用极坐标法建立平面控制网。

2.建筑物施工高程控制网

建筑物高程控制，应采用水准测量。附合路线闭合差，不应低于四等水准的要求。水准点可设置在平面控制网的标桩或外围的固定地物上，也可单独埋设。水准点的个数不得少于两个。当采用主要建筑物附近的高程控制点时，也不得少于两个点。±0.000高程测设是施工测量中常见的工作内容，一般用水准仪进行。

（三）结构施工测量

结构施工测量的主要内容包括主轴线内控基准点的设置、施工层的放线与抄平、建筑物主轴线的竖向投测、施工层标高的竖向传递等。建筑物主轴线的竖向投测，主要有外控法和内控法两类。多层建筑可采用外控法或内控法，高层建筑一般采用内控法。

三、土方工程施工技术

（一）土方开挖

（1）无支护土方工程采用放坡挖土，有支护土方工程可采用中心岛式（也称墩式）挖土、盆式挖土和逆作法挖土等方法。当基坑开挖深度不大、周围环境允许、经验算能确保土坡的稳定性时，可采用放坡开挖。

（2）中心岛式挖土，宜用于支护结构的支撑形式为角撑、环梁式或边桁（框）架式，中间具有较大空间情况下的大型基坑土方开挖。

（3）盆式挖土是先开挖基坑中间部分的土，周围四边留土坡，土坡最后挖除。采用盆式挖土方法可使周边的土坡对围护墙起支撑作用，有利于减少围护墙的变形。其缺点是大量的土方不能直接外运，需集中提升后装车外运。

（4）在基坑边缘堆置土方和建筑材料，或沿挖方边缘移动运输工具和机械时，一般应距基坑上部边缘不少于2m，堆置高度不应超过1.5m。在垂直的坑壁边，此安全距离还应适当加大。软土地区不宜在基坑边堆置弃土。

（5）开挖时应对平面控制桩、水准点、基坑平面位置、水平标高、边坡坡度等经常进行检查。

（二）土方回填

1.土料要求与含水量控制

填方土料应符合设计要求，保证填方的强度和稳定性。一般不能选用泥、淤泥质土、膨胀土、有机质大于8%的土、含水溶性硫酸盐大于5%的土、含水量不符合压实要求的黏性土。填方土应尽量采用同类土。土料含水量一般以手握成团、落地开花为适宜。

2.基底处理

（1）清除基底上的垃圾、草皮、树根、杂物，排除坑穴中的积水、淤泥和种植土，将基底充分夯实和碾压密实。

（2）应采取措施防止地表滞水流入填方区，浸泡地基，造成基土下陷。

（3）当填土场地地面陡于1：5时，应先将斜坡挖成阶梯形，阶高不大于1m，台阶高宽比为1：2，然后分层填土，以利于结合和防止滑动。

3.土方填筑与压实

（1）填方的边坡坡度应根据填方高度、土的种类和其重要性确定。对使用时间较长的临时性填方边坡坡度，当填方高度小于10m时，可采用1：1.5；超过10m时，可做成折线形，上部采用1：1.5，下部采用1：1.75。

（2）填土应从场地最低处开始，由下而上整个宽度分层铺填。每层虚铺厚度应根据夯实机具确定，一般情况下每层虚铺厚度详见表10–2。

表10–2　填土施工分层厚度及压实遍数

压实机具	分层厚度/mm	每层压实遍数
平碾	250～300	6～8
振动压实机	250～350	3～4
柴油打夯机	200～250	3～4
人工打夯	＜200	3～4

（3）填方应在相对两侧或周围同时进行回填和夯实。

（4）填土应尽量采用同类土填筑，填方的密实度要求和质量指标通常以压实系数来表示。压实系数为土的控制（实际）干土密度与最大干土密度的比值。

四、基坑验槽与局部不良地基的处理方法

（一）验槽时必须具备的资料

验槽时必须具备的资料包括详勘阶段的岩土工程勘察报告、附有基础平面和结构总说明的施工图阶段的结构图、其他必须提供的文件或记录。

（二）验槽前的准备工作

（1）查看结构说明和地质勘察报告，对比结构设计所用的地基承载力、持力层与报告所提供的是否相同；

（2）询问、查看建筑位置是否与勘察范围相符；

（3）察看场地内是否有软弱下卧层；

（4）场地是否为特别的不均匀场地，是否存在勘察方要求进行特别处理的情况而设计方没有进行处理；

（5）要求建设方提供场地内是否有地下管线和相应的地下设施。

（三）验槽程序

在施工单位自检合格的基础上进行，施工单位确认自检合格后提出验收申请。由总监理工程师或建设单位项目负责人组织建设、监理、勘察、设计及施工单位的项目负责人、技术质量负责人，共同按设计要求和有关规定进行。

（四）验槽的主要内容

（1）根据设计图纸检查基槽的开挖平面位置、尺寸、槽底深度，检查是否与设计图纸相符，开挖深度是否符合设计要求。

（2）仔细观察槽壁、槽底土质类型、均匀程度和有关异常土质是否存在，核对基坑土质及地下水情况是否与勘察报告相符。

（3）检查基槽之中是否有旧建筑物基础、井、直墓、洞穴、地下掩埋物及地下人防工程等。

（4）检查基槽边坡外缘与附近建筑物的距离，基坑开挖对建筑物稳定是否有影响。

（5）天然地基验槽应检查、核实、分析钎探资料，对存在的异常点位进行复合检

查。对于桩基应检测桩的质量是否合格。

（五）验槽方法

地基验槽通常采用观察法，对于基底以下的土层不可见部位，通常采用钎探法。

1.观察法

（1）槽壁、槽底的土质情况，验证基槽开挖深度及土质是否与勘察报告相符，观察槽底土质结构是否被人为破坏；验槽时应重点观察柱基、墙角、承重墙下或其他受力较大的部位，如有异常部位，要会同勘察、设计等有关单位进行处理；

（2）基槽边坡是否稳定，是否有影响边坡稳定的因素存在，如地下渗水、坑边堆载或近距离扰动等；

（3）基槽内有无旧的房基、洞穴、古井、掩埋的管道和人防设施等，如存在上述问题应沿其走向进行追踪，查明其在基槽内的范围、延伸方向、长度、深度及宽度；

（4）在进行直接观察时，可用袖珍式贯入仪作为辅助手段。

2.钎探法

（1）钎探是用锤将钢钎打入坑底以下一定深度的土层内，根据锤击次数和入土难易程度来判断土的软硬情况及有无支井、点墓、洞穴、地下掩埋物等；

（2）钢钎的打入分人工和机械两种；

（3）根据基坑平面图，依次编号绘制钎探点平面布置图；

（4）按照钎探点顺序号进行钎探施工；

（5）打钎时，同一工程应钎径一致、锤重一致、用力（落距）一致。每贯入30cm（通常称为一步），记录一次锤击数，每打完一个孔，填入针探记录表内，最后进行统一整理；

（6）分析钎探资料：检查其测试深度、部位以及测试钎探器具是否标准，记录是否规范，对钎探记录各点的测试击数要认真分析，分析钎探击数是否均匀，对偏差大于50%的点位，分析原因，确定范围，重新补测，对异常点采用洛阳铲进一步核查；

（7）钎探后的孔要用砂灌实。

3.轻型动力触探

遇到下列情况之一时，应在基底进行轻型动力触探：

（1）持力层明显不均匀；

（2）浅部有软弱下卧层；

（3）有浅埋的坑穴、古墓、古井等，直接观察难以发现时；

（4）勘查报告或设计文件规定应进行轻型动力触探时。

（六）局部不良地基的处理

局部不良地基的处理主要包括局部硬土的处理和局部软土的处理（详见表10–3）。

表10–3　局部不良地基的处理

类别	施工技术
局部硬土的处理	挖掉硬土部分，以免造成不均匀沉降。处理时要根据周边土的土质情况确定回填材料，如果全部开挖较困难时，在其上部做软垫层处理，使地基均匀沉降
局部软土的处理	在地基土中由于外界因素的影响（如管道渗水）、地层的差异或含水量的变化，会造成地基局部土质软硬差异较大。如软土厚度不大时，通常采取清除软土的换土垫层法处理，一般采用级配砂石垫层，压实系数不小于0.94；当厚度较大时，一般采用现场钻孔灌注桩混凝土或砌块石支撑墙（或支墩）至基岩进行局部地基处理

五、砖、石基础施工技术

砖、石基础属于刚性基础范畴。这种基础的特点是抗压性能好，整体性、抗拉、抗弯、抗剪性能较差，材料易得，施工操作简便，造价较低。适用于地基坚实、均匀，上部荷载较小，7层和7层以下的一般民用建筑和墙承重的轻型厂房基础工程。

（一）施工准备工作要点

（1）砖应提前1～2d浇水湿润。

（2）在砖砌体转角处、交接处应设置皮数杆，皮数杆间距不应大于15m，在相对两皮数杆上砖上边线处拉准线。

（3）根据皮数杆最下面一层砖或毛石的标高，拉线检查基础垫层表面标高是否合适，如第一层砖的水平灰缝大于20mm，毛石大于30mm时，应用细石混凝土找平，不得用砂浆或在砂浆中掺细砖或碎石处理。

（二）砖基础施工技术要求

（1）砖基础的下部为大放脚、上部为基础墙。

（2）大放脚有等高式和间隔式。等高式大放脚是每砌两皮砖，两边各收进1/4砖长；间隔式大放脚是每砌两皮砖及一皮砖，轮流两边各收进1/4砖长，最下面应为两皮砖。

（3）砖基础大放脚一般采用一顺一丁砌筑形式，即一皮顺砖与一皮丁砖相间，上下皮垂直灰缝相互错开60mm。

（4）砖基础的转角处、交接处，为错缝需要应加砌配砖（3/4砖、半砖或1/4砖）。

（5）砖基础的水平灰缝厚度和垂直灰缝宽度宜为10mm。水平灰缝的砂浆饱满度不得小于80%，竖向灰缝饱满度不得低于9%。

（6）砖基础底标高不同时，应从低处砌起，并应由高处向低处搭砌。当设计无要求时，搭砌长度不应小于砖基础大放脚的高度。

（7）砖基础的转角处和交接处应同时砌筑，当不能同时砌筑时，应留置斜槎。

（8）基础墙的防潮层，当设计无具体要求时，宜用1：2水泥砂浆加适量防水剂铺设，其厚度宜为20mm。防潮层位置宜在室内地面标高以下一皮砖处。

（三）石基础施工技术要求

根据石材加工后的外形规则程度，石基础分为毛石基础、料石（毛料石、粗料石、细料石）基础。

（1）毛石基础截面形状有矩形、阶梯形、梯形等。基础上部宽一般比墙厚大20cm以上。

（2）砌筑时应双挂线，分层砌筑，每层高度为30～40cm，大体砌平。

（3）灰缝要饱满密实，厚度一般控制在30～40mm之间，石块上下皮竖缝必须错开（不少于10cm，角石不少于15cm），做到丁顺交错排列。

（4）墙基需留槎时，不得留在外墙转角或纵墙与横墙的交接处，至少应离开1.0～1.5m的距离。接槎应做成阶梯式，不得留直槎或斜槎。沉降缝应分成两段砌筑，不得搭接。

六、混凝土基础与桩基础施工技术

（一）混凝土基础施工技术

混凝土基础的主要形式有条形基础、单独基础、筏形基础和箱形基础等。混凝土基础工程中，分项工程主要有钢筋、模板、混凝土、后浇带混凝土和混凝土结构缝处理。

1.单独基础浇筑

台阶式基础施工，可按台阶分层一次浇筑完毕，不允许留设施工缝。每层混凝土要一次灌足，顺序是先边角后中间，务必使混凝土充满模板。

2.条形基础浇筑

根据基础深度宜分段分层连续浇筑混凝土，一般不留施工缝。各段层间应相互衔接，每段间浇筑长度控制在2000～3000mm距离，做到逐段逐层呈阶梯形向前推进。

3.设备基础浇筑

一般应分层浇筑，并保证上下层之间不留施工缝，每层混凝土的厚度为200～300mm。

每层浇筑顺序应从低处开始，沿长边方向自一端向另一端浇筑，也可采取中间向两端或两端向中间浇筑的顺序。

4.基础底板大体积混凝土工程

基础底板大体积混凝土工程主要包括大体积混凝土的浇筑、振捣、养护和裂缝的控制，其施工技术详见表10–4。

表10-4 基础底板大体积混凝土工程的施工技术

环节	施工技术
浇筑	大体积混凝土浇筑时，为保证结构的整体性和施工的连续性，采用分层浇筑时，应保证在下层混凝土初凝前将上层混凝土浇筑完毕。浇筑方案根据整体性要求、结构大小、钢筋疏密及混凝土供应等情况，可以选择全面分层、分段分层、斜面分层等方式之一
振捣	①混凝土应采取振捣棒振捣；②在振动初凝以前对混凝土进行二次振捣，排除混凝土因泌水在粗骨料、水平钢筋下部生成的水分和空隙，提高混凝土与钢筋的握裹力，防止因混凝土沉落出现裂缝，增加混凝土密实度，使混凝土抗压强度提高，从而提高抗裂性
养护	①养护方法分为保温法和保湿法两种；②大体积混凝土浇筑完毕后，应在12h内加以覆盖和浇水。采用普通硅酸盐水泥拌制的混凝土养护时间不得少于14d；采用矿渣水泥、火山灰水泥等拌制的混凝土养护时间由其相关水泥性能确定，同时应满足施工方案要求
裂缝的控制	①优先选用低水化热的矿渣水泥拌制混凝土，并适当使用缓凝减水剂；②在保证混凝土设计强度等级前提下，适当降低水胶比，减少水泥用量；③降低混凝土的入模温度，控制混凝土内外的温差（当设计无要求时，控制在25℃以内），如降低拌合水温度（在拌合水中加冰屑或用地下水）；骨料用水冲洗降温，避免暴晒；④及时对混凝土覆盖保温、保湿材料；⑤可在基础内预埋冷却水管，通入循环水，强制降低混凝土水化热产生的温度；⑥在拌和混凝土时，还可掺入适量的微膨胀剂或膨胀水泥，使混凝土得到补偿收缩，减少混凝土的收缩变形；⑦设置后浇缝，当大体积混凝土平面尺寸过大时，可以适当设置后浇缝，以减小外应力和温度应力；同时，也有利于散热，降低混凝土的内部温度；⑧大体积混凝土可采用二次抹面工艺，减少表面收缩裂缝

（二）混凝土预制桩、灌注桩的技术

1.钢筋混凝土预制桩施工技术

钢筋混凝土预制桩打（沉）桩施工方法通常有锤击沉桩法、静力压桩法及振动法等，以锤击沉桩法和静力压桩法应用最为普遍。

2.钢筋混凝土灌注桩施工技术

钢筋混凝土灌注桩按其成孔方法不同，可分为钻孔灌注桩、沉管灌注桩和人工挖孔灌注桩等。

七、人工降排地下水施工技术

基坑开挖深度浅，基坑涌水量不大时，可边开挖边用排水沟和集水井进行集水明

排。在软土地区基坑开挖深度超过3m，一般采用井点降水。

（一）明沟、集水井排水

（1）明沟、集水井排水指在基坑的两侧或四周设置排水明沟，在基坑四角或每隔30～40m设置集水井，使基坑渗出的地下水通过排水明沟汇集于集水井内，然后用水泵将其排出基坑外。

（2）排水明沟宜布置在拟建建筑基础边0.4m以外，沟边缘离开边坡坡脚应不小于0.3m。排水明沟的底面应比挖土面低0.3～0.4m。集水井底面应比沟底面低0.5m以上，并随基坑的挖深而加深，以保持水流畅通。

（二）降水

降水即在基坑土方开挖之前，用真空（轻型）井点、喷射井点或管井深入含水层内，用不断抽水的方式使地下水位下降至坑底以下，同时使土体产生固结以方便土方开挖。

（1）基坑降水应编制降水施工方案，其主要内容：井点降水方法；井点管长度、构造和数量；降水设备的型号和数量，井点系统布置图，井孔施工方法及设备；质量和安全技术措施；降水对周围环境影响的估计及预防措施等。

（2）降水设备的管道、部件和附件等，在组装前必须经过检查和清洗。滤管在运输、装卸和堆放时，应防止损坏滤网。

（3）井孔应垂直，孔径上下一致。井点管应居于井孔中心，滤管不得紧靠井孔壁或插入淤泥中。

（4）井点管安装完毕应进行试运转，全面检查管路接头、出水状况和机械运转情况。一般开始出水混浊，经一定时间后出水应逐渐变清，对长期出水混浊的井点应予以停闭或更换。

（5）降水系统运转过程中应随时检查观测孔中的水位。

（6）基坑内明排水应设置排水沟及集水井，排水沟纵坡宜控制在1%～2%。

（7）降水施工完毕，根据结构施工情况和土方回填进度，陆续关闭和逐根拔出井点管。土中所留孔洞应立即用砂土填实。

（8）如基坑坑底进行压密注浆加固时，要待注浆初凝后再进行降水施工。

（三）防止或减少降水影响周围环境的技术措施

（1）采用回灌技术。采用回灌井点时，回灌井点与降水井点的距离不宜小于6m。

（2）采用砂沟、砂井回灌。回灌砂井的灌砂量，应取井孔体积的95%，填料宜采用含泥量不大于3%、不均匀系数在3～5之间的纯净中粗砂。

（3）减缓降水速度。

八、岩土工程与基坑监测技术

（一）岩土工程

（1）建筑地基的岩土可分为岩石、碎石土、砂土、粉土、黏性土和人工填土。人工填土根据其组成和成因又可分为素填土、压实填土、杂填土、冲填土。

（2）《建筑基坑支护技术规程》规定，基坑支护结构可划分为三个安全等级，不同等级采用相对应的重要性系数。对于同一基坑的不同部位，可采用不同的安全等级。

（二）基坑监测

（1）安全等级为一、二级的支护结构，在基坑开挖过程与支护结构使用期内，必须进行支护结构的水平位移监测和基坑开挖影响范围内建（构）筑物及地面的沉降监测。

（2）基坑工程施工前，应由建设方委托具备相应资质的第三方对基坑工程实施现场检测。监测单位应编制监测方案，经建设方、设计方、监理方等认可后方可实施。

（3）基坑围护墙或基坑边坡顶部的水平和竖向位移监测点应沿基坑周边布置，周边中部、阳角处应布置监测点。监测点水平间距不宜大于15～20m，每边监测点数不宜少于3个。监测点宜设置在围护墙或基坑坡顶上。

（4）监测项目初始值应在相关施工工序之前测定，并取至少连续观测3次的稳定值的平均值。

（5）基坑工程监测报警值应由监测项目的累计变化量和变化速率值共同控制。当监测数据达到监测报警值时，必须立即通报建设方及相关单位。

（6）基坑内采用深井降水时，水位监测点宜布置在基坑中央和两相邻降水井的中间部位；采用轻型井点、喷射井点降水时，水位监测点宜布置在基坑中央和周边拐角处。监测点间距宜为20～50m。

（7）地下水位量测精度不宜低于10mm。

（8）基坑监测项目的监测频率应由基坑类别、基坑及地下工程的不同施工阶段，以及周边环境、自然条件的变化和当地经验确定。当出现以下情况之一时，应提高监测频率：①监测数据达到报警值；②监测数据变化较大或者速率加快；③存在勘查未发现的不良地质；④超深、超长开挖或未及时加撑等违反设计工况施工；⑤基坑附近地面荷载突然增大或超过设计限值；⑥周边地面突发较大沉降、不均匀沉降或出现严重开裂；⑦支护结构出现开裂；⑧邻近建筑突发较大沉降、不均匀沉降或出现严重开裂；⑨基坑及周边大量积水、长时间连续降雨、市政管道出现泄漏；⑩基坑底部、侧壁出现管涌、渗漏或流沙等现象。

第二节　主体结构工程施工技术

一、钢筋混凝土结构施工技术

（一）模板工程

模板工程主要包括模板和支架两部分。

1.常见模板体系及其特性

常见模板体系主要有木模板体系、组合钢模板体系、钢框木（竹）胶合板模板体系、大模板体系、散支散拆胶合板模板体系和早拆模板体系（详见表10-5）。

表10-5　常见模板体系及其特点

模板体系	特　点
木模板体系	优点是制作、拼装灵活，较适用于外形复杂或异形混凝土构件，以及冬期施工的混凝土工程；缺点是制作量大、木材资源浪费大等
组合钢模板体系	优点是轻便灵活、拆装方便、通用性强、周转率高等；缺点是接缝多且严密性差，导致混凝土成型后外观质量差
钢框木（竹）胶合板模板体系	与组合钢模板相比，其特点为自重轻、用钢重火、面积大、模板拼缝少、维修方便等
大模板体系	由板面结构、支撑系统、操作平台和附件等组成。其特点是以建筑物的开间、进深和层高为大模板尺寸。其优点是模板整体性好、抗震性强、无拼缝等；缺点是模板重量大、移动安装需起重机械吊运
散支散拆胶合板模板体系	优点是自重轻、板幅大、板面平整、施工安装方便简单等
早拆模板体系	优点是部分模板可早拆、加快周转、节约成本

除上述模板体系外，还有滑升模板、爬升模板、飞模、模壳模板、胎模及永久性压型钢板模板和各种配筋的混凝土薄板模板等。

2.模板工程设计的主要原则

模板工程设计的主要原则是实用性、安全性和经济性。

3.模板及支架设计的主要内容

模板及支架设计的主要内容包括：①模板及支架的选型及构造设计；②模板及支架上的荷载及其效应计算；③模板及支架的承载力、刚度和稳定性验算；④绘制模板及支架施工图。

4.模板工程安装要点

（1）对跨度不小于4m的现浇钢筋混凝土梁、板，其模板应按设计要求起拱；当设计无具体要求时，起拱高度应为跨度的1/1000 ~ 3/1000。

（2）采用扣件式钢管作高大模板支架的立杆时，支架搭设应完整。立杆上应每步设置双向水平杆，水平杆应与立杆扣接；立杆底部应设置垫板。

（3）安装现浇结构的上层模板及其支架时，下层楼板应具有承受上层荷载的承载能力或加设支架；上、下层支架的立柱应对准，并铺设垫板；模板及支架杆件等应分散堆放。

（4）模板的接缝不应漏浆；在浇筑混凝土前，木模板应浇水润湿，但模板内不应有积水。

（5）模板与混凝土的接触面应清理干净并涂刷隔离剂，不得采用影响结构性能或妨碍装饰工程的隔离剂；脱模剂不得污染钢筋和混凝土接槎处。

（6）模板安装应与钢筋安装配合进行，梁柱节点的模板宜在钢筋安装后安装。

（7）后浇带的模板及支架应独立设置。

5.模板的拆除

（1）模板拆除时，拆模的顺序和方法应按模板的设计规定进行。当设计无规定时，可采取先支的后拆、后支的先拆，先拆非承重模板、后拆承重模板的顺序，并应从上而下进行拆除。

（2）当混凝土强度达到设计要求时，方可拆除底模及支架；当设计无具体要求时，同条件养护试件的混凝土抗压强度应符合表10–6的规定。

表10–6　底模拆除时的混凝土强度要求

构件类型	构件跨度/m	达到设计的混凝土立方体抗压强度标准值的百分率/%
板	≤2	≥50
	>2，≤8	≥75
	>8	≥100
梁、拱、壳	≤8	≥75
	>8	≥100
悬臂结构		≥100

（3）当混凝土强度能保证其表面及棱角不受损伤时，方可拆除侧模。

（4）快拆支架体系的支架立杆间距不应大于2m。拆模时应保留立杆并顶托支承楼板，拆模时的混凝土强度取构件跨度2m，并按上表的规定确定。

（二）钢筋工程

1.原材料进场检验

钢筋进场时，应按规范要求检查产品合格证、出厂检验报告，并按现行国家标准的相关规定抽取试件做力学性能检验，合格后方准使用。

2.钢筋配料

为使钢筋满足设计要求的形状和尺寸，需要对钢筋进行弯折，而弯折后钢筋各段的长度总和并不等于其在直线状态下的长度，所以要对钢筋剪切下料长度加以计算。各种钢筋下料长度计算方法如下：

（1）真钢筋下料长度=构件长度-保护层厚度+弯钩增加长度；

（2）弯起钢筋下料长度=直段长度+斜段长度-弯曲调整值+弯钩增加长度；

（3）箍筋下料长度=箍筋周长+箍筋调整值。

上述钢筋如需要搭接，还要增加钢筋搭接长度。

3.钢筋代换

钢筋代换时，应征得设计单位的同意并办理相应设计变更文件。代换后钢筋的间距锚固长度、最小钢筋直径、数量等构造要求和受力、变形情况，均应符合相应规范要求。

4.钢筋连接

钢筋连接常用的方法有焊接、机械连接和绑扎连接三种（详见表10-7）。钢筋接头位置宜设置在受力较小处。同一纵向受力钢筋不宜设置两个或两个以上接头。接头末端至钢筋弯起点的距离不应小于钢筋直径的10倍。

表10-7　钢筋连接的方法

连接方法	相关要求
焊接	常用的焊接方法有电阻点焊、闪光对焊、电弧焊、电渣压力焊、气压焊、埋弧压力焊等。直接承受动力荷载的结构构件中，纵向钢筋不宜采用焊接接头
机械连接	有钢筋套筒挤压连接、钢筋直螺纹套筒连接等方法。目前最常见、采用最多的方式是钢筋剥肋滚压直螺纹套筒连接，通常适用的钢筋级别为HRB35、HRB400、RRB40，适用的钢筋直径范围通常为16～50mm
绑扎连接（或搭接）	钢筋搭接长度应符合规范要求。当受拉钢筋直径大于25mm、受压钢筋直径大于28mm时，不宜采用绑扎搭接接头。轴心受拉及小偏心受拉杆件（如桁架和拱架的拉杆）的纵向受力钢筋不得采用绑扎搭接接头

5.钢筋加工

（1）钢筋加工包括调直、除锈、下料切断、接长、弯曲成型等。

（2）钢筋宜采用无延伸功能的机械设备进行调直，也可采用冷拉调直。当采用冷拉调直时，HPB300光圆钢筋的冷拉率不宜大于4%，HRB335、HRB400、HRB500、HRBF33、HRBF400、HRBF00及RB400带肋钢筋的冷拉率不宜大于1%。

（3）钢筋除锈：一是在钢筋冷拉或调直过程中除锈，二是可采用机械除锈机除锈、喷砂除锈、酸洗除锈和手工除锈等。

（4）钢筋下料切断可采用钢筋切断机或手动液压切断器进行。钢筋的切断口不得有马蹄形或起弯等现象。

6.钢筋安装

（1）柱钢筋绑扎

①柱钢筋的绑扎应在柱模板安装前进行。

②纵向受力钢筋有接头时，设置在同一构件内的接头宜相互错开。

③每层柱第一个钢筋接头位置距楼地面高度不宜小于500mm、柱高的1/6及柱截面长边（或直径）的较大值。

④框架梁、牛腿及柱帽等钢筋，应放在柱子纵向钢筋的内侧。如设计无特殊要求，当柱中纵向受力钢筋直径大于25mm时，应在搭接接头两个端面外100mm范围内各设两个箍筋，其间距宜为50mm。

（2）墙钢筋绑扎

①墙钢筋绑扎应在墙模板安装前进行。

②墙的垂直钢筋每段长度不宜超过4m（钢筋直径不大于12mm）或6m（钢筋直径大于12mm）或层高加搭接长度，水平钢筋每段长度不宜超过8m，以利于绑扎。钢筋的弯钩应朝向混凝土内。

③采用双层钢筋网时，在两层钢筋间应设置撑铁或绑扎架，以固定钢筋间距。

（3）梁、板钢筋绑扎

①连续梁、板的上部钢筋接头位置宜设置在跨中1/3跨度范围内，下部钢筋接头位置宜设置在梁端1/3跨度范围内。

②板上部的负筋要防止被踩下，特别是雨篷、挑檐、阳台等悬臂板，要严格控制负筋位置，以免拆模后断裂。

③板、次梁与主梁交叉处，板的钢筋在上，次梁的钢筋居中，主梁的钢筋在下；当有圈梁或垫梁时，主梁的钢筋在上。

④框架节点处钢筋穿插十分稠密时，应特别注意梁顶面主筋间的净距要有30mm，以利于浇筑混凝土。

（4）细部构造处理

①梁、柱的箍筋弯钩及焊接封闭箍筋的对焊点应沿纵向受力钢筋方向错开设置。构件同一表面，焊接封闭箍筋的对焊接头面积百分率不宜超过50%。

②填充墙构造柱纵向钢筋宜与框架梁钢筋共同绑扎。

③当设计无要求时，应优先保证主要受力构件和构件中主要受力方向的钢筋位置。框架节点处梁纵向受力钢筋宜置于柱纵向钢筋内侧；次梁钢筋宜放在主梁钢筋内侧；剪力墙中水平分布钢筋宜放在外部，并在墙边弯折锚固。

④采用复合箍筋时，箍筋外围应封闭。

（三）混凝土工程

1.混凝土用原材料

（1）水泥品种与强度等级应根据设计、施工要求及工程所处环境条件确定；普通混凝土结构宜选用通用硅酸盐水泥；有特殊需要时，也可选用其他品种水泥，如对于有抗渗抗冻融要求的混凝土，宜选用硅酸盐水泥或普通硅酸盐水泥；处于潮湿环境的混凝土结构，当使用碱活性骨料时，宜采用低碱水泥。

（2）粗骨料宜选用粒形良好、质地坚硬的洁净碎石或卵石。粗骨料最大粒径不应超过构件截面最小尺寸的1/4，且不应超过钢筋最小净间距的3/4；对实心混凝土板，粗骨料的最大粒径不宜超过板厚的1/3，且不应超过40mm。

（3）细骨料宜选用级配良好、质地坚硬、颗粒洁净的天然砂或机制砂，宜选用Ⅱ区中砂。

（4）对于有抗渗、抗冻融或其他特殊要求的混凝土，宜选用连续级配的粗骨料，最大粒径不宜大于40mm。

（5）未经处理的海水严禁用于钢筋混凝土和预应力混凝土的拌制和养护。

（6）应检验混凝土外加剂与水泥的适应性，符合要求方可使用。不同品种外加剂复合使用时，应注意其相容性及对混凝土性能的影响，使用前应进行试验，满足要求方可使用。严禁使用对人体产生危害、对环境产生污染的外加剂。对于含有尿素、氨类等有刺激性气味成分的外加剂，不得用于房屋建筑工程中。

2.混凝土配合比

（1）混凝土配合比应根据原材料性能及对混凝土的技术要求（强度等级、耐久性和工作性等），由具有资质的试验室进行计算，并经试配、调整后确定。

（2）混凝土配合比应采用重量比，且每盘混凝土试配量不应小于20L。

（3）对采用搅拌运输车运输的混凝土，当运输时间可能较长时，试配时应控制混凝土坍落度经时损失值。

（4）试配掺外加剂的混凝土时，应采用工程使用的原材料，检测项目应根据设计及施工要求确定，检测条件应与施工条件相同。当工程所用原材料或混凝土性能要求发生变化时，应再进行试配试验。

3.混凝土的搅拌与运输

（1）混凝土搅拌应严格掌握混凝土配合比，当掺有外加剂时，搅拌时间应适当延长。

（2）混凝土在运输中不应发生分层、离析现象，否则应在浇筑前进行二次搅拌。

（3）尽量减少混凝土的运输时间和转运次数，确保混凝土在初凝前运至现场并浇筑完毕。

（4）采用搅拌运输车运送混凝土，运输途中及等候卸料时，不得停转；卸料前，宜快速旋转搅拌20s以上后再卸料。当坍落度损失较大不能满足施工要求时，可在车罐内加入适量的与原配合比相同成分的减水剂。减水剂加入量应事先由试验确定，并应做出记录。

4.泵送混凝土

（1）泵送混凝土具有输送能力大、效率高、连续作业、节省人力等优点。

（2）泵送混凝土配合比设计：

①泵送混凝土的入泵坍落度不宜低于100mm；

②用水量与胶凝材料总量之比不宜大于0.6；

③泵送混凝土的胶凝材料总量不宜小于300kg/m³；

④泵送混凝土宜掺用适量粉煤灰或其他活性矿物掺合料，掺粉煤灰的泵送混凝土配合比设计，必须经过试配确定，并应符合相关规范要求；

⑤泵送混凝土掺加的外加剂品种和掺量宜由试验确定，不得随意使用；当掺用引气型外加剂时，其含气量不宜大于4%。

（3）泵送混凝土搅拌时，应按规定顺序进行投料，并且粉煤灰宜与水泥同步，外加剂的添加宜滞后于水和水泥。

（4）混凝土泵或泵车应尽可能地靠近浇筑地点，浇筑时由远至近进行。混凝土供应要保证泵能连续工作。

5.混凝土浇筑

（1）浇筑混凝土前，应清除模板内或垫层上的杂物。表面干燥的地基、垫层、模板上应洒水湿润；现场环境温度高于35℃时宜对金属模板进行洒水降温；洒水后不得留有积水。

（2）混凝土输送宜采用泵送方式。混凝土粗骨料最大粒径不大于25mm时，可采用内径不小于125mm的输送泵管；混凝土粗骨料最大粒径不大于40mm时，可采用内径不小于

150mm的输送泵管。

（3）在浇筑竖向结构混凝土前，应先在底部填以不大于30mm厚与混凝土中水泥、砂配比成分相同的水泥砂浆；在浇筑过程中混凝土不得发生离析现象。

（4）柱、墙模板内的混凝土浇筑时，当无可靠措施保证混凝土不产生离析时，其自由倾落高度应符合如下规定：

①粗骨料粒径大于25mm时，不宜超过3m；

②粗骨料粒径不大于25mm时，不宜超过6m。当不能满足时，应加设串筒、溜管、溜槽等装置。

（5）浇筑混凝土应连续进行。当必须间歇时，其间歇时间宜尽量缩短，并应在前层混凝土初凝之前，将次层混凝土浇筑完毕，否则应留置施工缝。

（6）混凝土宜分层浇筑，分层振捣。当采用插入式振捣器振捣普通混凝土时，应快插慢拔，振捣器插入下层混凝土内的深度应不小于50mm。

（7）梁和板宜同时浇筑混凝土，有主次梁的楼板宜顺着次梁方向浇筑，单向板宜沿着板的长边方向浇筑；拱和高度大于1m时的梁等结构，可单独浇筑混凝土。

6.施工缝

（1）施工缝的位置应在混凝土浇筑之前确定，并宜留置在结构受剪力较小且便于施工的部位。施工缝的留置位置应符合下列规定：

①柱、墙水平施工缝可留设在基础、楼层结构顶面，柱施工缝与结构上表面的距离宜为0～100mm，墙施工缝与结构上表面的距离宜为0～300mm；

②柱、墙水平施工缝也可留设在楼层结构底面，施工缝与结构下表面的距离宜为0～50mm；当板下有梁托时，可留设在梁托下0～20mm；

③高度较大的柱、墙梁及厚度较大的基础可根据施工需要在其中部留设水平施工缝；必要时，可对配筋进行调整，并应征得设计单位的认可；

④有主次梁的楼板垂直施工缝应留设在次梁跨度中间的1/3范围内；

⑤单向板施工缝应留设在平行于板短边的任何位置；

⑥楼梯梯段施工缝宜设置在梯段板跨度端部的1/3范围内；

⑦墙的垂直施工缝宜设置在门洞口过梁跨中1/3范围内，也可留设在纵横交接处；

⑧在特殊结构部位留设水平或垂直施工缝应征得设计单位同意。

（2）在施工缝处继续浇筑混凝土时，应符合下列规定：

①已浇筑的混凝土，其抗压强度不应小于1.2N/mm^2；

②在已硬化的混凝土表面上，应清除水泥薄膜和松动石子及软弱混凝土层，并加以充分湿润和冲洗干净，且不得积水；

③在浇筑混凝土前，宜先在施工缝处铺一层水泥浆（可掺适量界面剂）或与混凝土内

成分相同的水泥砂浆；

④混凝土应细致捣实，使新旧混凝土紧密结合。

7.后浇带的设置和处理

（1）后浇带通常根据设计要求留设，并保留一段时间（若设计无要求，则至少保留14d并经设计确认）后再浇筑，将结构连成整体。

（2）后浇带应采取钢筋防锈或阻锈等保护措施。

（3）填充后浇带，可采用微膨胀混凝土，强度等级比原结构强度提高二级，并保持至少14d的湿润养护，后浇带接缝处按施工缝的要求处理。

8.混凝土的养护

（1）混凝土浇筑后应及时进行保湿养护，保湿养护可采用洒水、覆盖、喷涂养护剂等方式。选择养护方式应考虑现场条件、环境温湿度、构件特点、技术要求、施工操作等因素。

（2）对已浇筑完毕的混凝土，应在混凝土终凝前（通常为混凝土浇筑完毕后8～12h内）开始进行自然养护。

（3）混凝土的养护时间，应符合下列规定：

①采用硅酸盐水泥、普通硅酸盐水泥或矿渣硅酸盐水泥配制的混凝土，不应少于7d；采用其他品种水泥时，养护时间应根据水泥性能确定；

②采用缓凝型外加剂、大掺量矿物掺合料配制的混凝土，不应少于14d；

③抗渗混凝土、强度等级C60及以上的混凝土，不应少于14d；

④后浇带混凝土的养护时间不应少于14d；

⑤地下室底层墙、柱和上部结构首层墙、柱宜适当增加养护时间。

9.大体积混凝土施工

（1）大体积混凝土施工应编制施工组织设计或施工技术方案。大体积混凝土工程施工前，宜对施工阶段大体积混凝土浇筑体的温度、温度应力及收缩应力进行试算，并确定升温峰值、里表温差及降温速率的控制指标，制定相应的温控技术措施。

（2）温控指标宜符合下列规定：

①混凝土浇筑体在入模温度基础上的温升值不宜大于50℃；

②混凝土浇筑块体的里表温差（不含混凝土收缩的当量温度）不宜大于25℃；

③混凝土浇筑体的降温速率不宜大于2.0℃/d；

④混凝土浇筑体表面与大气温差不宜大于20℃。

（3）配制大体积混凝土所用水泥应选用中、低热硅酸盐水泥或低热矿渣硅酸盐水泥。大体积混凝土施工所用水泥其3d的水化热不宜大于240kJ/kg，7d的水化热不宜大于270kJ/kg。细骨料宜采用中砂，粗骨料宜选用粒径5～31.5mm，并连续级配；当采用非泵送施工时，粗骨料的粒径可适当增大。

（4）大体积混凝土采用混凝土60d或90d强度作为指标时，应将其作为混凝土配合比的设计依据。所配制的混凝土拌合物，到浇筑工作面的坍落度不宜低于160mm。拌合水用量不宜大于175kg/m³；水胶比不宜大于0.50，砂率宜为35%～42%；拌合物泌水量宜小于10L/m³。

（5）当运输过程中出现离析或使用外加剂进行调整时，搅拌运输车应进行快速搅拌，搅拌时间应不小于120s；运输过程中严禁向拌合物中加水。在运输过程中，坍落度损失或离析严重，经补充外加剂或快速搅拌已无法恢复混凝土拌合物的工艺性能时，不得浇筑入模。

（6）大体积混凝土工程的施工宜采用整体分层连续浇筑施工或推移式连续浇筑施工，层间最长的间歇时间不应大于混凝土的初凝时间。混凝土浇筑宜从低处开始，沿长边方向自一端向另一端进行。当混凝土供应量有保证时，亦可多点同时浇筑。混凝土宜采用二次振捣工艺。整体连续浇筑时每层浇筑厚度宜为300～500mm。

（7）超长大体积混凝土施工，应选用下列方法控制结构不出现有害裂缝：

①留置变形缝；

②后浇带施工；

③跳仓法施工（跳仓间隔施工的时间不宜小于7d）。

（8）大体积混凝土浇筑面应及时进行二次抹压处理。

（9）大体积混凝土应进行保温保湿养护，在每次混凝土浇筑完毕后，除按普通混凝土进行常规养护外，尚应及时按温控技术措施的要求进行保温养护。保湿养护的持续时间不得少于14d，保持混凝土表面湿润。保温覆盖层的拆除应分层逐步进行，当混凝土的表面温度与环境最大温差小于20℃时，可全部拆除。在混凝土浇筑完毕初凝前，宜立即进行喷雾养护工作。

（10）大体积混凝土浇筑体里表温差、降温速率、环境温度及温度应变的测试，在混凝土浇筑后1～4天，每4h不得少于1次；5～7天，每8h不得少于1次；7天后，每12h不得少于1次，直至测温结束。

二、砌体结构工程施工技术

（一）砌体结构的特点

砌体结构是以块材和砂浆砌筑而成的墙、柱作为建筑物主要受力构件的结构，是砖砌体、砌块砌体和石砌体结构的统称。砌体结构具有如下特点：①容易就地取材，比使用水泥、钢筋和木材造价低；②具有较好的耐久性、良好的耐火性；③保温隔热性能好，节能效果好；④施工方便，工艺简单；⑤具有承重与围护双重功能；⑥自重大，抗拉、抗剪抗弯能力低；⑦抗震性能差；⑧砌筑工程量繁重，生产效率低。

（二）砌筑砂浆

1.砂浆原材料要求

（1）水泥：水泥进场时应对其品种、等级、包装或散装仓号、出厂日期等进行检查，并应对其强度、安定性进行复验。水泥强度等级应根据砂浆品种及强度等级的要求进行选择：M15及以下强度等级的砌筑砂浆宜选用32.5级的通用硅酸盐水泥或砌筑水泥；M15以上强度等级的砌筑砂浆宜选用42.5级普通硅酸盐水泥。

（2）砂：宜用过筛中砂，砂中不得含有有害杂物。

（3）拌制水泥混合砂浆的建筑生石灰、建筑生石灰粉熟化为石灰膏，其熟化时间分别不得少于7d和2d。

2.砂浆配合比

（1）砌筑砂浆配合比应通过有资质的实验室，根据现场实际情况试配确定，并同时满足稠度、分层度和抗压强度的要求。

（2）当砂浆的组成材料有变更时，应重新确定配合比。

（3）砌筑砂浆的稠度通常为30～90mm；在砌筑材料为粗糙、多孔且吸水较大的块料或在干热条件下砌筑时，应选用较大稠度值的砂浆，反之应选用稠度值较小的砂浆。

（4）砌筑砂浆的分层度不得大于30mm，确保砂浆具有良好的保水性。

（5）施工中不应采用强度等级小于M5的水泥砂浆替代同强度等级水泥混合砂浆，如需替代，应将水泥砂浆提高一个强度等级。

3.砂浆的拌制及使用

（1）砂浆现场拌制时，各组分材料应采用重量计量。

（2）砂浆应采用机械搅拌，搅拌时间自投料完算起：水泥砂浆和水泥混合砂浆不得少于120s；水泥粉煤灰砂浆和掺用外加剂的砂浆不得少于180s；掺液体增塑剂的砂浆应先将水泥、砂干拌混合均匀后，将混有增塑剂的拌合水倒入干混砂浆中继续搅拌；掺固体增塑剂的砂浆，应先将水泥、砂和增塑剂干拌混合均匀后，将拌合水倒入其中继续搅拌，从加水开始，搅拌时间不应少于210s。

（3）现场拌制的砂浆应随拌随用，拌制的砂浆应在3h内使用完毕；当施工期间最高气温超过30℃时，应在2h内使用完毕。预拌砂浆及蒸压加气混凝土砌块专用砂浆的使用时间应按照厂家提供的说明书确定。

4.砂浆强度

（1）由边长为70.7cm的正方体试件，经过28d标准养护，测得一组3块试件的抗压强度值来评定。

（2）砂浆试块应在搅拌机出料口随机取样、制作，同盘砂浆应制作一组试块。

（3）每检验一批不超过250m³砌体的各种类型及强度等级的砌筑砂浆，每台搅拌机应至少抽验一次。

（三）砖砌体工程

（1）砌筑烧结普通砖、烧结多孔砖、蒸压灰砂砖、蒸压粉煤灰砖砌体时，砖应提前1～2d适度湿润，严禁采用干砖或处于吸水饱和状态的砖砌筑，块体湿润程序宜符合下列规定：

①烧结类块体的相对含水率为60%～70%；

②混凝土多孔砖及混凝土实心砖不需浇水湿润，但在气候干燥、炎热的情况下，宜在砌筑前对其喷水湿润。其他非烧结类块体的相对含水率宜为40%～50%。

（2）砌筑方法有“三一”砌筑法、挤浆法（铺浆法）、刮浆法和满口灰法四种。通常宜采用“三一”砌筑法，即一铲灰、一块砖、一揉压的砌筑方法。当采用铺浆法砌筑时，铺浆长度不得超过750mm，施工期间气温超过30℃时，铺浆长度不得超过500mm。

（3）设置皮数杆：在砖砌体转角处、交接处应设置皮数杆，皮数杆上标明砖皮数、灰缝厚度及竖向构造的变化部位，皮数杆间距不应大于15m。在相对两皮数杆上砖上边线处拉水准线。

（4）砖墙砌筑形式：根据砖墙厚度不同，可采用全顺、两平一侧、全丁、一顺一丁、梅花丁或三顺一丁等砌筑形式。

（5）240mm厚承重墙的每层墙的最上一皮砖，砖砌体的阶台水平面上及挑出层的外皮砖，应整砖丁砌。

（6）弧拱式及平拱式过梁的灰缝应砌成楔形缝，拱底灰缝宽度不宜小于5mm，拱顶灰缝宽度不应大于15mm，拱体的纵向及横向灰缝应填实砂浆；平拱式过梁拱脚下面应伸入墙内不小于20mm；砖砌平拱过梁底应有1%的起拱。

（7）砖过梁底部的模板及其支架拆除时，灰缝砂浆强度不应低于设计强度的75%。

（8）砖墙灰缝宽度宜为10mm，且不应小于8mm，也不应大于12mm。砖墙的水平灰缝砂浆饱满度不得小于80%；垂直灰缝宜采用挤浆或加浆方法，不得出现透明缝、瞎缝和假缝。

（9）在砖墙上留置临时施工洞口，其侧边离交接处墙面不应小于500mm，洞口净宽不应超过1m。抗震设防烈度为9度地区建筑物的施工洞口位置，应会同设计单位确定。临时施工洞口应做好补砌。

（10）不得在下列墙体或部位设置脚手眼：

①120mm厚墙、清水墙、料石墙、独立柱和附墙柱；

②过梁上与过梁成60° 角的三角形范围及过梁净跨度1/2的高度范围内；

③宽度小于1m的窗间墙；

④门窗洞口两侧石砌体300mm，其他砌体200mm范围内；转角处石砌体600mm，其他砌体450mm范围内；

⑤梁或梁垫下及其左右500mm范围内；

⑥设计不允许设置脚手眼的部位；

⑦轻质墙体；

⑧夹心复合墙外叶墙。

（11）脚手眼补砌时，应清除脚手眼内掉落的砂浆、灰尖；脚手眼处砖及填塞用砖应湿润，并应填实砂浆，不得用干砖填塞。

（12）设计要求的洞口、沟槽、管道应于砌筑时正确留出或预埋，未经设计同意，不得打凿墙体和在墙体上开凿水平沟槽。宽度超过300mm的洞口上部，应有钢筋混凝土过梁。不应在截面长边小于500mm的承重墙体、独立柱内埋设管线。

（13）砖砌体的转角处和交接处应同时砌筑，严禁无可靠措施的内外墙分砌施工。在抗震设防烈度为8度及以上地区，对不能同时砌筑而又必须留置的临时间断处应砌成斜槎，普通砖砌体斜槎水平投影长度不应小于高度的2/3，多孔砖砌体的斜楼长高比不应小于1/2。斜槎高度不得超过一步脚手架的高度。

（14）非抗震设防及抗震设防烈度为6度、7度地区的临时间断处，当不能留斜槎时，除转角处外，可留直槎，但直槎必须做成凸槎，且应加设拉结钢筋，拉结钢筋应符合下列规定：

①每12mm厚墙放置16拉结钢筋（120mm厚墙放置246拉结钢筋）；

②间距沿墙高不应超过500mm，且竖向间距偏差不应超过100mm；

③埋入长度从留槎处算起每边均不应小于500mm，抗震设防烈度6度、7度地区，不应小于1000m；

④末端应有90° 弯钩。

（15）设有钢筋混凝土构造柱的抗震多层砖房，应先绑扎钢筋，然后砌砖墙，最后浇筑混凝土。墙与柱应沿高度方向每500mm设246拉筋，每边伸入墙内不应少于1m；构造柱应与圈梁连接；砖墙应砌成马牙槎，每一马牙槎沿高度方向的尺寸不超过300mm，马牙槎从每层柱脚开始，先退后进。该层构造柱混凝土浇筑完以后，才能进行上一层施工。

（16）砖墙工作段的分段位置，宜设在变形缝、构造柱或门窗洞口处；相邻工作段的砌筑高度不得超过一个楼层高度，也不宜大于4m。

（17）正常施工条件下，砖砌体每日砌筑高度宜控制在1.5m或一步脚手架高度内。

（四）混凝土小型空心砌块砌体工程

（1）混凝土小型空心砌块分普通混凝土小型空心砌块和轻集料混凝土小型空心砌块（简称小砌块）两种。

（2）施工采用的小砌块的产品龄期不应小于28d。承重墙体使用的小砌块应完整、无破损、无裂缝。砌筑小砌块砌体，宜选用专用小砌块砌筑砂浆。

（3）普通混凝土小型空心砌块砌体，不需对小砌块浇水湿润；如遇天气干燥、炎热，宜在砌筑前对其喷水湿润；对轻集料混凝土小砌块，应提前浇水湿润，块体的相对含水率宜为40%～50%。雨天及小砌块表面有浮水时，不得施工。

（4）施工前，应按房屋设计图编绘小砌块平、立面排块图，施工中应按排块图施工。

（5）当砌筑厚度大于190mm的小砌块墙体时，宜在墙体内外侧双面挂线。小砌块应将生产时的底面朝上反砌于墙上，小砌块墙体宜逐块坐（铺）浆砌筑。

（6）底层室内地面以下或防潮层以下的砌体，应采用强度等级不低于C20（或Cb20）的混凝土灌实小砌块的孔洞。

（7）在散热器、厨房和卫生间等设置的卡具安装处砌筑的小砌块，宜在施工前用强度等级不低于C20（或Cb20）的混凝土将其孔洞灌实。

（8）小砌块墙体应孔对孔、肋对肋错缝搭砌。单排孔小砌块的搭接长度应为块体长度的1/2；多排孔小砌块的搭接长度可适当调整，但不宜小于小砌块长度的1/3，且不应小于90mm。墙体的个别部位不能满足上述要求时，应在此部位水平灰缝中设置ϕ4钢筋网片，且网片两端与该位置的竖缝距离不得小于400mm，或采用配块。墙体竖向通缝不得超过两皮小砌块，独立柱不允许有竖向通缝。

（9）砌筑应从转角或定位处开始，内外墙同时砌筑，纵横交错搭接。外墙转角处应使小砌块隔皮露端面；T形交接处应使横墙小砌块隔皮露端面。

（10）墙体转角处和纵横交接处应同时砌筑。临时间断处应砌成斜槎，斜槎水平投影长度不应小于斜槎高度。临时施工洞口可预留直槎，但在补砌洞口时，应在直槎上下搭砌的小砌块孔洞内用强度等级不低于Cb20或C20的混凝土灌实。

（11）厚度为190mm的自承重小砌块墙体宜与承重墙同时砌筑。厚度小于190mm的自承重小砌块墙宜后砌，且应按设计要求预留拉结筋或钢筋网片。

（五）填充墙砌体工程

（1）砌筑填充墙时，轻集料混凝土小型空心砌块和蒸压加气混凝土砌块的产品龄期不应小于28d，蒸压加气混凝土砌块的含水率宜小于30%。

（2）砌块进场后应按品种、规格堆放整齐，堆置高度不宜超过2m。蒸压加气混凝土砌块在运输及堆放中应防止雨淋。

（3）吸水率较小的轻集料混凝土小型空心砌块及采用薄灰砌筑法施工的蒸压加气混凝土砌块，砌筑前不应对其浇（喷）水湿润。

（4）轻集料混凝土小型空心砌块或蒸压加气混凝土砌块墙如无切实有效措施，不得用于下列部位或环境：

①建筑物防潮层以下部位墙体；

②长期浸水或化学侵蚀环境；

③砌块表面温度高于80℃的部位；

④长期处于有振动源环境的墙体。

（5）在厨房、卫生间、浴室等处采用轻集料混凝土小型空心砌块、蒸压加气混凝土砌块砌筑墙体时，墙底部宜现浇混凝土坎台，其高度宜为150mm。

（6）蒸压加气混凝土砌块、轻集料混凝土小型空心砌块不应与其他块体混砌，不同强度等级的同类块体也不得混砌。

（7）烧结空心砖砌体组砌时，应上下错缝，交接处应咬槎搭砌，掉角严重的空心砖不宜使用。转角及交接处应同时砌筑，不得留直槎；留斜槎时，斜槎高度不宜大于1.2m。

（8）蒸压加气混凝土砌块填充墙砌筑时应上下错缝，搭砌长度不宜小于砌块长度的1/3，且不应小于150mm。当不能满足时，在水平灰缝中应设置26钢筋或φ4钢筋网片加强，每侧搭接长度不宜小于700mm。

三、钢结构工程施工技术

（一）钢结构构件的连接

钢结构的连接方法有焊接、普通螺栓连接、高强度螺栓连接和铆接。

1.焊接

（1）焊接是钢结构加工制作中的关键步骤。根据建筑工程中钢结构常用的焊接方法，按焊接的自动化程度一般分为手工焊接、半自动焊接和全自动化焊接三种。全自动焊分为埋弧焊、气体保护焊、熔化嘴电渣焊、非熔化嘴电渣焊四种。

（2）焊工应经考试合格并取得资格证书，且在认可的范围内进行焊接作业，严禁无证上岗。

（3）焊缝缺陷通常分为裂纹、孔穴、固体夹杂、未熔合、未焊透、形状缺陷和其他缺陷。

其主要产生原因和处理方法详见表10–8。

表10-8　焊缝缺陷产生的原因和处理方法

焊缝缺陷	产生原因和处理方法
裂　纹	通常有热裂纹和冷裂纹之分。产生热裂纹的主要原因是母材抗裂性能差、焊接材料质量不好、焊接工艺参数选择不当、焊接内应力过大等；产生冷裂纹的主要原因是焊接结构设计不合理、焊缝布置不当、焊接工艺措施不合理，如焊前未预热、焊后冷却快等。处理办法是在裂纹两端钻止裂孔或铲除裂纹处的焊缝金属，进行补焊
孔　穴	通常分为气孔和弧坑缩孔两种。产生气孔的主要原因是焊条药皮损坏严重、焊条和焊剂未烘烤、母材有油污或锈和氧化物、焊接电流过小、弧长过长、焊接速度太快等，其处理方法是铲去气扎处的焊缝金属，然后补焊。产生弧坑缩孔的主要原因是焊接电流太大且焊接速度太快、熄弧太快、未反复向熄弧处补充填充金属等。其处理方法是在弧坑处补焊
固体夹杂	有夹渣和夹钨两种缺陷。产生夹渣的主要原因是焊接材料质量不好、焊接电流太小、焊接速度太快、渣密度太大、阻碍熔渣上浮、多层焊时熔渣未清除干净等。其处理方法是铲除夹渣处的焊缝金属，然后补焊。产生夹钨的主要原因是氩弧缝金属，重新补焊
未熔合、未焊透	产生的主要原因是焊接电流太小、焊接速度太快、坡口角度间隙太小、操作技术不佳等。对于未熔合的处理方法是铲除未熔合处的焊缝金属后补焊；对于未焊透的处理方法是对开敞性好的结构的单面未焊透，可在焊缝背面直接补焊；对于不能直接焊补的重要焊件，应铲去未焊透的焊缝金属，重新焊接
形状缺陷	包括咬边、焊瘤、下熵、根部收缩、错边、角度偏差、焊缝超高、表面不规则等
其他缺陷	主要有电弧擦伤、飞溅、表面撕裂等

2.螺栓连接

钢结构中使用的连接螺栓一般分为普通螺栓和高强度螺栓两种。

（1）普通螺栓

①常用的普通螺栓有六角螺栓、双头螺栓和地脚螺栓等；

②制孔可采用钻孔、冲孔、铣孔、铰孔、镗孔和锪孔等方法，对直径较大或长形孔采用气割制孔，严禁气割扩孔；

③普通螺栓的紧固次序应从中间开始，对称向两边进行。对大型接头应采用复拧，即两次紧固方法，保证接头内各个螺栓均匀受力。

（2）高强度螺栓

①高强度螺栓按连接形式通常分为摩擦连接、张拉连接和承压连接等，其中摩擦连接是目前广泛采用的基本连接形式。

②高强度螺栓连接处的摩擦面的处理方法通常有喷砂（丸）法、酸洗法、砂轮打磨法和钢丝刷人工除锈法等。可根据设计抗滑移系数的要求选择处理工艺，抗滑移系数必须满足设计要求。

③安装环境气温不宜低于-10℃，当摩擦面潮湿或暴露于雨雪中时，停止作业。

④高强度螺栓安装时应先使用安装螺栓和冲钉。高强度螺栓不得兼做安装螺栓。

⑤高强度螺栓现场安装时应能自由穿入螺栓孔，不得强行穿入。若螺栓不能自由穿入时，可采用铰刀或锉刀修整螺栓孔，不得采用气割扩孔，扩孔数量应征得设计同意，修整后或扩孔后的孔径不应超过1.2倍螺栓直径。

⑥高强度螺栓超拧的应更换，并废弃换下的螺栓，不得重复使用。严禁用火焰或电焊切割高强度螺栓梅花头。

⑦高强度螺栓长度应以螺栓连接副终扩后外露2～3扣丝为标准计算，应在构件安装精度调整后进行拧紧。对于扭剪型高强度螺栓的终拧检查，以目测尾部梅花头拧断为合格。

⑧高强度大六角头螺栓连接副施拧可采用扭矩法或转角法。同一接头中，高强度螺栓连接副的初拧、复控、终拧应在24h内完成。高强度螺栓连接副初拧、复拧和终拧的顺序原则上是从接头刚度较大的部位向约束较小的部位、从螺栓群中央向四周进行。

（二）钢结构涂装

钢结构涂装工程通常分为防腐涂料（油漆类）涂装和防火涂料涂装两类。通常情况下，先进行防腐涂料涂装，再进行防火涂料涂装。

1.防腐涂料涂装

钢结构防腐涂装施工宜在钢构件组装和预拼装工程检验批的施工质量验收合格后进行。钢构件采用涂料防腐涂装时，可采用机械除锈和手工除锈方法进行处理。油漆防腐涂装可采用涂刷法、手工滚涂法、空气喷涂法和高压无气喷涂法。

2.防火涂料涂装

（1）钢结构防火涂料涂装施工应在钢结构安装工程和防腐涂装工程检验批施工质量验收合格后进行。当设计文件规定钢构件可不进行防腐涂装时，安装验收合格后可直接进行防火涂料涂装施工。

（2）防火涂料按涂层厚度可分为CB、B、H三类：

①CB类：超薄型钢结构防火涂料，涂层厚度小于或等于3mm；

②B类：薄型钢结构防火涂料，涂层厚度一般为3～7mm；

③H类：厚型钢结构防火涂料，涂层厚度一般为7～45mm

（3）防火涂料施工可采用喷涂、抹涂或滚涂等方法。涂装施工通常采用喷涂方法施涂。

（4）防火涂料可按产品说明在现场进行搅拌或调配。当天配置的涂料应在产品说明书规定的时间内用完。

（5）厚涂型防火涂料，有下列情况之一时，宜在涂层内设置与钢构件相连的钢丝网或其他相应的措施：

①承受冲击、振动荷载的钢梁；

②涂层厚度等于或大于40mm的钢梁和桁架；

③涂料黏结强度小于或等于0.05MPa的钢构件；

④钢板墙和腹板高度超过1.5m的钢梁。

四、预应力混凝土工程施工技术

（一）预应力混凝土的分类

按预加应力的方式可分为先张法预应力混凝土和后张法预应力混凝土。（详见表10-9）

表10-9　预应力混凝土的分类

分　类	定　义	特　点
先张法预应力混凝土	是在台座或钢模上先张拉预应力筋并用夹具临时固定，再浇筑混凝土，待混凝土达到一定强度后，放张并切断构件外预应力筋的方法	先张拉预应力筋后，再浇筑混凝土；预应力是靠预应力筋与混凝土之间的黏结力传递给混凝土，并使其产生预压应力的
后张法预应力混凝土	是先浇筑构件或结构混凝土，等达到一定强度后，在构件或结构的预留孔内张拉预应力筋，然后用锚具将预应力筋固定在构件或结构上的方法	先浇筑混凝土，达到一定强度后，再在其上张拉预应力筋；预应力是靠锚具传递给混凝土，并使其产生预压应力的

在后张法中，按预应力筋黏结状态又可分为：有黏结预应力混凝土和无黏结预应力混凝土。其中，无黏结预应力是近年来发展起来的新技术，其做法是在预应力筋表面涂敷防腐润滑油脂，并外包塑料护套，制成无黏结预应力筋后如同普通钢筋一样铺设在支好的模板内；然后，浇筑混凝土，待混凝土强度达到设计要求后再张拉锚固。其特点是不需预留孔道和灌浆，施工简单等。

（二）预应力混凝土施工技术

预应力混凝土施工技术详见表10-10。

表10-10　预应力混凝土施工技术

<table>
<tr><th colspan="2">方　法</th><th>施工技术</th></tr>
<tr><td colspan="2">先张法预应力施工</td><td>①在先张法中，施加预应力宜采用一端张拉工艺，张拉控制应力和程序按图纸设计要求进行。张拉时，根据构件情况可采用单根、多根或整体一次进行长拉。当采用单根张拉时，其张拉顺序宜由下向上、由中到边（对称）进行。全部张拉工作完毕，应立即浇筑混凝土。超过24h尚未浇筑混凝土时，必须对预应力筋进行再次检查；如检查的应力值与允许值差超过误差范围时，必须重新张拉。②先张法预应力筋张拉后与设计位置的偏差不得大于5mm，且不得大于构件界面短边边长的4%。在浇筑混凝土前，发生断裂或滑脱的预应力筋必须予以更换。③预应力筋放张时，混凝土强度应符合设计要求；当设计无要求时，不应低于设计的混凝土立方体抗压强度标准值的75%。放张时宜缓慢放松锚固装置，使各根预应力筋同时缓慢放松</td></tr>
<tr><td rowspan="2">后张法预应力施工</td><td>有黏结</td><td>①预应力筋张拉时，混凝土强度必须符合设计要求；当设计无具体要求时，不应低于设计的混凝土立方体抗压强度标准值的75%。②张拉程序和方式要符合设计要求；通常，预应力筋张拉方式有一端张拉、两端张拉、分批张拉、分阶段张拉、分段张拉和补偿张拉等方式。张拉顺序：采用对称张拉的原则。对于平卧重叠构件张拉顺序宜先上后下逐层进行，每层对称张拉，为了减少因上下层之间摩擦引起的预应力损失，可逐层适当加大张拉力。③预应力筋的张拉以控制张拉力值（预先换算成油压表读数）为主，以预应力筋张拉伸长值作校核。对后张法预应力结构构件，断裂或滑脱的预应力筋数量严禁超过同一截面预应力筋总数的3%，且每束钢丝不得超过一根。④预应力筋张拉完毕后应及时进行孔道灌浆，灌浆用水泥浆28d标准养护抗压强度不得低于30Mpa</td></tr>
<tr><td>无黏结</td><td>在无黏结预应力施工中，主要工作是无黏结预应力筋的铺设、张拉和锚固区的处理。①无黏结预应力筋的铺设：一般在普通钢筋绑扎后期开始铺设无黏结预应力筋，并与普通钢筋绑扎穿插进行。②无黏结预应力筋端头承压板应严格按设计要求的位置用钉子固定在端模板上或用点焊固定在钢筋上，确保无黏结预应力曲线筋或折线筋末端的切线与承压板相垂直，并确保就位安装牢固，位置准确。③无黏结预应力筋的张拉应严格按设计要求进行。通常，预应力混凝土楼盖的张拉顺序是先张拉楼板、后张拉楼面梁。板中的无黏结筋可依次张拉，梁中的无黏结筋可对称张拉（两端张拉或分段张拉）。正式张拉之前，宜用千斤顶将无黏结预应力筋先往复抽动1～2次后再张拉，以降低摩阻力。张拉验收合格后，按图纸设计要求及时做好封锚处理工作，确保锚固区密封，严防水汽进入，锈蚀预应力筋和锚具等</td></tr>
</table>

第三节　防水工程施工技术

一、屋面与室内防水工程施工技术

（一）屋面防水工程技术要求

1.屋面防水等级和设防要求

屋面防水工程应根据建筑物的类别、重要程度、使用功能要求确定防水等级，并应按相应等级进行防水设防；对防水有特殊要求的建筑屋面，应进行专项防水设计。屋面防水等级和设防要求应符合表10-11的规定。例如，建筑高度为30m的办公楼，其防水等级为Ⅰ级，应采用两道防水设防。

表10-11　屋面防水等级和设防要求

防水等级	建筑类别	设防要求
Ⅰ级	重要建筑和高层建筑	两道防水设防
Ⅱ级	一般建筑	一道防水设防

2.屋面防水的基本要求

（1）屋面防水应以防为主，以排为辅。在完善设防的基础上，应选择正确的排水坡度，将水迅速排走，以减少渗水的机会。混凝土结构层宜采用结构找坡，坡度不应小于3%；当采用材料找坡时，宜采用质量轻、吸水率低和有一定强度的材料，坡度宜为2%。找坡应按屋面排水方向和设计坡度要求进行，找坡层最薄处厚度不宜小于20mm。

（2）保温层上的找平层应在水泥初凝前压实抹平，并应留设分格缝，缝宽宜为5～20mm，纵横缝的间距不宜大于6m。水泥终凝前完成收水后应二次压光，并应及时取出分格条。养护时间不得少于7d。卷材防水层的基层与突出屋面结构的交接处以及基层转角处，找平层均应做成圆弧形，且应整齐、平顺。

（3）严寒和寒冷地区屋面热桥部位，应按设计要求采取节能保温等隔断热桥措施。

（4）找平层设置的分格缝可兼作排气道，排气道的宽度宜为40mm；排气道应纵横贯通，并应与大气连通的排气孔相通，排气孔可设在檐口下或纵横排气道的交叉处；排气道纵横间距宜为6m，屋面面积每36m² 宜设置一个排气孔，排气孔应作防水处理；在保温层下，也可铺设带支点的塑料板。

（5）涂膜防水层的胎体增强材料宜采用聚酯无纺布或化纤无纺布；胎体增强材料长边搭接宽度不应小于50mm，短边搭接宽度不应小于70mm，上下层胎体增强材料的长边搭接缝应错开，具不得小于幅宽的1/3，上下层胎体增强材料不得相互垂直铺设。

3.卷材防水层屋面施工

（1）卷材防水层铺贴顺序和方向应符合下列规定：①卷材防水层施工时，应先进行细造处理，然后由屋面最低标高向上铺贴；②檐沟、天沟卷材施工时，宜顺檐沟、天沟方向铺贴，搭接缝应顺流水方向；③卷材宜平行屋脊铺贴，上下层卷材不得相互垂直铺贴。

（2）立面或大坡面铺贴卷材时，应采用满粘法，并宜减少卷材短边搭接。

（3）卷材搭接缝应符合下列规定：①平行屋脊的搭接缝应顺流水方向；②同一层相邻两幅卷材短边搭接缝错开不应小于500mm；③上下层卷材长边搭接缝应错开，且不应小于幅宽的1/3；④叠层铺贴的各层卷材，在天沟与屋面的交接处，应采用叉接法搭接，搭接缝应错开。搭接缝宜留在屋面与天沟侧面，不宜留在沟底。

（4）热粘法铺贴卷材应符合的规定：①熔化热熔型改性沥青胶结料时，宜采用专用导热油炉加热，加热温度不应高于200℃，使用温度不宜低于180℃；②粘贴卷材的热熔型改性沥青胶结料厚度宜为1.0 ~ 1.5mm；③采用热熔型改性沥青胶结料铺贴卷材时，应随刮随滚铺，并应展平压实。

（5）厚度小于3mm的高聚物改性沥青防水卷材，严禁采用热熔法施工。搭接缝部位宜以溢出热熔的改性沥青胶结料为度，溢出的改性沥青胶结料宽度宜为8mm，并宜均匀顺直。

（6）屋面坡度大于25%时，卷材应采取满粘和钉压固定措施。

4.涂膜防水层屋面施工

（1）涂膜防水层施工应符合的规定：①防水涂料应多遍均匀涂布，并应待前一遍涂布的涂料干燥成膜后，再涂布后一遍涂料，且前后两遍涂料的涂布方向应相互垂直；②涂膜间夹铺胎体增强材料时，宜边涂布边铺胎体；③涂膜施工应先做好细部处理，再进行大面积涂布；屋面转角及立面的涂膜应薄涂多遍，不得流淌和堆积。

（2）涂膜防水层施工工艺应符合的规定：①水乳型及溶剂型防水涂料宜选用滚涂或喷涂施工；②反应固化型防水涂料宜选用刮涂或喷涂施工；③热熔型防水涂料宜选用刮涂施工；④聚合物水泥防水涂料宜选用刮涂施工；⑤所有防水涂料用于细部构造时，宜选用刷涂或喷涂施工。

（3）铺设胎体增强材料应符合的规定：①胎体增强材料宜采用聚酯无纺布或化纤无纺布；②胎体增强材料长边搭接宽度不应小于50mm，短边搭接宽度不应小于70mm；③上下层胎体增强材料的长边搭接应错开，且不得小于幅宽的1/3；④上下层胎体增强材料不得相互垂直铺设。

（4）涂膜防水层的平均厚度应符合设计要求，且最小厚度不得小于设计厚度的80%。

5.保护层和隔离层施工

（1）施工完的防水层应进行雨后观察、淋水或蓄水试验，并应在合格后再进行保护层和隔离层的施工。

（2）块体材料保护层铺设应符合的规定：①在砂结合层上铺设块体时，砂结合层应平整，块体间应预留10mm的缝隙，缝内应填砂，并用1：2水泥砂浆勾缝；②在水泥砂浆结合层上铺设块体时，应先在防水层上做隔离层，块体间应预留10mm的缝隙，缝内用1：2水泥砂浆勾缝；③块体表面应洁净、色泽一致，应无裂纹、掉角和缺楞等缺陷。

（3）水泥砂浆及细石混凝土保护层铺设应符合的规定：①水泥砂浆及细石混凝土保护层铺设前，应在防水层上做隔离层；②细石混凝土铺设不宜留施工缝；当施工间隙超过时间规定时，应对接槎进行处理；③水泥砂浆及细石混凝土表面应抹平压光，不得有裂纹脱皮、麻面、起砂等缺陷。

6.檐口、檐沟、天沟、水落口等细部的施工

（1）卷材防水屋面檐口800mm范围内的卷材应满粘，卷材收头应采用金属压条钉压并应用密封材料封严。檐口下端应做鹰嘴和滴水槽。

（2）檐沟和天沟的防水层下应增设附加层，附加层伸入屋面的宽度不得小于250mm；檐沟防水层和附加层应由沟底翻上至外侧顶部，卷材收头应用金属压条钉压，并应用密封材料封严，涂膜收头应用防水涂料多遍涂刷。女儿墙泛水处的防水层下应增设附加层，附加层在平面和立面的宽度均不得小于250mm。

（3）水落口杯应牢固地固定在承重结构上，水落口周围直径500mm范围内坡度不得小于5%，防水层下应增设涂膜附加层；防水层和附加层伸入水落口杯内不得小于50mm，并应黏结牢固。

（二）室内防水工程施工技术

1.施工流程

防水材料进场复试→技术交底→清理基层→结合层→细部附加层→防水层→试水试验。

2.防水混凝土施工

（1）防水混凝土必须按配合比准确配料。当拌合物出现离析现象时，必须进行二次搅拌后使用。当坍落度损失后不能满足施工要求时，应加入原水胶比的水泥浆或二次掺加减水剂进行搅拌，严禁直接加水。

（2）防水混凝土应采用高频机械分层振捣密实，振捣时间宜为10～30s。当采用自密实混凝土时，可不进行机械振捣。

（3）防水混凝土应连接浇筑，少留施工缝。当留设施工缝时，宜留置在受剪力较小、便于施工的部位。墙体水平施工缝应留在高出楼板表面不小于300mm的墙体上。

（4）防水混凝土终凝后应立即进行养护，养护时间不得少于14d。

（5）防水混凝土冬期施工时，其入模温度不得低于5℃。

3.防水水泥砂浆施工

（1）基层表面应平整、坚实、清洁，并应充分湿润，无积水。

（2）防水砂浆应采用抹压法施工，分遍成活。各层应紧密结合，每层宜连续施工。当需留槎时，上下层接槎位置应错开100mm以上，离转角20mm内不得留接槎。

（3）防水砂浆施工环境温度不得低于5℃。终凝后应及时进行养护，养护温度不得低于5℃，养护时间不得小于14d。

（4）聚合物水泥防水砂浆未达到硬化状态时，不得浇水养护或直接受水冲刷，硬化后应采用干湿交替的养护方法。潮湿环境中可在自然条件下养护。

4.涂膜防水层施工

（1）基层应平整牢固，表面不得出现孔洞、蜂窝麻面、缝隙等缺陷；基面必须干净、无浮浆，基层干燥度应符合产品要求。

（2）施工环境温度：水乳型涂料宜为5℃～35℃。

（3）涂料施工时应先对阴阳角、预埋件、穿墙（楼板）管等部位进行加强或密封处理。

（4）涂膜防水层应多遍成活，后一遍涂料施工应待前一遍涂层表干后再进行。前后两遍的涂刷方向应相互垂直，宜先涂刷立面，后涂刷平面。

（5）铺贴胎体增强材料时应充分浸透防水涂料，不得露胎及褶皱。胎体材料长边搭接不得小于50mm，短边搭接宽度不得小于70mm。

（6）防水层施工完毕验收合格后，应及时做保护层。

5.卷材防水层施工

（1）基层应平整牢固，表面不得出现孔洞、蜂窝麻面、缝隙等缺陷；基面必须干净、无浮浆，基层干燥度应符合产品要求。采用水泥基胶粘剂的基层应先充分湿润，但不得有明水。

（2）卷材铺贴施工环境温度：采用冷粘法施工不得低于5℃，热熔法施工不得低于-10℃。

（3）以粘贴法施工的防水卷材，其与基层应采用满粘法铺贴。

（4）卷材接缝必须粘贴严密。接缝部位应进行密封处理，密封宽度不得小于10mm。搭接缝位置距阴阳角应大于300mm。

（5）防水卷材施工宜先铺立面，后铺平面。防水层施工完毕验收合格后，方可进行其他层面的施工。

二、地下防水工程施工技术

（一）地下防水工程的一般要求

（1）地下工程的防水等级分为四级。防水混凝土的环境温度不得高于80℃。

（2）地下防水工程施工前，施工单位应进行图纸会审，掌握工程主体及细部构造的防水技术要求，编制防水工程施工方案。

（3）地下防水工程必须由有相应资质的专业防水施工队伍进行施工，主要施工人员应持有建设行政主管部门或其指定单位颁发的执业资格证书。

（二）防水混凝土施工

（1）防水混凝土可通过调整配合比，或掺加外加剂、掺合料等措施配制而成，其抗渗等级不得小于P6。其试配混凝土的抗渗等级应比设计要求提高0.2MPa。

（2）用于防水混凝土的水泥品种宜采用硅酸盐水泥、普通硅酸盐水泥。所选用石子的最大粒径不宜大于40mm，砂宜选用中粗砂，不宜使用海砂。

（3）在满足混凝土抗渗等级、强度等级和耐久性条件下，水胶比不得大于0.50，有侵蚀性介质时水胶比不宜大于0.45；防水混凝土宜采用预拌商品混凝土，其入泵坍落度宜控制在120～160mm；预拌混凝土的初凝时间宜为6～8h。

（4）防水混凝土拌合物应采用机械搅拌，搅拌时间不宜小于2min。

（5）防水混凝土应分层连续浇筑，分层厚度不得大于500mm。

（6）防水混凝土应连续浇筑，宜少留施工缝。当留设施工缝时，应符合下列规定。

①墙体水平施工缝不应留在剪力最大处或底板与侧墙的交接处，应留在高出底板表面不小于300mm的墙体上。拱（板）墙结合的水平施工缝，宜留在拱（板）墙接缝线以下150～300mm处。墙体有预留孔洞时，施工缝距孔洞边缘不得小于300mm。

②垂直施工缝应避开地下水和裂隙水较多的地段，并宜与变形缝相结合。

（7）施工缝应按设计及规范要求做好施工缝防水构造。施工缝的施工应符合如下规定。

①水平施工缝浇筑混凝土前，应将其表面浮浆和杂物清除，然后铺设净浆或涂刷混凝土界面处理剂、水泥基渗透结晶型防水涂料等材料，再铺30～50mm厚的1：1水泥砂浆并应及时浇筑混凝土。

②垂直施工缝浇筑混凝土前，应将其表面清理干净，再涂刷混凝土界面处理剂或水泥基渗透结晶型防水涂料，并应及时浇筑混凝土。

③遇水膨胀止水条（胶）应与接缝表面密贴；选用的遇水膨胀止水条（胶）应具有缓胀性能，7d的净膨胀率不宜大于最终膨胀率的60%，最终膨胀率宜大于220%。

④采用中埋式止水带或预埋式注浆管时，应定位准确、固定牢靠。

（8）大体积防水混凝土宜选用水化热低和凝结时间长的水泥，宜掺入减水剂、缓凝剂等外加剂和粉煤灰、磨细矿渣粉等掺合料。在设计许可的情况下，掺粉煤灰混凝土设计强度等级的龄期宜为60d或90d。炎热季节施工时，入模温度不得大于30℃。在混凝土内部预埋管道时，宜进行水冷散热。大体积防水混凝土应采取保温保湿养护，混凝土中心温度与表面温度的差值不得大于25℃，表面温度与大气温度的差值不得大于20℃，养护时间不得少于14d。

（9）地下室外墙穿墙管必须采取止水措施，单独埋设的管道可采用套管式穿墙防水。当管道集中多管时，可采用穿墙群管的防水方法。

（三）水泥砂浆防水层施工

（1）水泥砂浆的品种和配合比设计应根据防水工程要求确定。

（2）水泥砂浆防水层可用于地下工程主体结构的迎水面或背水面，不应用于受持续振动或温度高于80℃的地下工程防水。

（3）聚合物水泥防水砂浆厚度单层施工宜为6～8mm，双层施工宜为10～12mm；掺外加剂或掺合料的水泥防水砂浆厚度宜为18～20mm。

（4）水泥砂浆应使用硅酸盐水泥、普通硅酸盐水泥或特种水泥。砂宜采用中砂，含泥量不得大于1%。

（5）水泥砂浆防水层施工的基层表面应平整、坚实、清洁，并应充分湿润、无明水。基层表面的孔洞、缝隙，应采用与防水层相同的防水砂浆堵塞并抹平。

（6）水泥砂浆防水层应在基础垫层、初期支护、围护结构及内衬结构验收合格后施工。施工前应将预埋件、穿墙管预留凹槽内嵌填密封材料后，再施工水泥砂浆防水层。

（7）防水砂浆宜采用多层抹压法施工。应分层铺抹或喷射，铺抹时应压实、抹平，最后一层表面应提浆压光。

（8）水泥砂浆防水层各层应紧密黏合，每层宜连续施工；必须留设施工缝时，应采用阶梯坡形槎，离阴阳角处的距离不得小于200mm。

（9）水泥砂浆防水层不得在雨天、五级及以上大风天气中施工。冬期施工时，气温不得低于5℃。夏季不宜在30℃以上或烈日照射下施工。

（10）水泥砂浆防水层终凝后，应及时进行养护，养护温度不宜低于5℃，并应保持砂浆表面湿润，养护时间不得少于14d。

（11）聚合物水泥防水砂浆拌合后应在规定的时间内用完，施工中不得任意加水。聚合物水泥防水砂浆未达到硬化状态时，不得浇水养护或直接受雨水冲刷，硬化后应采用干湿交替的养护方法。潮湿环境中，可在自然条件下养护。

（四）卷材防水层施工

（1）卷材防水层宜用于经常处于地下水环境，且受侵蚀介质作用或受震动作用的地下工程。

（2）铺贴卷材严禁在雨天、雪天、五级及以上大风天气中施工；冷粘法、自粘法施工的环境气温不宜低于5℃，热熔法、焊接法施工的环境气温不宜低于-10℃。施工过程中下雨或下雪时，应做好已铺卷材的防护工作。

（3）卷材防水层应铺设在混凝土结构的迎水面上。用于建筑地下室时，应铺设在结构底板垫层至墙体防水设防高度的结构基面上。

（4）卷材防水层的基面应坚实、平整、清洁、干燥，阴阳角处应做成圆弧或45°坡角，其尺寸应根据卷材品种确定，并应涂刷基层处理剂；当基面潮湿时，应涂刷湿固化型胶粘剂或潮湿界面隔离剂。

（5）如设计无要求时，阴阳角等特殊部位铺设的卷材加强层宽度不得小于500mm。

（6）结构底板垫层混凝土部位的卷材可采用空铺法或点粘法施工，侧墙采用外防外贴法的卷材及顶板部位的卷材应采用满粘法施工。铺贴立面卷材防水层时，应采取防止卷材下滑的措施。

（7）铺贴双层卷材时，上下两层和相邻两幅卷材的接缝应错开1/3～1/2幅宽，且两层卷材不得相互垂直铺贴。

（8）弹性体改性沥青防水卷材和改性沥青聚乙烯胎防水卷材采用热熔法施工应加热均匀，不得加热不足或烧穿卷材，搭接缝部位应溢出热熔的改性沥青。

（9）采用外防外贴法铺贴卷材防水层时，应符合下列规定：

①先铺平面，后铺立面，交接处应交叉搭接。

②临时性保护墙宜采用石灰砂浆砌筑，内表面宜做找平层。

③从底面折向立面的卷材与永久性保护墙的接触部位，应采用空铺法施工；卷材与临时性保护墙或围护结构模板的接触部位，应将卷材临时贴附在该墙上或模板上，并应将顶

端临时固定。当不设保护墙时，从底面折向立面的卷材接槎部位应采取可靠保护措施。

④混凝土结构完成，铺贴立面卷材时，应先将接槎部位的各层卷材揭开，并将其表面清理干净，如卷材有损坏应及时修补。卷材接槎的搭接长度，高聚物改性沥青类卷材应为150mm，合成高分子类卷材应为100mm；当使用两层卷材时，卷材应错槎接缝，上层卷材应盖过下层卷材。

（10）采用外防内贴法铺贴卷材防水层时，应符合下列规定：

①混凝土结构的保护墙内表面应抹厚度为20mm的1：3水泥砂浆找平层，然后铺贴卷材。

②卷材宜先铺立面，后铺平面；铺贴立面时，应先铺转角，后铺大面。

（11）卷材防水层经检查合格后，应及时做保护层。顶板卷材防水层上的细石混凝土保护层采用人工回填土时厚度不宜小于50mm，采用机械碾压回填土时厚度不宜小于70mm，防水层与保护层之间宜设隔离层。底板卷材防水层上细石混凝土保护层厚度不应小于50mm。侧墙卷材防水层宜采用软质保护材料或铺抹20mm厚1：2.5水泥砂浆层。

（五）涂料防水层施工

（1）涂料防水层适用于受侵蚀性介质作用或受震动作用的地下工程。无机防水涂料宜用于结构主体的背水面或迎水面，有机防水涂料用于地下工程主体结构的迎水面，用于背水面的有机防水涂料应具有较高的抗渗性，且与基层有较好的黏结性。

（2）涂料防水层严禁在雨天、雾天、五级及以上大风天气时施工，不得在施工环境温度低于5℃及高于35℃或烈日暴晒时施工。涂膜固化前如有降雨可能时，应及时做好已完涂层的保护工作。

（3）有机防水涂料基层表面应基本干燥，不应有气孔、凹凸不平、蜂窝麻面等缺陷。涂料施工前，基层阴阳角应做成圆弧形，阴角直径宜大于50mm，阳角直径宜大于10mm，在底板转角部位应增加胎体增强材料，并应增涂防水涂料。铺贴胎体增强材料时，应使胎体层充分浸透防水涂料，不得有露槎及褶皱。

（4）防水涂料应分层刷涂或喷涂，涂层应均匀，不得漏刷漏涂。涂刷应待前遍涂层干燥成膜后进行，每遍涂刷时应交替改变涂层的涂刷方向，同层涂膜的先后搭压宽度宜为30～50mm。甩槎处接缝宽度不得小于100mm，接涂前应将其甩槎表面处理干净。

（5）采用有机防水涂料时，基层阴阳角处应做成圆弧；在转角处、变形缝、施工缝、穿墙管等部位应增加胎体增强材料和增涂防水涂料，宽度不得小于50m。胎体增强材料的搭接宽度不得小于10mm，上下两层和相邻两幅胎体的接缝应错开1/3幅宽，且上下两层胎体不得相互垂直铺贴。

（6）涂料防水层完工并经验收合格后应及时做保护层。底板宜采用1：2.5水泥砂浆层和50～70mm厚的细石混凝土保护层；顶板采用细石混凝土保护层，机械回填时不宜小于70mm，人工回填时不宜小于50mm。防水层与保护层之间宜设置隔离层。

第四节 装饰装修工程施工技术

一、吊顶工程施工技术

吊顶（又称顶棚、天花板）是建筑装饰工程的一个重要子分部工程。吊顶具有保温、隔热、隔声和吸声的作用，也是电气、暖卫、通风空调、通信和防火、报警管线设备等工程的隐蔽层。按施工工艺和采用材料的不同，分为暗龙骨吊顶（又称隐蔽式吊顶）和明龙骨吊顶（又称活动式吊顶）。吊顶工程由支承部分（吊杆和主龙骨）、基层（次龙骨）和面层三部分组成。

（一）吊顶工程施工技术要求

（1）安装龙骨前，应按设计要求对房间净高、洞口标高和吊顶管道、设备及其支架的标高进行交接检验。

（2）吊顶工程的木吊杆、木龙骨和木饰面板必须进行防火处理，并应符合有关设计防火规范的规定。

（3）吊顶工程中的预埋件、钢筋吊杆和型钢吊杆应进行防锈处理。

（4）安装面板前应完成吊顶内管道和设备的调试及验收。

（5）吊杆距主龙骨端部和墙的距离不得大于300mm。吊杆间距和主龙骨间距不得大于1200mm，当吊杆长度大于1.5m时，应设置反支撑。当吊杆与设备相遇时，应调整增设吊杆。

（6）当石膏板吊顶面积大于100m²时，纵横方向每12～18m距离处宜做伸缩缝处理。

（二）施工方法

吊顶工程施工方法详见表10-12。

表10-12　吊顶工程施工方法

环　节		施工方法
测量放线		①弹吊顶标高水平线：应根据吊顶的设计标高在四周墙上弹线。弹线应清晰，位置应准确。②画龙骨分档线：主龙骨宜平行房间长向布置，分档位置线从吊顶中心向两边分，间距不宜大于1200mm，并标出吊杆的固定点
吊杆安装		①不上人的吊顶，吊杆可以采用Φ6钢筋等吊杆；上人的吊顶，吊杆可以采用Φ8钢筋等吊杆；大于1500mm时，还应设置反向支撑。②吊杆应通直，并有足够的承载能力。③吊顶灯具、风口及检修口等应设附加吊杆。重型灯具、电扇及其他重型设备严禁安装在吊顶工程的龙骨上，必须增设附加吊杆
龙骨安装	边龙骨	边龙骨的安装应按设计要求弹线，用射钉固定，射钉间距应不大于吊顶次龙骨的间距
	龙骨	①主龙骨应吊挂在吊杆上。主龙骨的接长应采取对接，相邻龙骨的对接接头要相互错开。②跨度大于15m的吊顶，应在主龙骨上每隔15m加一道大龙骨，并垂直主龙骨焊接牢固；如有大的造型顶棚，造型部分应用角钢或扁钢焊接成框架，并应与楼板连接牢固
	次龙骨	次龙骨分明龙骨和暗龙骨两种。次龙骨间距宜为300～60mm，在潮湿地区和场所间距宜为300～400mm
	横撑龙骨	暗龙骨系列横撑龙骨应用连接件将其两端连接在通长次龙骨上。明龙骨系列的横撑龙骨通长龙骨搭接处的间隙不得大于1mm
饰面板安装		①明龙骨吊顶饰面板的安装方法有搁置法、嵌入法、卡固法等。当采用搁置法和卡固法施工时，应采取相应的固定措施。②暗龙骨吊顶饰面板的安装方法有钉固法、粘贴法、嵌入法、卡固法等。粘贴法分为直接粘贴法和复合粘贴法。直接粘贴法是将饰面板用胶粘剂直接粘贴在龙骨上。刷胶宽度为10～15mm，经5～10min后，将饰面板压粘在相应部位

（三）吊顶工程的隐蔽工程项目验收

吊顶工程应对以下隐蔽工程项目进行验收：①吊顶内管道、设备的安装及水管试压风管的避光试验；②木龙骨防火、防腐处理；③预埋件或拉结筋；④吊杆安装；⑤龙骨安装；⑥填充材料的设置。

二、轻质隔墙工程施工技术

轻质隔墙的特点是自重轻、墙身薄、拆装方便、节能环保，有利于建筑工业化施工。

按构造方式及所用材料不同，分为板材隔墙、骨架隔墙、活动隔墙、玻璃隔墙。

（一）板材隔墙

板材隔墙是指不需设置隔墙龙骨，由隔墙板材自承重，将预制或现制的隔墙板材直接固定于建筑主体结构上的隔墙工程。

1.施工技术要求

（1）在限高以内安装条板隔墙时，竖向接板不宜超过一次，相邻条板接头位置应错开300mm以上，错缝范围可为300～500mm。

（2）在既有建筑改造工程中，条板隔墙与地面接缝处应间断布置抗震钢卡，间距应不大于1m。

（3）在条板隔墙上横向开槽、开洞敷设电气暗线、暗管、开关盒时，选用隔墙厚度应大于90mm。开槽深度不应大于墙厚的2/5，开槽长度不得大于隔墙长度的1/2。严禁在隔墙两侧同一部位开槽、开洞，其间距应错开150mm以上。单层条板隔墙内不宜设计暗埋配电箱、控制柜，不宜横向暗埋水管。

（4）条板隔墙上需要吊挂重物和设备时，不得单点固定，单点吊挂力应小于1000N，并应在设计时考虑加固措施，两点间距应大于300mm。

（5）普通石膏条板隔墙及其他有防水要求的条板隔墙用于潮湿环境时，下端应做混凝土条形墙垫，墙垫高度不应小于100mm。

（6）防裂措施：应在板与板之间对接缝隙内填满、灌实粘结材料，企口接缝处可粘贴耐碱玻璃纤维网格布条或无纺布条防裂，亦可加设拉结钢筋加固及其他防裂措施。

（7）采用空心条板做门、窗框板时，距板边120～150mm内不得有空心孔洞；可将空心条板的第一孔用细石混凝土灌实。门、窗框一侧应设置预埋件，根据门窗洞口大小确定固定位置，每一侧固定点应不小于3处。

2.施工方法

（1）组装顺序：当有门洞口时，应从门洞口处向两侧依次进行；当无洞口时，应从一端向另一端顺序安装。

（2）配板：板材隔墙饰面板安装前应按品种、规格、颜色等进行分类选配。板的长度应按楼层结构净高尺寸减20mm。

（3）安装隔墙板：安装方法主要有刚性连接和柔性连接。刚性连接适用于非抗震设防区的内隔墙安装；柔性连接适用于抗震设防区的内隔墙安装。安装板材隔墙所用的金属件应进行防腐处理。

（二）骨架隔墙

骨架隔墙是指在隔墙龙骨两侧安装墙面板以形成墙体的轻质隔墙。骨架隔墙主要是由龙骨作为受力骨架固定在建筑主体结构上，轻钢龙骨石膏板隔墙就是典型的骨架隔墙。

1.饰面板安装

骨架隔墙一般以纸面石膏板（潮湿区域应采用防潮石膏板）、人造木板、水泥纤维板等为墙面板。

2.石膏板安装

（1）石膏板应竖向铺设，长边接缝应落在竖向龙骨上。双层石膏板安装时两层板的接缝不应在同一根龙骨上；需进行隔声、保温、防火处理的应根据设计要求在一侧板安装好后，进行隔声、保温、防火材料的填充，再封闭另一侧板。

（2）石青板应采用自攻螺钉固定。安装石膏板时，应从板的中部开始向板的四边固定。钉头略埋入板内，但不得损坏纸面；钉眼应用石膏腻子抹平。

（3）轻质隔墙与顶棚和其他墙体的交接处应采取防开裂措施。隔墙板材所用接缝材料的品种及接缝方法应符合设计要求；设计无要求时，板缝处粘贴50～60mm宽的嵌缝带，阴阳角处粘贴200mm宽纤维布（每边各100mm宽），并用石膏腻子刮平，总厚度控制在3mm。

（4）接触砖、石、混凝土的龙骨，埋置的木楔和金属型材应作防腐处理。

三、地面工程施工技术

建筑地面包括建筑物底层地面和楼层，也包含室外散水、明沟、台阶、踏步和坡道等。

（一）地面工程施工技术要求

（1）进场材料应有质量合格证明文件，应对其型号、规格、外观等进行验收，重要材料或产品应抽样复验。

（2）建筑地面下的沟槽、暗管等工程完工后，经检验合格并作隐蔽记录，方可进行建筑地面工程施工。

（3）建筑地面工程基层（各构造层）和面层的铺设，均应待其下一层检验合格后方可施工上一层。建筑地面工程各层铺设前与相关专业的分部（子分部）工程、分项工程，以及设备管道安装工程之间，应进行交接检验。

（4）建筑地面工程施工时，各层环境温度及其所铺设材料温度的控制应符合下列要求：①采用掺有水泥、石灰的拌合料铺设，以及用石油沥青胶结料铺贴时，不应低于5℃；②采用有机胶精剂精贴时，不宜低于10℃；③采用砂、石材料铺设时，不应低于0℃；④采用自流平、涂料铺设时，不应低于5℃，也不应高于30℃。

（二）施工方法

地面工程的施工方法详见表10-13。

表10-13　地面工程的施工方法

环　节	施工方法
厚度控制	①水泥混凝土垫层的厚度不应小于60mm。②水泥砂浆面层的厚度应符合设计要求，且不应小于20mm。③水磨石面层厚度除有特殊要求外，宜为12~18mm，且按石粒径确定。④水泥钢（铁）屑面层铺设时的水泥砂浆结合层厚度宜为20mm。⑤防油渗面层采用防油渗涂料时，涂层厚度宜为5～7mm
变形缝设置	①建筑地面的沉降缝、伸缩缝和防震缝，应与结构相应缝的位置一致，且应贯通建筑地面的各构造层。②沉降缝和防震缝的宽度应符合设计要求，缝内清理干净，以柔性密封材料填嵌后用板封盖，并应与面层齐平。③室内地面的水泥混凝土垫层，应设置纵向缩缝和横向缩缝；纵向缩缝、横向缩缝的间距均不得大于6m。大面积水泥混凝土垫层应分区段浇筑。分区段应结合变形缝位置、不同类型的建筑地面连接处和设备基础的位置进行划分，并应与设置的纵向、横向缩缝的间距相一致。④对水泥混凝土散水、明沟，应设置伸缩缝，其间距不得大于10m；房屋转角处应做45°缝。水泥混凝土散水、明沟和台阶等与建筑物连接处应设缝处理。上述缝宽度为15～20mm，缝内填嵌柔性密封材料
防水处理	①有防水要求的建筑地面工程，铺设前必须对立管、套管和地漏与楼板节点之间进行密封处理，并进行隐蔽验收，排水坡度应符合设计要求。②厕浴间和有防水要求的建筑地面必须设置防水隔离层。楼层结构必须采用现浇混凝土或整块预制混凝土板，混凝土强度等级不应小于C20；楼板四周除门洞外应做混凝土翻边，高度不应小于20m，宽同墙厚，混凝土强度等级不应小于C20。施工时结构层标高和预留孔洞位置应准确，严禁乱凿洞。③防水隔离层严禁渗漏，坡向应正确、排水通畅
防爆处理	不发火（防爆的）面层中的碎石不发火性必须合格。水泥应采用硅酸盐水泥、普通硅酸盐水泥；施工配料时应随时检查，不得混入金属或其他发生火花的杂质
天然石材防碱背涂处理	采用传统的湿作业铺设天然石材时，由于水砂浆在水化时析出大量的氢氧化钙，透过石材孔隙泛到石材表面，产生不规则的花斑，俗称泛碱现象，严重影响建筑室内外石材饰面的装饰效果。故在大理石、花岗岩面层铺设前，应对石材背面和侧面进行防碱处理
楼梯踏步的处理	楼梯、台阶踏步的宽度、高度应符合设计要求。踏步板块的缝隙宽度应一致；楼层楼梯相邻踏步高度差不应大于10mm；每踏步两端宽度差不应大于1mm，旋转楼梯梯段的每踏步两端宽度差不应大于5mm；踏步面层应做防滑处理，齿角应整齐，防滑条应顺直、牢固
成品保护	①整体面层施工后，养护时间不应小于7d；抗压强度应达到5MPa后，方准上人行走；抗压强度应达到设计要求后，方可正常使用。②铺设水泥混凝土板块等的结合层和填缝的水泥砂浆，在面层铺设后，表面应覆盖、湿润，其养护时间不应少于7d

四、饰面板（砖）工程施工技术

饰面板安装工程是指内墙饰面板安装工程和高度不大于24m、抗震设防烈度不大于7度的外墙饰面板安装工程。饰面砖工程是指内墙饰面砖和高度不大于100m、抗震设防烈度不大于8度、满粘法施工方法的外墙饰面砖工程。

（一）饰面板安装工程

饰面板安装工程分为石材饰面板安装（方法有湿作业法、粘贴法和干挂法）、金属饰面板安装（方法有木衬板粘贴、有龙骨固定面板）、木饰面板安装（方法有龙骨钉固法、粘接法）和镜面玻璃饰面板安装四类。

（二）饰面砖粘贴工程

（1）饰面砖粘贴排列方式主要有对缝排列和错缝排列两种。

（2）墙、柱面砖粘贴前应进行挑选，并应浸水2h以上，晾干表面水分。

（3）粘贴前应进行放线定位和排砖，非整砖应排放在次要部位或阴角处。每面墙不宜有两列（行）以上非整砖，非整砖宽度不宜小于整砖的1/3。

（4）粘贴前应确定水平及竖向标志，垫好底尺，挂线粘贴。墙面砖表面应平整、接缝应平直、缝宽应均匀一致。阴角砖应压向正确，阳角线宜做成45°角对接。在墙、柱面突出物处，应整砖套割吻合，不得用非整砖拼凑粘贴。

（5）结合层砂浆宜采用1∶2水泥砂浆，砂浆厚度宜为6～10mm。水泥砂浆应满铺在墙面砖背面，一面墙、柱不宜一次粘贴到顶，以防塌落。

（三）饰面板（砖）工程

（1）应对下列材料及其性能指标进行复验：①室内用花岗石的放射性；②粘贴用水泥的凝结时间、安定性和抗压强度；③外墙陶瓷面砖的吸水率；④寒冷地区外墙陶瓷面砖的抗冻性。

（2）应对下列隐蔽工程项目进行验收：①预埋件（或后置埋件）②连接节点；③防水层。

五、门窗工程施工技术

门窗安装工程是指木门窗安装、金属门窗安装、塑料门窗安装、特种门安装和门窗玻璃安装工程。

（一）金属门窗

金属门窗安装应采用预留洞口的方法施工，不得采用边安装边砌口或先安装后砌口的方法施工。金属门窗的固定方法应符合设计要求，在砌体上安装金属门窗严禁用射钉固定。

1.铝合金门窗框安装

铝合金门窗安装时，墙体与连接件、连接件与门窗框的固定方式应按表10–14选择。

表10–14　铝合金门窗的固定方式及适用范围

固定方式	适用范围
连接件焊接连接	适用于钢结构
预埋件连接	适用于钢筋混凝土结构
燕尾铁脚连接	适用于砖墙结构
金属膨胀螺栓固定	适用于钢筋混凝土结构、砖墙结构
射钉固定	适用于钢筋混凝土结构

2.门窗扇安装

（1）推拉门窗在门窗框安装固定后，将配好玻璃的门窗扇整体安入框内滑槽，调整好与扇的缝隙，扇与框的搭接量应符合设计要求，推拉扇开关力应不大于100N。同时，应有防脱落措施。

（2）平开门窗在框与扇格架组装上墙、安装固定好后再安玻璃。密封条安装时应留有比门窗的装配边长20～30mm，转角处应斜面断开，并用胶粘剂粘贴牢固，避免收缩产生缝隙。

3.五金配件安装

五金配件与门窗连接用镀锌螺钉。安装的五金配件应固定牢固，使用灵活。

（二）塑料门窗

塑料门窗应采用预留洞口的方法安装，不得边安装边砌口或先安装后砌口施工。

（1）当门窗与墙体固定时，应先固定上框，后固定边框。固定方法如下：①混凝土墙洞口采用射钉或膨胀螺钉固定；②砖墙洞口应用膨胀螺钉固定，不得固定在砖缝处，并严禁用射钉固定；③轻质砌块或加气混凝土洞口可在预埋混凝土块上用射钉或膨胀螺钉固定；④设有预埋铁件的洞口应采用焊接的方法固定，也可先在预埋件上按紧固件规格打基孔，然后用紧固件固定；⑤窗下框与墙体也采用固定片固定，但应按照设计要求，处理好室内窗台板与室外窗台的节点处理，防止窗台渗水。

（2）安装组合窗时，应从洞口的一端按顺序安装。

（三）门窗玻璃安装

（1）玻璃品种、规格应符合设计要求。单块玻璃大于1.5m²时应使用安全玻璃。玻璃表面应洁净，不得有腻子、密封胶、涂料等污渍。中空玻璃内外表面均应洁净，中空层内不得有灰尘和水蒸气。

（2）门窗玻璃不应直接接触型材。单面镀膜玻璃的镀膜层及磨砂玻璃的磨砂面应朝向室内，但磨砂玻璃作为浴室、卫生间门窗玻璃时，则应注意将其花纹面朝外，以防表面浸水而透视。中空玻璃的单面镀膜玻璃应在最外层，镀膜层应朝向室内。

六、涂料涂饰、裱糊、软包与细部工程施工技术

（一）涂饰工程的施工技术要求和方法

涂饰工程包括水性涂料涂饰工程、溶剂型涂料涂饰工程、美术涂饰工程。

1.涂饰施工前的准备工作

（1）涂饰工程应在抹灰、吊顶、细部、地面及电气工程等已完成并验收合格后进行。

（2）基层处理要求：①新建筑物的混凝土或抹灰基层在涂饰涂料前应涂刷抗碱封闭底漆。对泛碱、析盐的基层应先用3%的草酸溶液清洗；然后，用清水冲刷干净或在基层上满刷一遍抗碱封闭底漆，待其干后刮腻子，再涂刷面层涂料。②旧墙面在涂饰涂料前应清除疏松的旧装修层，并涂刷界面剂。③基层腻子应平整、坚实、牢固，无粉化、起皮和裂缝。厨房、卫生间墙面必须使用耐水腻子。④混凝土或抹灰基层涂刷溶剂型涂料时，含水率不得大于8%；涂刷乳液型涂料时，含水率不得大于10%。木材基层的含水率不得大于12%。

2.涂饰方法

对混凝土及抹灰面涂饰一般采用喷涂、滚涂、刷涂、抹涂和弹涂等方法，以取得不同的表面质感。木质基层涂刷方法分为涂刷清漆和涂刷色漆。

（二）裱糊工程的施工技术要求和方法

1.基层处理要求

（1）新建筑物的混凝土或抹灰基层墙面在刮腻子前应涂刷抗碱封闭底漆。

（2）旧墙面在裱糊前应清除疏松的旧装修层并涂刷界面剂。

（3）混凝土或抹灰基层含水率不得大于8%；木材基层的含水率不得大于12%。

（4）基层表面颜色应一致；裱糊前应用封闭底胶涂刷基层。

2.裱糊方法

墙、柱面裱糊常用的方法有搭接法裱糊、拼接法裱糊。顶棚裱糊一般采用推贴法裱糊。

（三）软包工程的施工技术要求

软包工程根据构造做法，分为带内衬软包和不带内衬软包两种；按制作安装方法不同，分为预制板组装和现场组装。软包工程的面料常见的有皮革、人造革及锦缎等饰面织物。

（四）细部工程的施工技术要求和方法

（1）细部工程包括橱柜制作与安装，窗帘盒、窗台板、散热器罩制作与安装，门窗套制作与安装，护栏和扶手制作与安装，花饰制作与安装五个分项工程。

（2）细部工程应对下列部位进行隐蔽工程验收：①预埋件（或后置埋件）；②护栏与预埋件的连接节点。

（3）护栏、扶手的技术要求：高层建筑的护栏高度应适当提高，但不宜超过1.20m；栏杆离地面或屋面0.10m高度内不应留空。各类建筑的护栏高度、栏杆间距应符合表10-15的要求。

表10-15　各类建筑专门设计的要求

项　目		要　求
托儿所、幼儿园建筑	护　栏	阳台、屋顶平台的护栏净高不得小于1.20m，内侧不应设有支撑
	栏　杆	楼梯栏杆垂直线饰间的净距不得大于0.11m，当楼梯井净宽度大于0.20m时，必须采取安全措施
	扶　手	楼梯除设成人扶手外，并应在靠墙一侧设幼儿扶手，其高度不得大于0.60m
中小学校建筑	扶　手	室内楼梯扶手高度不得低于0.90m，室外楼梯扶手及水平扶手高度不得低于1.10m
居住建筑	护栏（阳台栏杆、外廊、内天井及上人屋面等临空处栏杆）	六层及以下住宅的栏杆净高不得低于105m
		七层及以上住宅的栏杆净高不得低于110m
		栏杆的垂直杆件间净距不得大于0.11m，并应防止儿童攀登
	栏　杆	楼梯栏杆垂直杆件间净空不得大于0.11m。楼梯井净宽大于0.11m时，必须采取防止儿童攀滑的措施

续表

项　目		要　求
居住建筑	扶　手	扶手高度不得小于0.90m。楼梯水平段栏杆长度大于0.50m时，其扶手高度不得小于1.05m

七、建筑幕墙工程施工技术

（一）建筑幕墙的分类

建筑幕墙按照面板材料分为玻璃幕墙、金属幕墙、石材幕墙三种；按施工方法分为单元式幕墙、构件式幕墙。

（二）建筑幕墙的预埋件制作与安装

常用建筑幕墙预埋件有平板形和槽形两种，其中平板形预埋件应用最为广泛。预埋件的制作与安装技术要求详见表10-16。

表10-16　预埋件的制作与安装技术要求

项　目	技术要求
预埋件制作	①锚板宜采用Q235级钢，锚筋应采用HPB300、HRB335或HRB400级热轧钢筋，严禁使用冷加工钢筋；②直锚筋与锚板应采用T形焊。当锚筋直径不大于20mm时，宜采用压力埋弧焊；当锚筋直径大于20mm时，宜采用穿孔塞焊。不允许把锚筋弯成Ⅱ形或L形与锚板焊接。当采用手工焊时，焊缝高度不宜小于6mm和0.5d（HPB300级钢筋）或0.6d（HRB35级、HRB400级钢筋），d为锚筋直径；③预埋件应采取有效的防腐处理，当采用热镀锌防腐处理时，锌膜厚度应大于40gm
预埋件安装	①预埋件应在主体结构浇捣混凝土时，按照设计要求的位置、规格埋设；②预埋件在安装时，各轴之间放线应从两轴中间向两边测量放线，避免累积误差；③为保证预埋件与主体结构连接的可靠性，连接部位的主体结构混凝土强度等级不应低于C20。轻质填充墙不应做幕墙的支承结构

（三）框支承玻璃幕墙的制作与安装

框支承玻璃幕墙分为明框、隐框、半隐框三类。

1.框支承玻璃幕墙构件的制作

玻璃板块加工应在洁净、通风的室内注胶，要求室内温度应在15～30℃之间，相对湿度在50%以上。应在温度为20℃，湿度为50%以上的于净室内养护。单组分硅酮结构密封胶固化时间一般需14～21d；双组分硅酮结构密封胶一般需7～10d。

2.框支承玻璃幕墙的安装

（1）框支承玻璃幕墙的安装包括立柱安装、横梁安装、玻璃面板安装和密封胶嵌缝。

（2）不得采用自攻螺钉固定承受水平荷载的玻璃压条。

（3）玻璃幕墙开启窗的开启角度不宜大于30°，开启距离不宜大于300mm。

（4）密封胶的施工厚度应大于3.5mm，一般小于4.5mm。密封胶的施工宽度不宜小于厚度的2倍。

（5）不宜在夜晚、雨天打胶。打胶温度应符合设计要求和产品要求。

（6）严禁使用过期的密封胶。硅酮结构密封胶不宜作为硅酮耐候密封胶使用，两者不能互代。同一个工程应使用同一品牌的硅酮结构密封胶和硅酮耐候密封胶。密封胶注满后应检查胶缝。

（四）金属与石材幕墙工程的安装技术及要求

1.框架安装的技术

（1）金属与石材幕墙的框架通常采用钢管或钢型材框架，较少采用铝合金型材。

（2）幕墙横梁应通过角码、螺钉或螺栓与立柱连接。螺钉直径不得小于4mm，每处连接螺钉不应少于3个，如用螺栓不应少于2个。横梁与立柱之间应有一定的相对位移能力。

2.面板加工制作要求

（1）幕墙用单层铝板厚度不应小于2.5mm；单层铝板折弯加工时，折弯外圆弧半径不应小于板厚的1.5倍。

（2）板块四周应采用铆接、螺栓或黏结与机械连接相结合的形式固定。

（3）铝塑复合板在切割内层铝板和聚乙烯塑料时，应保留不小于0.3mm厚的聚乙烯塑料，并不得划伤铝板的内表面。

（4）打孔、切口等外露的聚乙烯塑料应采用中性硅酮耐候密封胶密封；在加工过程中，铝塑复合板严禁与水接触。

3.面板的安装要求

（1）金属面板嵌缝前，先把胶缝处的保护膜撕开，清洁胶缝后方可打胶；大面上的保护膜待工程验收前方可撕去。

（2）石材幕墙面板与骨架的连接有钢销式、通槽式、短槽式、背栓式、背挂式等方式。

（3）不锈钢挂件的厚度不宜小于3.0mm，铝合金挂件的厚度不宜小于4.0mm。

（4）金属与石材幕墙板面嵌缝应采用中性硅酮耐候密封胶。

（五）建筑幕墙的防火构造要求

（1）幕墙与各层楼板、隔墙外沿间的缝隙，应采用不燃材料或难燃材料封堵，填充材料可采用岩棉或矿棉，其厚度不应小于100mm，并应满足设计的耐火极限要求，在楼层间和房间之间形成防火烟带。防火层应采用厚度不小于1.5mm的镀锌钢板承托。承托板与主体结构、幕墙结构及承托板之间的缝隙应采用防火密封胶密封；防火密封胶应有法定检测机构的防火检验报告。

（2）无窗槛墙的幕墙，应在每层楼板的外沿设置耐火极限不低于1.0h、高度不低于0.8m的不燃烧实体裙墙或防火玻璃墙。在计算裙墙高度时，可计入钢筋混凝土楼板厚度或边梁高度。

（3）当建筑设计要求防火分区分隔有通透效果时，可采用单片防火玻璃或由其加工成的中空、夹层防火玻璃。

（4）防火层不应与幕墙玻璃直接接触，防火材料朝玻璃面处宜采用装饰材料覆盖。

（5）同一幕墙玻璃单元不应跨越两个防火分区。

（六）建筑幕墙的防雷构造要求

（1）幕墙的金属框架应与主体结构的防雷体系可靠连接，在连接部位应清除非导电保护层。

（2）幕墙的铝合金立柱，在不大于10m范围内宜有一根立柱采用柔性导线，把每个上柱与下柱的连接处连通。导线截面积铜质不宜小于25mm²，铝质不宜小于30mm²。

（3）主体结构有水平均压环的楼层，对应导电通路的立柱预埋件或固定件应用圆钢或扁钢与均压环焊接连通，形成防雷通路。镀锌圆钢直径不宜小于12mm，镀锌扁钢截面不宜小于5mm×40mm。避雷接地一般每三层与均压环连接。

（4）兼有防雷功能的幕墙压顶板宜采用厚度不小于3mm的铝合金板制造，与主体结构屋顶的防雷系统应有效连通。

（5）在有镀膜层的构件上进行防雷连接，应除去其镀膜层。

（6）使用不同材料的防雷连接应避免产生双金属腐蚀。

（7）防雷连接的钢构件在完成后，都应进行防锈油漆处理。

（七）建筑幕墙的保护和清洗

（1）幕墙框架安装后，不得作为操作人员和物料进出的通道；操作人员不得踩在框架上操作。

（2）玻璃面板安装后，在易撞、易碎部位都应有醒目的警示标识或安全装置。

（3）有保护膜的铝合金型材和面板，在不妨碍下道工序施工的前提下，不得提前撕除，待竣工验收前方可撕去。

（4）对幕墙的框架、面板等应采取措施进行保护，使其不发生变形、污染和被刻画等现象。幕墙施工中表面的黏附物，都应随时清除。

（5）幕墙工程安装完成后，应制定清洁方案。应选择无腐蚀性的清洁剂进行清洗；在清洗时，应检查幕墙排水系统是否畅通，发现堵塞应及时疏通。

（6）幕墙外表面的检查、清洗作业不得在4级以上风力和大雨（雪）天气下进行。

第五节 季节性施工技术

一、季节性施工基础

（一）冬期施工的特点、原则和准备工作

1.特点

在冬期施工中，对建筑物有影响的长时间的持续负低温、大的温差、强风、降雪和反复的冰冻，经常造成质量事故。

冬期施工的计划性和准备工作的时间性很强，常常由于仓促施工发生质量事故。

2.原则

为了保证冬期施工的质量，有关部门规定了严格的技术措施，在选择具体的施工方法时，必须遵循下列原则：确保工程质量，经济合理，所需的热源和材料有可靠的来源，工期能满足规定的要求。

3.准备工作

施工组织设计中将不适合冬期施工的分项工程安排在冬期前后完成。

（1）合理选择冬期施工方案。

（2）掌握分析当地的气温情况，搜集有关气象资料作为选择冬期施工技术措施的依据。

（3）复核施工图纸，查对其是否能适应冬期施工的要求。

（4）冬期施工的设备、工具、材料及劳动防护用品均应提前准备。

（5）冬期施工前对配制外掺剂的人员、测温保温人员、司炉工等应专门组织技术培训，经考试合格后方准上岗作业。

（二）雨期施工的特点、要求和准备工作

1.特点

雨期施工具有突然性。这就要求提前做好雨期施工的准备工作和防范措施。

雨期施工带有突击性。雨水对建筑结构和地基基础的冲刷或浸泡有严重的破坏性，必须迅速及时地防护，以免发生质量事故。

2.要求

在编制施工组织设计时，要根据雨期施工的特点，对于不宜在雨期施工的分项工程，避开雨期施工；对于必须在雨期施工的分项工程，做好充分的准备工作和防范措施。

3.准备工作

降水量大的地区在雨期到来之际，施工现场、道路及设施必须进行有组织的排水。

施工现场临时设施、库房要作好防雨排水的准备。

施工现场的临时道路必要时加固、加高路基，路面在雨期加铺炉渣、砂砾或其他防滑材料。

准备足够的防水、防汛材料（如草袋、油毡、雨布等）和器材工具等。

二、土方工程冬期施工

（一）冻土的定义

温度低于0℃，含有水分而冻结的各类土称为冻土。土冻结后体积比冻结前增大的现象称为冻胀，通常用冻胀量和冻胀率来表示其大小。

（二）地基土的保温防冻

1.松土防冻法

入冬期，在挖土的地表层先翻松25～40cm厚表层土并耙平，其宽度应不小于土冻结后深度的两倍与基底宽之和。

2.覆盖防冻法

在降雪量较大的地区，可利用较厚的雪层覆盖做保温层，防止地基土冻结，适用于大面积的土方工程。具体做法是，在地面上与主导风向垂直的方向设置篱笆、栅栏或雪堤（高度0.5～1m，间距10～15m），人工积雪防冻。面积较小的沟槽的地基土防冻，可以在地面上挖积雪沟（深300～500mm），并随即用雪将沟填满，防止未挖土层冻结。

面积较小的基槽（坑）的地基土防冻，可在土层表面直接覆盖炉渣、锯末、草垫等保温材料，其宽度为土层冻结深度的两倍与基槽宽度之和。

（三）冻土的融化与开挖

1.冻土的融化

冻结土的开挖比较困难，可用外加热融化后挖掘。这种方式只在面积不大的工程上采用，费用较高。

（1）烘烤法。

（2）循环针法：分蒸汽循环针法和热水循环针法两种。

2.冻土的开挖

（1）人工法。

（2）机械法：依据冻土层的厚度和工程量大小，选择适宜的破土机械施工。冻土层厚度小于0.25m时，可直接用铲运机、推土机、挖土机挖掘。

冻土层厚度为0.6～1m时，用打桩机将楔形劈块按一定顺序打入冻土层，劈裂冻土；或用起重设备将重3～4t的尖底锤吊至5～6m高时，脱钩自由落下，可击碎1～2m厚的冻土层，然后用斗容量大的挖土机进行挖掘。该法适用于大面积的冻土开挖。

（3）爆破法：冻土深度达2m左右时，采用打炮眼、填药的爆破方法将冻土破碎后，用机械挖掘施工。

（四）冬期回填土施工

由于冻结土块坚硬且不易破碎，回填过程中又不易被压实，待温度回升、土层解冻后会造成较大的沉降。为保证工程质量，冬期回填土施工应注意以下事项。

（1）尽量选用未受冻的、不冻胀的土壤。

（2）清除基础上的冰雪和保温材料。

（3）表层1m以内，不得用冻土填筑。

（4）上层用未冻、不冻胀或透水性差的土料。

（5）每层铺土减少20%～25%，预留沉降量增加。

（6）土料中冻土块的粒径≤150mm。

（7）铺填时冻土块应均匀分布，逐层压实。

三、砌体工程冬期施工

砌体工程施工规范规定：当预计连续5d内的平均气温低于5℃，或当日最低气温低于0℃时，砖石工程应按冬期施工技术的规定施工。

冬期施工时，砖在砌筑前应清除冰霜，在正温条件下应浇水，在负温条件下，如浇水困难，则应增大砂浆的稠度。砌筑时，不得使用无水泥配制的砂浆，所用水泥宜采用普通硅酸盐水泥；石灰膏、黏土膏等不应受冻；砂不得有大于1cm的冻结块；为使砂浆有一定的正温度，拌和前，水和砂可预先加热，但水温不得超过80℃，砂的温度不得超过40℃。每日砌筑后，应在砌体表面覆盖保温材料。

砌体工程冬期施工常用方法有掺盐砂浆法和冻结法。

（一）掺盐砂浆法

掺盐砂浆法是在砂浆中掺入一定数量的氯化钠（单盐）或氯化钠加氯化钙（双盐），以降低冰点，使砂浆中的水分在一定的负温下不冻结。

另外，为便于施工，砂浆在使用时的温度不应低于5℃，且当日最低气温≤-15℃时，砌筑承重墙体的砂浆标号应比常温施工提高1级。

（二）冻结法

冻结法是采用不掺外加剂的水泥砂浆或水泥混合砂浆砌筑砌体，允许砂浆冻结。砂浆解冻时，当气温回升至0℃以上后，砂浆继续硬化，但此时的砂浆经过冻结、融化、硬化以后，其强度及与砖石的黏结力都有不同程度的下降，且砌体在解冻时变形大。空斗墙、毛石墙、承受侧压力的砌体、在解冻期间可能受到振动或承受动力荷载的砌体、在解冻期间不允许发生沉降的砌体（如筒拱支座），不得采用冻结法。

采用冻结法施工时，砂浆的温度不应低于10℃；当日最低气温≥-25℃时，砌筑承重砌体的砂浆标号应比常温施工提高1级；当日最低气温<-25℃时，则应提高2级。

为保证砌体在解冻时正常沉降，应符合下列规定：每日砌筑高度及临时间断的高度差均不得大于1.2m；门窗框的上部应留出不小于5mm的缝隙；砌体水平灰缝厚度不宜大于10mm；留置在砌体中的洞口和沟槽等宜在解冻前填砌完毕；解冻前应清除结构的临时荷载。

在解冻期间，应经常对砌体进行观测和检查，如发现裂缝、不均匀沉降等情况，应及时分析原因并采取加固措施。

四、混凝土及钢筋混凝土冬期施工

（一）混凝土及钢筋混凝土冬期施工的起止日期

当室外日平均气温降到5℃以下时，或者最低气温降到0℃和0℃以下时，混凝土必须采用特殊的技术措施进行施工。

《混凝土结构工程施工及验收规范》规定：室外日平均气温连续5d稳定低于5℃的初日作为冬期施工的起始日期。同样，当气温回升时，取第一个连续5d室外日平均气温稳定高于5℃的末日作为冬期施工的终止日期。初日和末日之间的日期即为冬季施工期。

混凝土允许受冻而不致使其各项性能遭到损害的最低强度称为混凝土受冻临界强度。我国现行规范规定：冬期浇筑的混凝土抗压强度，在受冻前，硅酸盐水泥或普通硅酸盐水泥配制的混凝土不得低于设计强度标准值的30%，矿渣硅酸盐水泥配制的混凝土不得低于设计强度标准值的40%；C10及C10以下的混凝土不得低于5N/mm^2。掺防冻剂的混凝土，温度降低到防冻剂规定温度以下时，混凝土的强度不得低于3.5N/mm^2。

防止混凝土早期冻害的措施有两项：

一是早期增强。主要是提高混凝土的早期强度，使其尽早达到混凝土受冻临界强度。具体措施有：使用早强水泥或超早强水泥，掺早强剂或早强型减水剂，早期保温蓄热，早期短时加热等。

二是改善混凝土的内部结构。具体措施有：增加混凝土的密实度，排除多余的游离水，或掺用减水型引气剂，提高混凝土的抗冻能力。还可以掺用防冻剂，降低混凝土的冰点温度。

（二）混凝土的测温和质量检查

现场环境温度在每天2：00、8：00、14：00、20：00测量4次。

为了使混凝土满足热工计算所规定的成型温度，还必须对原材料温度及混凝土搅拌、运输、成型时的温度进行监测，对拌和物出料温度、运输温度、浇筑温度，每2h测量一次。

混凝土的质量检查：冬期施工时，除应遵守常规施工的质量检查外，尚应符合冬期施工的质量规定。①外加剂应经检查试验合格后选用，应有产品合格证或试验报告单；②外加剂应溶解成一定浓度的水溶液，按要求准确计量加入；③检查水、砂石骨料及混凝土出机的温度和搅拌时间；④混凝土浇筑时，应留置两组以上与结构同条件养护的试块，一组用以检验混凝土受冻前的强度，另一组用以检验混凝土常温养护28d的强度。

混凝土试块不得在受冻状态下试压，当混凝土试块受冻时，对边长为150mm的立方体试块，应在15～20℃室温下解冻5～6h，或浸入10℃的水中解冻6h，将试块表面擦干后进行试压。

（三）混凝土冬期施工的工艺要求

1.对材料和材料加热的要求

（1）冬期施工混凝土用的水泥，应优先使用活性高、水化热大的硅酸盐水泥和普通硅酸盐水泥，不宜用火山灰质硅酸盐水泥和粉煤灰硅酸盐水泥。蒸汽养护时用的水泥品种经试验确定。

（2）骨料要在冬期施工前清洗和贮备，并覆盖防雨雪材料，适当采取保温措施，防止骨料内夹有冰碴和雪团。

（3）水的比热大，是砂石骨料的5倍左右，所以冬期施工拌制混凝土应优先采用加热水的方法。加热水时，应考虑加热的最高温度，以免水泥直接接触过热的水而产生假凝现象。

水泥假凝是指水泥颗粒遇到温度较高的热水时，颗粒表面很快形成薄而硬的壳，阻止水泥与水的水化作用的进行，使水泥水化不充分，新拌混凝土拌和物的和易性下降，导致混凝土强度下降。

（4）钢筋焊接和冷拉施工，气温不宜低于-20℃。预应力钢筋张拉温度不宜低于-15℃。钢筋焊接应在室内进行，若必须在室外进行时，应有防雨雪和挡风措施。焊接后冷却的接头应避免与冰雪接触。

2.混凝土的搅拌、运输、浇筑

混凝土的搅拌：混凝土的搅拌应在搭设的暖棚内进行，应优先采用大容量的搅拌机，以减少混凝土的热量损失。

混凝土的运输：混凝土的运输时间和距离应保证混凝土不离析，不丧失塑性，尽量减少混凝土在运输过程中的热量损失，缩短运输距离，减少装卸和转运次数；使用大容积的运输工具，并经常清理，保持干净；运输的容器四周必须加保温套和保温盖，尽量缩短装卸操作时间。

混凝土的浇筑：混凝土浇筑前，要对各项保温措施进行一次全面检查；制订浇筑方案时，应考虑集中浇筑，避免分散浇筑；开始浇筑混凝土时，要做好测温工作，从原材料加热直至拆除保温材料为止。

（四）混凝土冬期施工方法的选择

1.蓄热保温法

蓄热保温法是将混凝土的原材料（水、砂、石）预先加热，经过搅拌、运输、浇筑成型后的混凝土仍能保持一定的正温度，以适当材料覆盖保温，防止热量散失过快，充分利用水泥的水化热，使混凝土在正温条件下增长强度。

2.综合蓄热法

综合蓄热法是在蓄热保温法基础上，在配制混凝土时采用快硬早强水泥，或掺用早强外加剂；在养护混凝土时采用早期短时加热方法，或采用棚罩加强围护保温，以延长正温养护期，加快混凝土强度的增长。

综合蓄热法可分为低蓄热养护和高蓄热养护两种方式。

低蓄热养护主要以使用早强水泥或掺低温早强剂、防冻剂为主，使混凝土缓慢冷却至冰点前达到允许受冻临界前强度。

高蓄热养护除掺用外加剂外，还采用短时加热方法，使混凝土在养护期内达到要求的受荷强度。

3.掺外加剂的混凝土冬期施工

（1）掺氯盐混凝土

用氯盐（氯化钠、氯化钾）溶液配制的混凝土，具有加速混凝土凝结硬化、提高早期强度、增强混凝土抗冻能力的性能，有利于在负温下硬化，但氯盐对混凝土有腐蚀作用，对钢筋有锈蚀作用。

下列情况下，不得在钢筋混凝土中掺用氯盐：

①在高湿度空气环境中使用的结构，如排出大量蒸汽的车间、澡堂、洗衣房和空气相对湿度大于80%的房间以及有顶盖的钢筋混凝土蓄水池。

②处于水位升降部位的结构。

③露天结构或经常受水淋的结构。

④有镀锌钢材或铝铁相接触部位的结构，以及有外露钢筋、预埋件但无防护措施的结构。

⑤与含有酸、碱和硫酸盐等侵蚀性介质相接触的结构。

⑥使用过程中环境温度经常为60℃以上的结构。

⑦使用冷拉钢筋或冷拔低碳钢丝的结构。

⑧薄壁结构，中级或重级工作制吊车梁、屋架、落锤及锻锤基础等结构。

⑨电解车间和直接靠近直流电源的结构。

⑩直接靠近高压（发电站、变电所）的结构及预应力混凝土结构。

掺氯盐混凝土施工注意事项：

①应选用强度等级大于42.5MPa的普通硅酸盐水泥，水泥用量不得少于300kg/m³，水灰比不应大于0.6。

②氯盐应配制成一定浓度的水溶液，严格计量加入，搅拌要均匀，搅拌时间应比普通混凝土搅拌时间增加50%。

③混凝土必须在搅拌出机后40min浇筑完毕，以防凝结；混凝土振捣要密实。

④不宜采用蒸汽养护。

⑤由于氯盐对钢筋有锈蚀作用，应用时加入水泥质量2%的亚硝酸钠阻锈剂，钢筋保护层不小于30mm。

（2）负温混凝土

负温混凝土指采用复合型外加剂配制的混凝土。

①负温防冻复合外加剂

一般由防冻剂、早强剂、减水剂、引气剂和阻锈剂等复合而成，其成分组合有三种情况：防冻组分+早强组分+减水组分；防冻组分+早强组分+引气组分+减水组分；防冻组分+早强组分+减水组分+引气组分+阻锈组分。

选择负温抗冻剂方案的具体要求：外加剂对钢筋无锈蚀作用；对混凝土锈蚀无影响；早期强度高，后期强度无损失。

混凝土冬期施工常用的外加剂简要介绍如下。

A.早强剂：能加快水泥硬化速度，提高早期强度，且对后期强度无显著影响。

B.防冻剂：在一定时间内使混凝土获得预期强度的外加剂。防冻剂在一定负温条件下能显著降低混凝土中液相的冰点，使其游离态的水不冻结，保证混凝土不受冻害。

C.减水剂：在不影响混凝土和易性的条件下，具有减水增强特性的外加剂。减水剂可以降低用水量，减小水灰比。

D.引气剂：经搅拌能引入大量分布均匀的微小气泡，改善混凝土的和易性；在混凝土硬化后，仍能保持微小气泡，改善混凝土的和易性、抗冻性和耐久性。

E.阻锈剂：可以减缓或阻止混凝土中钢筋及金属预埋件锈蚀的外加剂。

②负温混凝土施工注意事项

A.宜优先选用水泥强度等级不低于42.5MPa的硅酸盐水泥或普通硅酸盐水泥，不宜采用火山灰水泥，禁止使用高铝水泥。

B.防冻复合剂的掺量应根据混凝土的使用温度（指掺防冻剂混凝土施工现场5～7d内的最低温度）而定。

C.防冻剂应配制成规定浓度溶液使用，配制时应注意，氯化钙、硝酸钙、亚硝酸钙等溶液不可与硫酸溶液混合，减水剂和引气剂不可与氯化钙混合。

D.在钢筋混凝土和预应力混凝土工程中，应掺用无氯盐的防冻复合外加剂。

E.必须设专人配制、保管防冻复合剂，严格按规定掺量添加，搅拌时间比正常时间延长50%，混凝土出机的温度不应低于7℃。

F.混凝土入模温度应控制在5℃以上，浇筑与振捣要衔接紧密，连续作业。

4.混凝土人工加热养护

（1）蒸汽加热养护法

蒸汽加热养护指利用低压（小于0.07MPa）饱和蒸汽对混凝土构件均匀加热，在适当温度和湿度条件下，以促进水化作用，使混凝土加快凝结硬化，在较短养护时间内获得较高强度或达到设计要求的强度。

①内热法：在构件内部预留孔道，让蒸汽通入孔道加热养护混凝土；加热时，混凝土温度宜控制在30℃～60℃内。

②蒸汽室法：让蒸汽通入坑槽或砌筑的蒸汽室加热混凝土。

③蒸汽套法：构件模板外再加一层密封套模，在模板与套模之间留有150mm的孔隙，从下部通入蒸汽养护混凝土，套内温度可达30℃～40℃。

采用蒸汽加热养护法应注意的问题：

①普通硅酸盐水泥混凝土养护的最高温度不宜超过80℃，矿渣硅酸盐水泥混凝土可达到90℃～95℃。

②制定合理的蒸汽制度，包括预养、升温、恒温、降温等几个阶段。

③蒸汽应采用低压（不大于0.07MPa）饱和蒸汽，加热时应使混凝土构件受热均匀，并注意排除冷却水和防止结冰。

④拆模必须待混凝土冷却到5℃以后进行。如果混凝土与外界温度相差大于20℃时，拆模后的混凝土表面应用保温材料覆盖，使混凝土表面进行冷却。

蒸汽加热养护法的热工计算包括确定升温、恒温、降温养护时间和计算蒸汽用量。

（2）电热法

电热法指在混凝土结构的内部或表面设置电极，通以低电压电流，利用混凝土的电阻作用，使电能变为热能加热养护混凝土。

①电热法可分为内部加热和表面加热两种形式。

②表面电热器加热法是将板形电热器贴在模板内侧，通电后加热混凝土表面达到养护的目的。

③电磁感应加热法是指交流电通过缠绕在结构模板表面上的连续感应线圈，在钢模板和钢筋中产生涡流，并传至混凝土中。

电热法施工应注意以下几个问题。

①电热法施工宜选用强度等级不大于42.5MPa的普通硅酸盐水泥、矿渣硅酸盐水泥及火山灰硅酸盐水泥。

②电极加热法应采用交流电，不允许采用直流电，因为直流电会引起电解和锈蚀。

③电极加热到混凝土强度达设计强度50%时，电阻增加许多倍，耗电量增加，但养护效果并不显著。

④电热养护应在混凝土浇筑完毕，覆盖好外露混凝土表面后立即进行。

五、雨期施工

（一）土方基础工程雨期施工

雨期不得在滑坡地段施工；地槽、地坑开挖的雨期施工面不宜过大；开挖土方应从上至下、分层分段依次施工，底部随时做成一定的坡度，以利于泄水；雨期施工中，应经常检查边坡的稳定情况，防止大型基坑开挖土方工程的边坡被雨水冲刷造成塌方；地下的池、罐构筑物或地下室结构，完工后应抓紧基坑四周回填土施工和上部结构继续施工。

（二）混凝土工程雨期施工

加强对水泥防雨防潮工作的检查，对砂石骨料进行含水量的测定，及时调整施工配合比；加强对模板（有无松动变形）及隔离剂情况的检查，特别是对其支撑系统的检查，及时加固处理；重要结构和大面积的混凝土浇筑应尽量避开雨天施工，施工前，应了解2～3d的天气情况。小雨时，混凝土运输和浇筑要采取防雨措施，随浇筑随振捣，随覆盖防水材料。遇大雨时，应提前停止浇筑，按要求留设好施工缝，已浇筑部位覆盖防水材料，防止雨水进入。

（三）砌体工程雨期施工

雨期施工中，砌筑工程不准使用过湿的砖，以免砂浆流淌和砖块滑移造成墙体倒塌，每日砌筑的高度应控制在1m以内；砌筑施工过程中，若遇雨应立即停止施工，并在砖墙顶面铺设一层干砖，以防雨水冲走灰缝的砂浆；雨后，受冲刷的新砌墙体应翻砌上面的两皮砖；稳定性较差的窗间墙、山尖墙，砌筑到一定高度时应在砌体顶部加水平支撑，以防阵风袭击，维护墙体整体性；雨水浸泡会引起脚手架底座下陷而倾斜，雨后施工要经常检查，发现问题及时处理。

（四）施工现场防雷

为防止雷电袭击，雨期施工现场内的起重机、井字架、龙门架等机械设备，若在相邻建筑物、构筑物的防雷装置的保护范围外，应安装防雷装置。

施工现场的防雷装置由避雷针、接地线和接地体组成。避雷针安装在高出建筑物的起重机（塔吊）、人货电梯、钢脚手架的顶端上。

结束语

建筑工程本身是一个复杂的过程，对于设计单位而言，建设工程的设计是一个较为广义的概念，包括项目的设计论证、设计控制管理、设计图纸的管理，设计方案的经济分析等。设计的好坏对于建筑项目的影响巨大，它贯穿于项目的整个过程，对于建筑的质量、投资、后期维护及节能都起到了至关重要的作用。总之，建筑设计和技术是保证工程产品质量的必要因素，只有设计理解了施工技术，施工理解了设计理念，两者相互学习和有机结合，才能建造出更多满足社会需要的超级工程，不断推动建筑业的长足发展及建筑科学的创新与进步。

参考文献

[1]刘晓平.建筑设计实践导论[M].沈阳：辽宁科学技术出版社，2017.

[2]金忠新，李婵.高层建筑设计[M].沈阳：辽宁科学技术出版社，2017.

[3]石金桃，王磊.小型建筑设计[M].合肥：合肥工业大学出版社，2017.

[4]张亮.绿色建筑设计及技术[M].合肥：合肥工业大学出版社，2017.

[5]杨彦辉.建筑设计与景观艺术[M].北京：光明日报出版社，2017.

[6]许韵彤.建筑设计手绘技法[M].沈阳：辽宁美术出版社，2017.

[7]朱雷，吴锦绣，陈秋光.建筑设计入门教程[M].南京：东南大学出版社，2017.

[8]邹德志，王卓男，王磊.集装箱建筑设计[M].南京：江苏凤凰科学技术出版社，2018.

[9]朱国庆.建筑设计基础[M].长春：吉林大学出版社，2018.

[10]乌兰，朱永杰.建筑设计基础[M].武汉：华中科技大学出版社，2018.

[11]张广媚.建筑设计基础[M].天津：天津科学技术出版社，2018.

[12]孙文文，耿佃梅，周子良.建筑设计初步[M].哈尔滨：哈尔滨工程大学出版社，2018.

[13]贾宁，胡伟.建筑设计基础・第2版[M].南京：东南大学出版社，2018.

[14]杨龙龙.建筑设计原理[M].重庆：重庆大学出版社，2019.

[15]郭屹.建筑设计艺术概论[M].徐州：中国矿业大学出版社，2019.

[16]陈文建，季秋媛.建筑设计与构造[M].北京：北京理工大学出版社，2019.

[17]艾学明.公共建筑设计.第3版[M].南京：东南大学出版社，2019.

[18]于欣波，任丽英.建筑设计与改造[M].北京：冶金工业出版社，2019.

[19]陈煊，肖相月，游佩玉.建筑设计原理[M].成都：电子科技大学出版社，2019.

[20]何培斌，栗新然.民用建筑设计与构造・第3版[M].北京：北京理工大学出版社，2019.

[21]耿永常.地下空间规划与建筑设计[M].哈尔滨：哈尔滨工程大学出版社，2019.

[22]贠禄.建筑设计与表达[M].长春：东北师范大学出版社，2020.

[23]徐燊主.公寓建筑设计[M].武汉：华中科学技术大学出版社，2020.

[24]卓刚主.高层建筑设计·第3版[M].武汉：华中科技大学出版社，2020.

[25]何培斌，李秋娜，李益.装配式建筑设计与构造[M].北京：北京理工大学出版社，2020.

[26]唐斌.建筑城市：城市建筑设计实务[M].南京：东南大学出版社，2020.

[27]陈思杰，易书林.建筑施工技术与建筑设计研究[M].青岛：中国海洋大学出版社，2020.

[28]张文忠.公共建筑设计原理[M].北京：中国建筑工业出版社，2020.

[29]朱文霜，梁燕敏，张欣.建筑设计教程[M].长春：吉林人民出版社，2021.

[30]王的刚.建筑设计与环境规划研究[M].长春：吉林科学技术出版社，2021.

[31]杨方芳.绿色建筑设计研究[M].北京：中国纺织出版社，2021.

[32]朱倩怡，王蕊.高等职业教育建筑设计类专业教材·建筑设计BIM技术应用[M].重庆：重庆大学出版社，2021.

[33]刘哲.建筑设计与施组织管理[M].长春：吉林科学技术出版社，2021.

[34]韩冬青，崔凯.地域气候适应型绿色公共建筑设计研究丛书·气候适应型绿色公共建筑集成设计方法[M].南京：东南大学出版社，2021.